Motion Control of Four-wheeled Mobile Robot

— Fundamentals and Applications

四舵轮移动机器人运动控制

——基本原理与应用

谢远龙　王书亭　蒋立泉　著

中国·武汉

内容简介

四舵轮移动机器人是一个复杂的系统，其运行的场景多变，空间跨度大，涉及现有的多个技术研究热点，初学者通常需要较长的时间来理解和掌握其整体控制架构。

本书内容包涵了四舵轮移动机器人系统的软件和硬件平台，以深入浅出的方式介绍了四舵轮移动机器人的运动学模型、动力学模型的构建，分析了各种模型下移动机器人的运动特点，阐述了实际应用过程中的多模式异步切换、自主避障跟踪、抗扰动控制、力矩容错分配和高精度停靠等控制方法。

本书是作者团队在移动机器人和机器人无人技术方面取得的成果总结，可作为有志于开发移动机器人在物流、移动加工、物料运输等行业中的应用的技术人员的参考书，也可帮助对移动机器人感兴趣的读者快速入门，加深其对移动机器人运动过程的理解，还可供从事移动机器人通用技术研究工作的研究者参考。

图书在版编目(CIP)数据

四舵轮移动机器人运动控制：基本原理与应用/谢远龙，王书亭，蒋立泉著. —武汉：华中科技大学出版社，2023.5

ISBN 978-7-5680-9304-0

Ⅰ.①四… Ⅱ.①谢…②王…③蒋… Ⅲ.①移动式机器人-运动控制 Ⅳ.①TP242

中国国家版本馆 CIP 数据核字(2023)第 060100 号

四舵轮移动机器人运动控制——基本原理与应用 谢远龙 王书亭 蒋立泉 著

Siduolun Yidong Jiqiren Yundong Kongzhi

——Jiben Yuanli yu Yingyong

策划编辑：万亚军

责任编辑：杨赛君

封面设计：原色设计

责任监印：周治超

出版发行：华中科技大学出版社(中国·武汉) 电话：(027)81321913

武汉市东湖新技术开发区华工科技园 邮编：430223

录　　排：华中科技大学惠友文印中心

印　　刷：湖北新华印务有限公司

开　　本：710mm×1000mm 1/16

印　　张：10 插页：2

字　　数：210 千字

版　　次：2023 年 5 月第 1 版第 1 次印刷

定　　价：98.00 元

作者简介

谢远龙　博士后，硕士研究生导师，IEEE 高级会员，中国机械工程学会高级会员。主要研究方向包括智能控制、移动机器人、智能制造和自主无人系统等领域，发表论文被 SCI/EI 收录 100 余篇，申请/授权发明专利 60 余项，主持国家级/省部级等各类基金项目 10 余项。

王书亭　博士，教授，博士研究生导师，华中科技大学机械科学与工程学院副院长、工程实践创新中心主任，教育部高等学校机械基础课程教学指导分委员会委员，中国高等教育学会工程教育专业委员会委员，全国机械设计教学研究会副理事长。近年来，围绕移动机器人、复杂机电产品设计与优化领域，承担国家重点研发、国家基金、国家重点基础研究发展计划、国家科技重大专项等科研项目 30 余项，发表高水平学术论文 100 余篇。

蒋立泉　博士，硕士研究生导师。主要研究方向为智能制造、移动机器人导航等领域。发表论文被 SCI/EI 收录 30 余篇，授权发明专利 20 余项。

前　言

智能制造是世界各大国发展先进制造技术与产业的战略性制高点，为我国从"制造大国"跨越成为"制造强国"提供了开道超车、跨越发展的重大历史机遇。移动机器人技术作为智能制造的重要赋能技术，能够降低生产成本、提高生产效率，广泛应用于人机协作、无人工厂乃至国防科技等领域，是智能制造业的重要支柱。其技术发展水平是一个国家工业自动化水平的重要标志，具有重要的战略意义。

目前，移动机器人普遍采用双驱差速轮和四驱麦轮（麦克纳姆轮）等驱动方式，其中双驱差速轮无法斜行，当物流停靠站点密集时需反复绕圈转向，运行速度低，效率低；而四驱麦轮与地面接触面积的非均匀变化易导致机器人振动，平稳性以及地面适应性差，难以满足智能制造场合高速移动、频繁启停的高性能运行需求。

有鉴于此，本书针对智能制造领域中的运载操作一体化运行需求，提出四轮独立驱动、四轮全转向的轮毂电机冗余驱动方式，其在灵活性、承载能力、环境适应性等方面具有明显优势。从四轮转角分配分析，移动机器人可配置在原点回转、斜行以及可调节式阿克曼等模式。各模式差异化动态特性，一方面可避开奇异位形与障碍物，提高机器人对复杂动态环境的适应性和运动灵活性，另一方面为多模式自适应切换提供可能，以期达到改善控制精度的目的。

本书以四舵轮移动机器人为研究对象，主要包括 9 章内容，为智能制造、移动机器人、控制理论及应用等领域的技术人员和专家学者提供必要的参考。第 1 章是移动机器人概述，使读者对移动机器人特别是四舵轮移动机器人系统有基本的了解。第 2 章主要介绍了四舵轮移动机器人的运动学和动力学模型，为后续运动控制器的设计奠定基础。第 3 章和第 4 章分别基于运动学和动力学两个方面对四舵轮移动机器人进行了多模式异步切换控制器的设计。第 5 章至第 9 章主要介绍了四舵轮移动机器人避障跟踪控制、增益自调整鲁棒控制、扰动自补偿解耦控制、分布式力矩容错分配和停靠误差迭代自补偿等，同时还列举了四舵轮移动机器人的典型应用案例。

本书是作者团队在移动机器人和机器人无人技术方面取得的成果总结，可作为有志于开发移动机器人在物流、移动加工、物料运输等行业中的应用的技术人员的参考书，也可帮助对移动机器人感兴趣的读者快速入门，加深其对移动机器人运动过程的理解，还可供从事移动机器人通用技术研究工作的研究者参考。

本书由华中科技大学谢远龙、王书亭和武汉纺织大学蒋立泉共同撰写。此外，本书的出版还得到了张鸿洋、张赛、吴昊、李虎等的支持与帮助，在此一并表示衷心的感谢。

由于作者水平有限，书中可能存在不妥之处，敬请各位读者批评指正。

谢远龙　王书亭　蒋立泉

2022 年 12 月

目　　录

1　移动机器人概述

1.1　引　　言

《“十四五”机器人产业发展规划》指出，当前新一轮科技革命和产业变革加速演进，新一代信息技术、生物技术、新能源、新材料等与机器人技术深度融合，机器人产业迎来升级换代、跨越发展的窗口期。世界主要工业发达国家均将机器人作为抢占科技产业竞争的前沿和焦点，加紧谋划布局。因此，机器人的研发、制造、应用是衡量一个国家科技创新水平和高端制造业水平的重要标志。我国两院院士宋健曾指出：“在机器人技术上的发展进步以及在各个领域上的机器人应用代表了当代最高水平的自动化。”可见，机器人技术的研究与国家科学发展水平息息相关。

根据《中国机器人产业发展报告(2022)》，机器人在汽车制造、电子制造、仓储运输、医疗康复、应急救援等领域的应用不断拓展。预计 2022 年[①]全球机器人市场规模将达到 513 亿美元，2017—2022 年的年均增长率达到 14%。其中，工业机器人市场规模将达到 195 亿美元，服务机器人达到 217 亿美元，特种机器人超过 100 亿美元。预计到 2024 年，全球机器人市场规模将有望突破 650 亿美元。在多个国家深入研究之下，机器人的各项能力逐步完善，灵活性逐渐提高。更先进的传感器、数据处理系统和通信网络将装配在机器人上，大量机器人的投入将成为未来的发展趋势。除了一些现有的已知领域应用机器人外，人类对机器人的应用还在进行着更深入的探索，这就需要各种不同形式的机器人来支撑。

1.2　移动机器人定义

自机器人问世以来，人们就很难对机器人下一个准确的定义，欧美国家认为机器人应该是“由计算机控制的通过编程具有可以变更的多功能的自动机械”。日本学者认为“机器人就是任何高级的自动机械”。我国科学家对机器人的定义是：“机器人是一种自动化的机器，所不同的是，这种机器具备一些与人或生物相似的智能能力，如

---

① 作者成稿于 2022 年 12 月，故为预测数据。

感知能力、规划能力、动作能力和协同能力，是一种具有高度灵活性的自动化机器。”目前国际上对机器人的概念已经渐趋一致，美国机器人协会（Robot Institute of America，RIA）于 1979 年给机器人下了定义：“一种可编程和多功能的，用来搬运材料、零件、工具的操作机；或是为了执行不同的任务而具有可改变和可编程动作的专门系统。”概括来说，机器人是根据所处的环境和作业需要，通过环境感知能力、逻辑思维能力、判断决策能力等，在复杂环境中实现自主运动，同时可以替代人类完成一些危险或难以进行的任务的机器。

移动机器人是一个重要的机器人种类。移动机器人是一种在复杂环境下工作的，具有自行组织、自主运行、自主规划的智能机器人，是一个集环境感知、动态决策与规划、行为控制与执行等多功能于一体的综合系统，融合了计算机技术、信息技术、通信技术、自动化控制技术、微电子技术和机器人技术等多学科领域的研究成果，是目前科学技术发展最活跃的领域之一。移动机器人应用广泛，覆盖了地面、空中和水下，乃至外太空，主要包括轮式移动机器人、履带式移动机器人、腿式移动机器人等。

人们对移动机器人的研究可以追溯到 20 世纪 60 年代。斯坦福大学研究所（SRI）的人工智能研究中心成功地研制了一种典型的自主移动机器人 Shakey，它具有复杂环境下的对象识别、自主推理、路径规划及控制功能。与此同时，以 General Electric Quadruped 为代表的步行机器人也研制成功，它能在不平整、非结构化的环境中运动。20 世纪 70 年代末，随着计算机技术的发展和应用，以及传感器技术的发展，移动机器人研究又出现新的高潮。特别是 20 世纪 80 年代初，在美国国防部高级研究计划局（DARPA）的资助下，卡内基梅隆大学、斯坦福大学和麻省理工学院等单位开展 ALV（自主地面车辆）研究；美国能源部制定为期 10 年的机器人和智能系统计划，以及后来的空间机器人计划；日本通产省出台极限环境下作业机器人计划和人形机器人计划；还有欧洲尤里卡计划中的机器人计划；等等。除此之外，很多世界著名公司不惜投入重金，纷纷开始研究移动机器人。

图 1.1　腿式移动机器人

腿式移动机器人通过离散点支撑的方式实现在复杂地形的移动，例如由美国波士顿动力公司研制的 Big Dog（大狗）四足机器人，这是一款已经在军事领域中具备实际应用能力的非常著名的机器人，如图 1.1 所示，它能够穿越泥泞的小径，或是在积雪和水中行走，通过性优越。虽然腿式移动机器人具备较强的环境适应能力，但仍然存在整体结构复杂、行进速度缓慢的问题。

履带式移动机器人通过履带实现前后运动，例如由美国 Foster-Miller 公司研制的 Talon 履带式移动机器人，如图 1.2 所示，该机器人具备良好的传感性能，可用于建筑物内部检测，履带式结构可应用于大负载场景且对场地要求低，在野外机器人中得到了广泛应用；然而该结构对地面的破坏和低精度的运行使其在工厂中的应用受到限制，同时存在效率低、行驶能耗高、无法持久运行等问题。

图 1.2 履带式移动机器人

轮式移动机器人属于最早开发的机器人类型，非常适合在平坦宽广的地面上工作，机动性较强。卡内基梅隆大学研制的 Nomand 机器人如图 1.3 所示，其独特的悬架系统将载重均匀地分布至四个驱动轮，采用四轮独立驱动设计方式，不仅具有充足的动力，而且提升了运动的灵活性，由于四个独立驱动轮之间没有机械传动系统，底盘能伸缩、折叠，从而改变运动状态，以适应户外复杂运动场景。

图 1.3 轮式移动机器人

对比以上不同运动形式的移动机器人，轮式移动机器人具备更高的可操作性和灵活性，具有运动稳定、控制方便和能耗低的特点，因此轮式移动机器人是应用领域最广泛也最重要的机器人之一。

图 1.4　差速驱动机器人

根据轮式移动机器人的转向方式，轮式移动机器人主要分为差速驱动机器人、阿克曼机器人、全转向机器人。其中，差速驱动机器人具备两轮驱动系统，如图 1.4 所示，每个轮子都带有独立的执行机构(如直流电机)。近年来，许多研究学者针对两轮差速驱动移动机器人的动力学模型进行了研究，取得了不少理论成果，如推导出移动机器人速度与力矩间的非线性微分方程，在此基础上得到了移动机器人的系统状态方程；在考虑电机动力学特性的基础上，利用牛顿-欧拉法建立了轮式移动机器人的动力学模型；在考虑运动学特性、动力学特性和机电耦合特性的基础上，建立了移动机器人的动力学模型。然而上述成果只得出了仿真结果，缺少实际数据来对比验证，而且得到的模型复杂，难以应用于实际。

差速驱动机器人由于其差速轮系统非常简单，通常差速轮直接与电机相连，因此得到广泛使用。然而对于差速驱动机器人来说，直线运动可能是比较困难的。因为每个驱动轮都是独立的，一旦它们的旋转速度不相同的话，机器人就会向一边偏离。鉴于电机轻微的速度差异、马达驱动系统的摩擦力差异以及轮子与地面间的摩擦力差异，驱动轮电机要想实现相同速度旋转是很困难的。

图 1.5　阿克曼机器人

基于阿克曼结构的阿克曼机器人对室内、室外场景均适应，实际应用场景广泛。具有阿克曼结构的移动机器人也叫 car-like 机器人，即像车一样的机器人，因为其与真实汽车外形相似且运动结构相似，如图 1.5 所示，它可以应用于物流配送、农耕、教育等领域，目前常应用于无人物流配送领域。

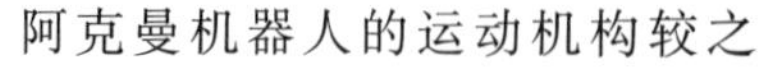

阿克曼机器人的运动机构较之普通的车辆来说更为复杂，因为它要应用在种类繁多的环境中。不同的移动机器人面临各种不同环境，没有单一的轮子结构可以使它们对环境的机动性、可控性和稳定性达到最优。澳大利亚伍伦贡大学开发了一款名为 Titan 的移动机器人，该机器人

运用阿克曼转向机构，四个车轮当中的前两个设计为自由万向轮，后两个由电机驱动并且差速配合完成机器人转向。

随着目前应用场景中对高速、重载等需求的增加，传统两轮驱动移动机器人难以满足需求，而采用四轮全转向的移动机器人的优势得以突显。目前国内外轮式全转向移动机器人多采用麦克纳姆轮作为全向轮，该全向轮由瑞典的麦克纳姆公司设计，主要特点在于滚轮相对轮轴倾斜并且规则分布在轮缘周围，依靠这些小滚轮与地面间的摩擦力可实现横向滑移，但麦克纳姆轮的缺点在于运行速度慢，结构设计复杂，且运行时易导致平台发生振动和颠簸。麦克纳姆轮机器人如图 1.6 所示。

相比之下，采用四轮独立驱动、独立转向的四舵轮移动机器人底盘驱动系统由四个驱动轮和四个转向轮组成。驱动轮可以驱动机器人沿着设定的方向移动，同时转向轮可以控制机器人的方向和姿态。四舵轮移动机器人具有高度机动性，可以在狭小的空间内转弯，平稳地进行直线行驶、原地旋转等，对环境的适应性较高。因此，四舵轮移动机器人可以应用于各种场合，如物流运输、工业生产、室内清洁、医疗卫生等。此外，四舵轮移动机器人还可以应用于军事领域，如侦察、搜救，它可以进行斜坡攀爬、越障、平衡控制等。由于其独特的优势，独立驱动与独立转向的设计成为轮式全转向移动机器人的研究热点，如西班牙 Robotnik 公司的主要用于工业自动化、环境探测的 Summit-XL Steel 移动机器人系列产品，加拿大 Clearpath Robotics 公司的 Grizzly 机器人，采用四轮独立驱动、独立转向的设计，可以用于地形探测、搬运、巡逻等领域；以色列 Roboteam 公司的机器人产品，可用于军事、安保和应急救援等领域。随着机器人技术的不断发展，四舵轮移动机器人将会越来越广泛地应用于各个领域。未来，四舵轮移动机器人可能会实现更高的自主运动能力和更灵活的控制方式，从而更好地满足人们的需求。如图 1.7 所示，Mobile Robots 公司研发的 Seekur 扫地机器人采用四轮全转向，每个轮子既是转向轮又是驱动轮，由 8 个电机控制 4 个轮子实现转向与移动，使其具备较高的灵活性和承载性。

图 1.6 麦克纳姆轮机器人

图 1.7 Seekur 扫地机器人

1.3　移动机器人的传感器

1.3.1　移动机器人常用传感器分类

在移动机器人系统中，传感器的选择是机器人实现高效、鲁棒、精准定位的基础。随着各种传感器技术的发展，感知技术在移动机器人中得到了充分的应用，大大提高了移动机器人对环境信息的获取能力。传感器按照提供的信息类型可分为内部传感器和外部传感器。内部传感器主要提供机器人运动过程中相关的内部信息，如速度、加速度、转向和转角等，常用内部传感器主要有编码器、加速度传感器、陀螺仪等。其中，编码器可测量电机的角位移数值，并依据底盘运动模型推算出机器人的移动轨迹。加速度传感器和陀螺仪主要测量机器人的加速度和角速度，进而可以通过积分得到机器人的移动轨迹，并且能测量地磁的强度和方向，通过它可以直接获得机器人的朝向。外部传感器主要感知周围环境信息，包括激光雷达、摄像机、IMU（惯性测量单元）、声呐等。利用外部传感器测量周围环境信息，通过计算得到移动机器人在环境空间中的绝对位姿，完成机器人的全局定位，其定位精度相对来说比较高。绝对定位有时也用来修正相对定位过程中的系统误差，从而可以得到更高精度的全局位姿。移动机器人在绝对定位时不需要知道自己的初始位姿，这意味着开始定位时机器人可以被放置在环境中的任意位置，而且不需要任何有关环境的信息。因此可知，移动机器人的绝对定位就是机器人在陌生、未知环境里找到自己在环境中的全局坐标的过程。

1.3.2　常用传感器介绍

1. 激光雷达

激光雷达是目前机器人常用的传感器之一，如图 1.8 所示，广泛用于距离、速度和加速度的测量。其原理是利用雷达发射光束，光束遇到障碍物就被反射回雷达，从而探测到环境中的障碍物，同时利用光束发射时刻和光束接收时刻的时间差来计算障碍物和雷达之间的距离。激光雷达具有高精度、高响应速度、不受光线强度影响等优点，目前已经广泛应用于地图绘制、环境建模和机器人导航定位等方面。

根据雷达测量的维度不同，激光雷达可分为一维激光雷达、二维激光雷达和三维激光雷达。其中，一维激光雷达只测量一个方向上的距离，所以通常也被称为激光测距仪，专门用来测量直线距离。而二维激光雷达和三维激光雷达则通过电机驱动雷达上的发射装置和感应装置旋转，以多维度的方式发射光束和接收光束，从而可以得到环境的二维和三维信息。激光雷达的优势是定位精度高、探测距离远，劣势是成本高、分辨率较低。

图 1.8 激光雷达

2. 深度相机

传统相机无法直接获取图像深度,在实现估计运动或恢复环境等功能时需要额外处理以消除尺度的不确定性。相比传统相机,深度相机添加了一个深度测量功能,可以更加方便、准确地感知周围的环境及其变化。深度相机得到的图像信息具有分辨率高、信息含量大、直观等特点,在机器人领域得到了广泛的应用。

深度相机主要包括 TOF(time of flight,光飞行时间)、结构光和双目三种实现方式,TOF 通过计算光线反射的相位差/时间差来确定深度信息,结构光通过投射光斑的形变来推测深度,双目通过三角测量来计算深度。TOF、结构光和双目深度相机如图 1.9 所示。结构光深度相机容易受光照影响,在室外几乎不可用。相较结构光深度相机,TOF 深度相机探测距离远,但精度不高。而双目深度相机易受光照和纹理的影响,近距离的成像精度高于 TOF 深度相机但低于结构光深度相机。深度相机的主要缺陷在于信息获取过程中光线变化不可控,且信息处理计算复杂度高,处理算法对环境鲁棒性不佳。但从长远来看,随着图像处理技术的发展,深度相机应用范围将越来越广。

图 1.9 TOF、结构光和双目深度相机

3. IMU 传感器

IMU(惯性测量单元)能够为机器人的所有控制单元提供其即时运动状态。如图 1.10 所示,IMU 的特性在于既不需要向外界辐射信号,也不需要连续接收外部信号,在复杂电磁环境和外部干扰下都能正常工作、精确定位。

IMU 通常是指由 3 个加速度计和 3 个陀螺仪组成的组合单元,加速度计和陀螺仪安装在互相垂直的测量轴上。其原理是以牛顿力学定律为基础，通过测量载体在惯性测量系统的加速度，将它对时间进行积分，可以得到速度和距离增量。陀螺仪测量俯仰（X 轴）、横滚（Y 轴）和偏航（Z 轴）的角速度，从而可以确定对象在三维空间内的方向。然而，IMU 在每次使用前进行的初始校准时间过长，缺少时间信息，并且定位精度要求较高的 IMU 比较昂贵。

图 1.10　IMU **传感器**

4. 声呐传感器

声呐是最典型的距离传感器，其简单、易于实现、价格低廉，故在移动机器人特别是室内移动机器人中得到极为广泛的应用。如图 1.11 所示，声呐传感器设计灵感来自自然界中的回声定位现象，其包括一个发射器和一个探测器，发射器产生一个超声频率，这个声波从声源处开始向远离声源的方向传播，如果在传播过程中遇到障碍物，就会从障碍物处反弹回来，直到被探测器接收，然后根据所花费的时间计算出发射器和障碍物之间的距离。如果没有遇到障碍物，声波就不会返回，并随着传播距离的变大而逐渐衰弱，直至消失。虽然声呐应用广泛，但其本身也存在着很多缺陷，主要表现如下：很难精确判断目标信息的具体方向和位置；镜面反射现象易造成目标信息的丢失；声呐测距受到有效范围（距离和入射角）的限制。

图 1.11　声呐传感器

1.4 移动机器人的应用场景

近年来,智能制造已经深入人心并且实现了长足的进步。移动机器人作为其中的典型代表,其各项指标和技术水平也日趋成熟。现如今无人自主移动机器人已经在军事、工业、农业等领域取得了瞩目的成绩。受疫情的影响,我国人口红利加速消失,用工成本不断上涨,国家及时推进智能制造支持政策,在此契机,机器代替人工成为主流趋势。为了提高生产效率和节约成本,制造业各环节的制造商对柔性生产线和智能仓库等自动化改造的需求十分迫切,均在根据自身情况寻找智能工厂物流改造的突破口。

传统的物料运输依赖固定式机械手与人工、皮带轮或滚筒的配合,这一固定的生产方式对柔性工厂的建造形成较大的困难。移动机器人作为一种自动化的运行设备,可以极大地提高生产效率,并且有效地改变人们的生产生活方式,它在减轻重复劳动强度的同时,也将人们从危险场地和复杂恶劣环境中解脱出来,表现出极大的优势。得益于“中国制造 2025”“工业 4.0”和“智能制造”规划的提出,自主移动机器人作为其中的关键一环,推动了智能工厂的快速建设。研究人员对移动机器人展开了深入研究,移动机器人的自主性、机动性和对场景的适应性影响着复杂多样场景的任务执行效率。随着社会的快速发展,自主移动机器人的便利性和高效率得到了普遍认可,并应用于各个行业的方方面面。自主移动机器人在抗震救灾现场、核废料处理、现代战争等场景中都得到广泛的应用,极大地降低了人员安全风险。除了在危险场景下的应用外,自主移动机器人在人类难以触及的领域也得到了快速发展和应用,如玉兔号和玉兔二号月球车的成功应用使得中国人第一次在月球留下足迹。移动机器人的快速发展也极大地方便了人们的生活,如扫地机器人、商场服务机器人、餐饮等行业的服务机器人,这些都受到了人们的广泛好评。在疫情期间,清洁机器人、消毒机器人为人们打赢这场关键战役起到重要作用。现如今,为响应国家号召,机器人成为智能工厂的关键,物流、移动加工行业的快速发展成为其新的增长点,它的大量应用可以将人们从繁杂、重复的劳动中解放出来。

机器人根据其功能与应用可以分为工业机器人、服务机器人和特种机器人三类,其中传统工业移动机器人 AGV(automated guided vehicle,自动导引运输车)的概念源自工业应用。自 1953 年第一台 AGV 问世以来,AGV 就被定义为在工业物流领域解决无人搬运运输问题的车辆。

1960 年欧洲就安装了各种形式、不同水平的 AGV 220 套,使用 AGV 1300 多台。瑞典 VOLVO 公司于 1973 年在 Kalmar 轿车厂的装配线上大量采用 AGV 进行计算机控制装配作业,扩大了 AGV 的使用范围。

1976 年,北京起重运输机械研究所研制出第一台 AGV,建成第一套 AGV 滚珠加工演示系统，随后又研制出单向运行载重 500 kg 的 AGV，以及双向运行载重 500 kg、1000 kg、2000 kg 的 AGV，开发研制了几套较简单的 AGV 应用系统。1991 年起，中国科学院沈阳自动化研究所/新松机器人自动化股份有限公司为沈阳金杯汽车公司研制生产了 6 台 AGV 用于汽车装配线中，如图 1.12 所示，完成了 AGV 从实验室样机到一线生产装备的跨越。

图 1.12　沈阳金杯汽车公司用于汽车装配的 AGV

但 20 世纪移动机器人技术还不发达，AGV 行业经历了 40 多年发展，市面上的 AGV 都在导引技术方面迭代升级，发展了电磁感应引导、磁导条引导、二维码引导等技术。AGV 属于自动设备，需要沿着预设轨道、依照预设指令执行任务，不能够灵活应对现场变化。导引线上出现障碍物时 AGV 只能停等，多机作业时容易在导引线上阻塞，影响效率。在大量要求搬运柔性化的场景中，这类 AGV 并不能满足应用端的需求。

随着传感器和人工智能技术的发展，人们开始为轮式移动设备引入越来越多的传感器和智能算法，不断增强其环境感知和灵活运动的能力，逐渐发展出新一代自主移动机器人（autonomous mobile robot，AMR）。AMR 是在传统 AGV 之后发展起来的新一代具有智能感知、自主移动能力的机器人。

广东省智能机器人研究院在冗余驱动移动机器人的结构设计、感知定位、决策规划、运动控制方面做了大量研究，并针对复杂工厂环境研制了运载操作一体化移动机器人，如图 1.13 所示，其由上装机械手与移动平台组成，具有搬运、上下料、协作加工等功能，通过雷达、相机、超声波等传感器感知环境与机器人的状态，采用四轮独立驱动、独立转向，是一种典型的冗余驱动移动机器人，具备良好的动力性能与较高的运动灵活性。

除了工业应用外，服务机器人已经成为机器人产业的新兴领域。国际机器人联合会（IFR）给服务机器人下了一个初步的定义：服务机器人是一种半自主或全自主工作的机器人，它能完成有益于人类的服务工作，但不包括从事生产的设备。服务机器人高度融合了智能、传感、网络、云计算等创新技术，与移动互联网的新业态、新模

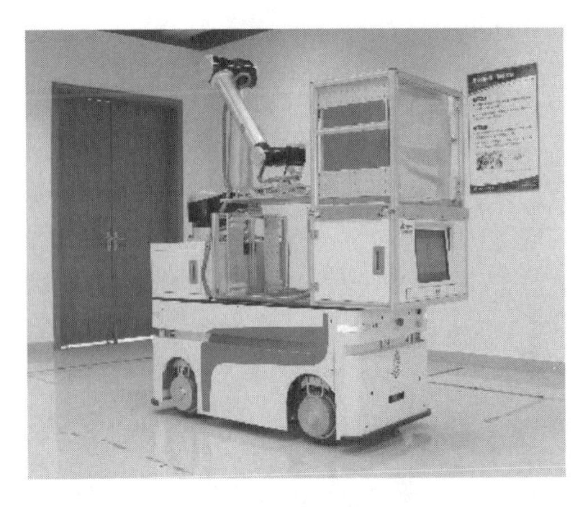

图 1.13 运载操作一体化移动机器人

式相结合，为促进生活智能化及推动产业转型提供了重要的突破口。

为了具备更好的服务性能，服务机器人主要以移动机器人为主，其在医疗服务、野外勘测、家庭服务和智能交通等领域都有广泛的应用前景。扫地机器人、餐饮服务机器人、商场服务机器人如图 1.14 所示，服务机器人在这些场景的应用都受到了人们的广泛好评。

(a) 扫地机器人

(b) 餐饮服务机器人

(c) 商场服务机器人

图 1.14 服务机器人

在医疗服务领域，移动机器人可以作为导诊机器人，如图 1.15 所示，机器人存储着医院地图、所有科室的位置、常见病症对应的科室信息和常见的问询知识等。在门诊大堂里，它们会自动巡逻、四处游走，为患者提供咨询、导航和导诊等服务。

同时，在抗震救灾、核废料处理等危险场景中，移动机器人也得到了广泛的应用。通过图像识别技术，机器人可以拍摄区域内图像，并自动进行分析，找出任务目标。它还可以搭载 3D 激光系统进行管道变形检测，搭载 3D 声呐系统进行环境监测，利用机械臂进行区域内任务目标采集。抗震救灾机器人如图 1.16 所示。

除此之外，移动机器人在特种领域逐渐发挥出价值。特种机器人是指在特殊环境下服务于人类，通过近程或者远程协控进行自主作业的一类机器人，其更多依赖于对外部地形信息的获得和智能决策的能力，具有强大的感知能力、灵活性能、反应能

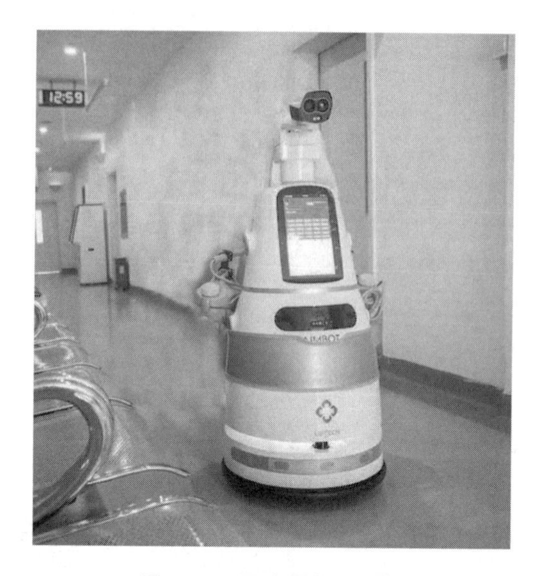

图 1.15　医疗服务机器人

图 1.16　抗震救灾机器人

力、决策能力、行动能力。特种机器人主要包括水下机器人、空间机器人、军用机器人、反恐防暴机器人等。

在空间探测上，美国航空航天局于 2004 年研制出火星探测器“勇气号”（见图 1.17）和“机遇号”，在星球探测上取得重大成果。因此，利用移动机器人进行空间探测和开发，已成为 21 世纪世界各主要科技发达国家进行空间资源争夺的主要手段之一。我国于 2013 年研制出“玉兔号”嫦娥三号巡视器，如图 1.18 所示，其具备智能化、低能耗、高集成等特性。它通过相机“观察”周围环境，对月面障碍进行感知和识别，然后对巡视的路径进行规划，并把探测到的数据自动传回地球。

特种机器人也能用于战场作战，以及执行危险的侦查巡逻任务。中国科学院沈

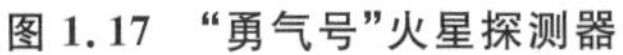

图 1.17 “勇气号”火星探测器

图 1.18 “玉兔号”嫦娥三号巡视器

阳自动化研究所自主研制的“灵蜥”系列履带式机器人如图 1.19 所示，该履带式机器人可以实现全方位行走，具有极强的地面适应能力，以及多种探测和作业功能，目前已经广泛应用于防恐排爆等特殊任务中。

图 1.19 “灵蜥”系列机器人

参考文献

[1] 《“十四五”机器人产业发展规划》解读[J]. 自动化博览，2022，39(3)：14-15.

[2] KÁROLY A I, GALAMBOS P, KUTI J, et al. Deep learning in robotics: survey on model structures and training strategies [J]. IEEE Transactions on Systems, Man, and Cybernetics: Systems, 2020, 51(1): 266-279.

[3] 倪洪杰，王宏霞，俞立. 轮式移动机器人快速轨迹跟踪[J]. 哈尔滨工业大学学报，2020，52(10)：167-174.

[4] BUTOLLO F. “Made in China 2025”: intelligent manufacturing and work[M]//

BRIKEN K, CHILLAS S, KRZYWDZINSKI M, et al. The new digital workplace. How new technologies revolutionise work. London: Palgrave MacMillan, 2017: 42-61.

[5] WANG B C, TAO F, FANG X D, et al. Smart manufacturing and intelligent manufacturing: a comparative review[J]. Engineering, 2021, 7(6): 738-757.

[6] YASUDA Y D V, MARTINS L E G, CAPPABIANCO F A M. Autonomous visual navigation for mobile robots: a systematic literature review[J]. ACM Computing Surveys, 2020, 53(1): 1-34.

[7] 陈广大. 复杂动态行人场景下的机器人导航[D]. 合肥:中国科学技术大学, 2021.

[8] 鲍龙. 基于改进粒子滤波的移动机器人室内高效定位技术研究[D]. 武汉:华中科技大学, 2019.

[9] KE F, LI Z J, YANG C G. Robust tube-based predictive control for visual servoing of constrained differential-drive mobile robots[J]. IEEE Transactions on Industrial Electronics, 2018, 65(4): 3437-3446.

[10] 吴宁强, 李文锐, 王艳霞, 等. 重载 AGV 车辆跟踪算法和运动特性研究[J]. 重庆理工大学学报(自然科学版), 2018, 32(10): 53-57.

[11] OVALLE L, RÍOS H, LLAMA M, et al. Omnidirectional mobile robot robust tracking: sliding-mode output-based control approaches[J]. Control Engineering Practice, 2019, 85: 50-58.

[12] LI L Y, LIU Y H, JIANG T J, et al. Adaptive trajectory tracking of nonholonomic mobile robots using vision-based position and velocity estimation[J]. IEEE Transactions on Cybernetics, 2018, 48(2): 571-582.

[13] 马浩. 基于视觉的月球/火星车滑移率预测研究[D]. 北京:中国科学院大学, 2019.

[14] 赵迪. 探地雷达数据处理与目标识别技术研究[D]. 北京:中国科学院大学, 2020.

[15] RAYGURU M M, MOHAN R E, PARWEEN R, et al. An output feedback based robust saturated controller design for pavement sweeping self-reconfigurable robot[J]. IEEE/ASME Transactions on Mechatronics, 2021, 26(3): 1236-1247.

[16] KARUNARATHNE D, MORALES Y, KANDA T, et al. Understanding a public environment via continuous robot observations[J]. Robotics and Autonomous Systems, 2020, 126: 103443.

[17] GARCIA-HARO J M, OÑA E D, HERNANDEZ-VICEN J, et al. Service robots in catering applications: a review and future challenges [J]. Electronics, 2021, 10(1): 47.

[18] PATHMAKUMAR T, KALIMUTHUM, ELARA M R, et al. An autonomous robot-aided auditing scheme for floor cleaning[J]. Sensors,2021,21(13):4332.

[19] THAKAR S,MALHAN R K,BHATT P M,et al. Area-coverage planning for spray-based surface disinfection with a mobile manipulator[J]. Robotics and Autonomous Systems,2021,147:103920.

[20] KOUSI N, KOUKAS S, MICHALOS G, et al. Scheduling of smart intra-factory material supply operations using mobile robots[J]. International Journal of Production Research,2019,57(3):801-814.

2 四舵轮移动机器人运动学和动力学模型

2.1 概　　述

复杂车间环境通常是指一个存在大量机床、流水线与工业机器人等大型设备的制造场景。这种场景往往出现在自动化工厂与数字化车间等涉及 CNC 加工等的地方，其设备布局一般不易改变，并且存在一定的行人干扰，对在车间中任何移动设备路径的限制性较高。移动机器人在该场景中的工作往往为运输加工原料与加工成品，即取代原本的人工运输工序，在搭载机械臂后也可以承担一些低复杂度工序的工作。典型的车间场景及其中的轮式无轨移动机器人如图 2.1 所示。

图 2.1　复杂车间场景与轮式无轨移动机器人

对于复杂车间而言，一个工件的生产过程往往可以分为三步：第一步，从上料区拿料；第二步，将料放入加工设备进行生产；第三步，将生产完的料取回并放到下料区。在传统车间中，这三个步骤往往都是依靠人工完成的，而在数字化生产车间中，这些步骤均由移动机器人来实现。为完成上述这些运输工作，机器人的路径规划策略不仅需要考虑如何精确地行进到对应的运输位置，还要考虑在途径场景中当各条路线相交时，如何尽可能避免与其他设备产生干涉的问题。

运输过程通常也只是机器人在车间工作流程中的某个工序，对于整个生产车间而言，在异常环境下的持续工作也是值得考虑的关键问题。对于机床数量巨大的工厂，经常有某些机床或其他大型设备在维修或保养，而维修工人或设备往往会导致维修设备附近的道路无法通行,此时轮式无轨移动机器人需要绕开这些原本可以通行的道路,来提升其在多变环境下的鲁棒性。

2.2　四舵轮移动机器人平台模型

如图 2.2 所示,这是一种新颖的移动机器人系统,主要由协作机械手和移动平台组成,可以同时执行自主运动和基于视觉的操作。该全向移动机器人采用轮毂电机驱动车轮,由于独立驱动、独立转向的特性,每个车轮都有两个自由度,可以实现主动向前/向后运动和旋转,可以在不平坦或粗糙的带有杂质的地板上实现连续的轮/地动态接触。因此,该机器人具有卓越的机动性,适用于不同的地形环境。它已应用于工业制造领域。该类机器人的突出特点是机动性好、灵巧、效率高。如图 2.3 所示,所开发的移动机器人的硬件架构通常由以下模块构成:

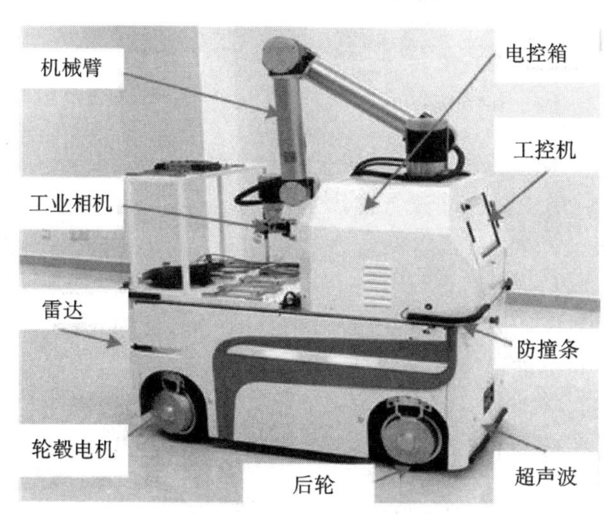

图 2.2　开发的 IWMD-MR 原型

(1) 感知:从 3D 雷达、惯性测量单元、力矩传感器、工业相机等传感器获取检测数据。利用传感数据和人工智能技术,可以实现环境表示、物体检测/建模、场景理解和语义位置分类。具体地,系统有两个激光测距仪(HOKUYO 公司的 UTM-30LX),用于测量机器人与障碍物之间的距离,以解决潜在的碰撞问题。

(2) 决策:估计定位并帮助机器人做出运动决策。机器人的核心是一个机载工业计算机,具有许多适用的接口,可以与伺服驱动器及其他设备进行通信。它还为必要的功能提供自主开发的软件,包括地图绘制、定位、路径规划和导航。定位模块采用蒙特卡罗定位方法,该方法能够在动态环境(例如所考虑的制造场景)中实现精确定位。同时,该方法在扫描匹配中采用迭代最近点方法以提高概率方法的精度,从而提高跟踪位姿的估计精度。

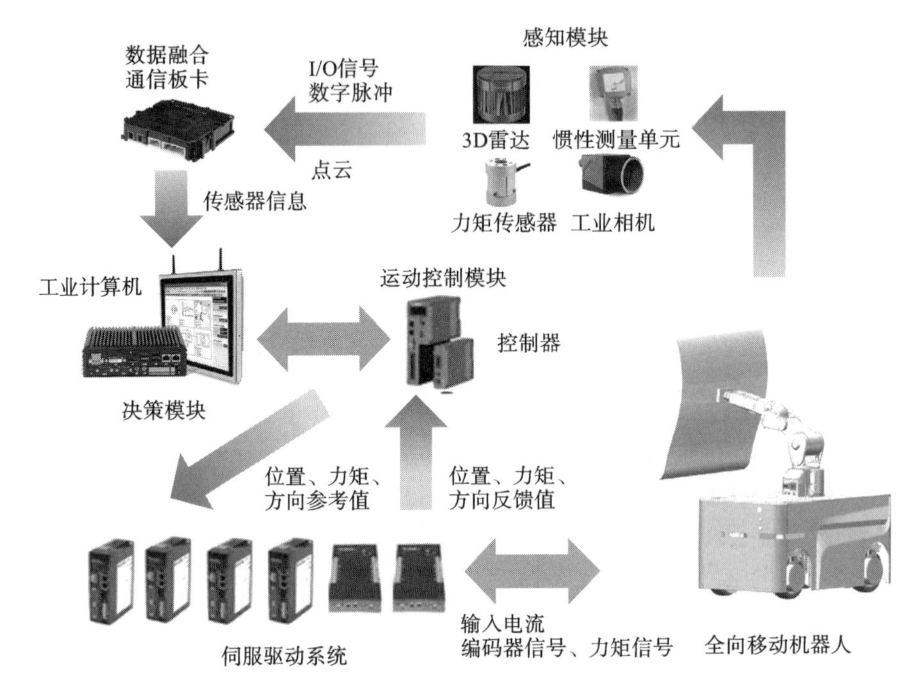

图 2.3　机器人硬件架构

(3) 运动控制:用于完成任意方向所需的运动。运动控制系统主要包含双通道伺服驱动器、低级运动控制器、轮毂电机和协作机械手。它采用工业 EtherCAT 协议来实现控制器与伺服驱动器之间的通信。每台电机采用 2500 个脉冲/转的增量编码器,其额定转矩和电流分别为 0.95 N·m 和 10 A。同时,搭载三菱 RV-4FL 机械手,使机器人能够同步进行运动和操纵。

如图 2.4 所示,平台增加了多传感器安全模块,以确保导航系统的安全。

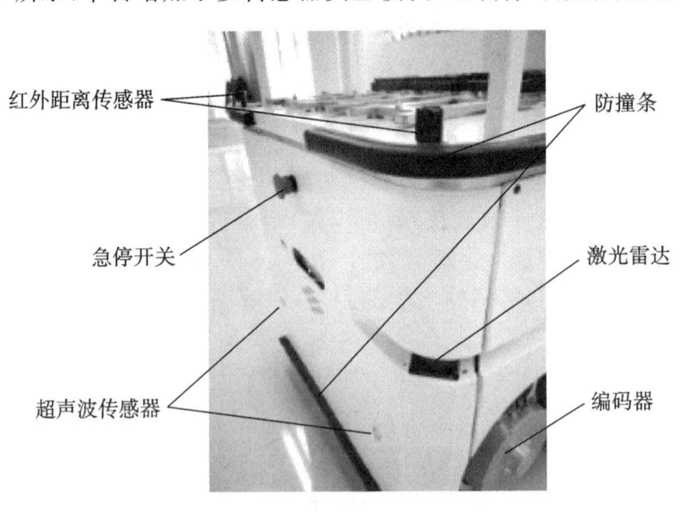

图 2.4　多传感器安全模块

2.3 移动机器人运动学建模

如图 2.5 所示，可以构建一个全向移动机器人的运动学模型，在主体中心线上有两个虚拟轮，即前轮和后轮。设置 (x,y) 和 θ 分别表示机器人相对于参考坐标系的位置和姿态，则其运动学模型可以表示为

$$\dot{x} = V_l \cos\theta \tag{2.1}$$

$$\dot{y} = V_l \sin\theta \tag{2.2}$$

$$\dot{\theta} = \frac{V_l}{L_{\mathrm{f}} + L_{\mathrm{r}}}(\tan\delta_{\mathrm{f}} - \tan\delta_{\mathrm{r}}) \tag{2.3}$$

式中：V_l 表示纵向速度；L_{f} 和 L_{r} 分别表示前、后轮到机器人重心(CG)的距离；δ_{f} 和 δ_{r} 分别表示前轮和后轮的转向角度。

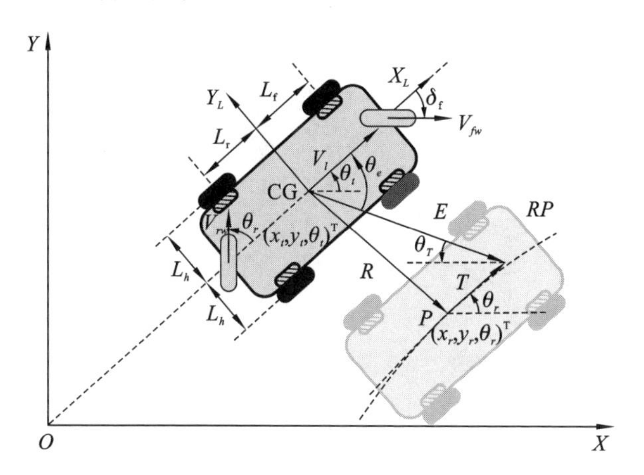

图 2.5 全向移动机器人运动学模型

全局坐标系中，基于 $\mathbf{CG}=(x,y,\theta)^{\mathrm{T}}$ 和参考点 $\boldsymbol{P}=(x_r,y_r,\theta_r)^{\mathrm{T}}$ 的瞬时切线，定义一个误差向量 $\boldsymbol{E}$，则运动学偏移角为

$$\theta_T = \tan^{-1}\left(\frac{T_y - y}{T_x - x}\right) \tag{2.4}$$

$$T_x = x_r + |\boldsymbol{I}|\cos\theta_r\ ,\ T_y = y_r + |\boldsymbol{I}|\sin\theta_r \tag{2.5}$$

式中，T_x 和 T_y 分别表示 P 点在 X 轴和 Y 轴移动距离，$\boldsymbol{I}$ 为单位向量。定义误差 θ_e 且 $\theta_e=\theta_t-\theta_T$，定义可测的两个虚拟状态量 $x_1=\int\theta_e \mathrm{d}t$ 和 $x_2=\theta_e$，有

$$\dot{x}_1 = \theta_e = x_2 \tag{2.6}$$

$$\begin{aligned}\dot{x}_2 &= \dot{\theta}_t - \dot{\theta}_T + d \\ &= \frac{V_l}{L_{\mathrm{f}} + L_{\mathrm{r}}}\tan\delta_{\mathrm{f}} - \frac{V_l}{L_{\mathrm{f}} + L_{\mathrm{r}}}\tan\delta_{\mathrm{r}} - \dot{\theta}_T + d\end{aligned} \tag{2.7}$$

式中，$d=\Delta k_t(\dot{\theta}-\dot{\theta}_T)+d'$，表示有界集中未知参数的不确定性和外部非线性扰动，Δk_t 表示系数的不确定度，d'表示外部非线性扰动。

2.4　移动机器人动力学建模

四轮冗余驱动移动机器人如图 2.6 所示，其中上装机械臂在机器人运动到目标位置后才开始运动，因此可将其等效为静态质量。建立移动机器人运动模型，图 2.7(a)所示为机器人动力学模型中的四轮模型，包含机器人纵向运动、侧向运动以及横摆运动，可以全面描述移动机器人在水平面内的运动状态。仅考量机器人的稳定性以及时滞系统控制两个方面，在保证控制效果的前提下对机器人进行合理简化，根据车辆动力学性质，在速度小于 5m/s 时可以将四轮模型简化为单轨模型，如图 2.7(b)所示，在此模型下仅考虑移动机器人的侧向运动以及横摆运动。

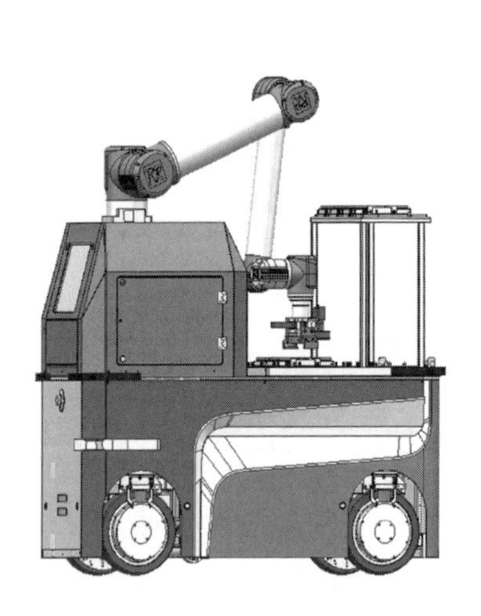

图 2.6　四轮冗余驱动移动机器人

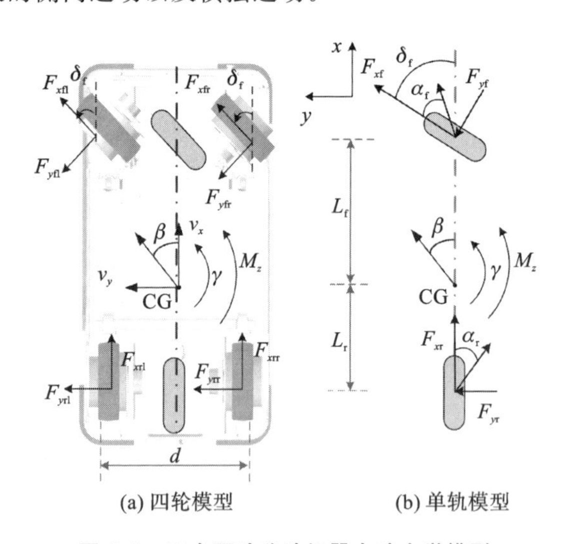

图 2.7　冗余驱动移动机器人动力学模型

在图 2.7(b)中，建立机器人坐标系，以质心 CG 为坐标原点，机器人纵向轴线为 x 轴，机器人前进方向为正方向。水平面内垂直 x 轴并指向机器人前进方向的左侧为 y 轴正方向。绕机器人质心逆时针方向为横摆正方向。其中，m 表示机器人总质量；I_z 表示横摆转动惯量；v 表示质心速度；F_{yf}、F_{yr}分别表示前、后轮胎的侧向力；L_f、L_r 分别表示质心到前、后轴的距离；δ_f 表示前轮转角；M_z 为所有驱动轮纵向力共同对机器人质心产生的横摆力矩；v_x 为质心速度 v 沿 x 轴的分量；v_y 为质心速度 v 沿 y 轴的分量；γ 为横摆角速度；β 为质心侧偏角，表示质心速度 v 与机器人 x 轴间的夹角，即

$$\beta=\arctan\left(\frac{v_y}{v_x}\right) \tag{2.8}$$

单轨模型下，机器人侧向运动与横摆运动可以描述为如下形式。

侧向运动：

$$mv_x(\dot{\beta}+\gamma)=F_{yf}\cos\delta_f+F_{yr} \tag{2.9}$$

上式表明，机器人的侧向运动，受到侧向平移加速度与向心加速度的影响。

横摆运动：

$$I_z\dot{\gamma}=L_fF_{yf}\cos\delta_f-L_rF_{yr}+M_z \tag{2.10}$$

当侧向加速度与轮胎侧偏角均比较小时，轮胎侧向力与侧偏角的关系如下：

$$F_{yf}=k_f\alpha_f \tag{2.11}$$

$$F_{yr}=k_r\alpha_r \tag{2.12}$$

式中，k_f 和 k_r 分别表示前、后轮的侧偏刚度，α_f 和 α_r 分别表示前、后轮的侧滑角，可进一步表示为如下形式：

$$\alpha_f=\beta+\tan^{-1}\left(\frac{L_f\gamma}{v}\right)-\delta_f\approx\beta+\frac{L_f\gamma}{v}-\delta_f \tag{2.13}$$

$$\alpha_r=\beta-\tan^{-1}\left(\frac{L_r\gamma}{v}\right)\approx\beta-\frac{L_r\gamma}{v} \tag{2.14}$$

假设前轮转角 δ_f 相当小，有 $\cos\delta_f\approx1$ 。根据式(2.9)～式(2.14)可以得到运动控制的移动机器人系统状态方程，如式(2.15)所示，移动机器人的质心侧偏角 β 与横摆角速度 γ 为系统状态，附加直接横摆力矩 M_z 作为系统的控制输入，则有

$$\dot{\boldsymbol{x}}_a(t)=\boldsymbol{A}\boldsymbol{x}_a(t)+\boldsymbol{B}u(t)+\boldsymbol{D}\varphi(t) \tag{2.15}$$

其中

$$\boldsymbol{x}_a=[\beta,\gamma]^{\mathrm{T}},\quad u(t)=M_z,\quad \varphi(t)=\delta_f$$

$$\boldsymbol{A}=\begin{bmatrix}-\dfrac{2(k_f+k_r)}{mv_x} & -\dfrac{2(k_fL_f-k_rL_r)}{mv_x^2}-1\\ -\dfrac{2(k_rL_r-k_fL_f)}{I_z} & -\dfrac{2(k_rL_r^2+k_fL_f^2)}{I_zv_x}\end{bmatrix},\quad \boldsymbol{B}=\begin{bmatrix}0\\ \dfrac{1}{I_z}\end{bmatrix},\quad \boldsymbol{D}=\begin{bmatrix}\dfrac{2L_fk_f}{mv_x}\\ \dfrac{2L_fk_f}{I_z}\end{bmatrix}$$

在稳态情况下，质心侧偏角 β 与横摆角速度 γ 的状态更新形式为

$$\dot{\boldsymbol{x}}_r(t)=\boldsymbol{A}x_r(t)+\boldsymbol{D}\varphi(t) \tag{2.16}$$

式中，$\boldsymbol{x}_r=[\beta_r,\gamma_r]^{\mathrm{T}}$ ，β_r 与 γ_r 分别表示质心侧偏角与横摆角速度的理想参考状态。

根据式(2.15)与式(2.16)可以得到控制系统的误差形式：

$$\dot{\boldsymbol{x}}(t)=\boldsymbol{A}\boldsymbol{x}(t)+\boldsymbol{B}u(t) \tag{2.17}$$

式中，$\boldsymbol{x}=[\beta-\beta_r,\gamma-\gamma_r]^{\mathrm{T}}$ 。

移动机器人的速度、横摆角速度和质心侧偏角等状态量可以通过传感器直接测量得到或者通过设计状态观测器进行估计得到，这方面已经有大量的研究。

参考文献

[1]　KE F, LI Z J, YANG C G. Robust tube-based predictive control for visual

servoing of constrained differential-drive mobile robots[J]. IEEE Transactions on Industrial Electronics,2018,65(4):3437-3446.

[2] LI G,MENG J,XIE Y L,et al. Reliable and fast localization in ambiguous environments using ambiguity grid map[J]. Sensors,2019,19(15):3331.

[3] LI G, HUANG Y,ZHANG X L,et al. Hybrid maps enhanced localization system for mobile manipulator in harsh manufacturing workshop[J]. IEEE Access,2020,8:10782-10795.

3　基于运动学的多模式异步切换控制

3.1　问题描述

全向移动机器人可配置单阿克曼、双阿克曼、原地回转、斜行等运行模式。单一化的运行模式会降低机器人的运行效率，并且在单一运行模式下机器人对狭小或者高动态的运行环境适应能力差。为此，本章提出了一种全向移动机器人多模式异步切换控制方法，构建一种新型无颤振积分滑模控制的多模式匹配切换策略，提出运行模式匹配监督判据以及多层次逻辑切换规则，保证模式匹配切换过程的柔顺性和切换系统的全局稳定性。首先，对全向移动机器人多模式运动特征进行分析，确定全向移动机器人多模式的运动学统一化函数表达式，将可配置的各种模式作为可切换子系统。其次，通过设计无颤振耦合滑动模态和趋近律，建立一种无颤振积分滑模控制方法，优化每个子系统的控制输入。然后，使用基于能量衰减率的监督判据，结合参考轨迹的运行曲率信息来区分不匹配的子系统，实现多模式匹配的异步切换自适应运行。最后，利用分段李雅普诺夫函数和模型依赖平均停留时间(MDADT)，推导出全局的指数 H_∞ 稳定性及其充分条件。与传统单模式进行对比实验，实验结果证明了所提多模式异步切换控制方法的有效性和优越性。

3.2　统一无颤振积分滑模控制方法

定义 3.1　由连续子系统和离散信号构成的切换系统可表示为

$$\dot{x}(t)=f_{\sigma(t)}(x,t),\quad \sigma(t)\in\{1,2,\cdots,M\} \tag{3.1}$$

式中：$x(t)$表示系统状态；$f_{\sigma(t)}$是 n 个不同状态函数的集合；$\sigma(t)$是 t 时刻控制系统 $f_{\sigma(t)}$的切换信号；$M\in\mathbb{N}^+$，表示子系统编号。

切换系统式(3.1)的解决方案是由$\{x(t),\sigma(t)\}$最优系统状态和离散切换信号构成的。根据离散切换信号 $\sigma(t)$与系统状态或时间 t 的关系映射，可将切换控制分成状态相关切换控制和时间相关切换控制。为了简化控制律的推导，本章将在后续的表述中把 $\sigma(t)$简化为 σ。

定义 3.2　对于任意 $t_2>t_1\geqslant 0$，设定 $N_{\sigma,i}(t_1,t_2)$为区间(t_1,t_2)内发生的第 i 个子

系统的切换次数，$T_i(t_1,t_2)$为运行时间，则 σ 信号具有 MDADT τ_{ad}，并且满足如下条件：

$$\sum_{i\in M}N_{\sigma,i}(t_1,t_2)\leqslant\sum_{i\in M}N_{0,i}+\sum_{i\in M}\frac{T_i(t_1,t_2)}{\tau_{ad}},\forall t_2>t_1\geqslant 0 \tag{3.2}$$

式中，$N_{0,i}\in\mathbb{R}$，表示模式代号。

全向移动机器人采用四轮独立驱动、四轮全转向的轮毂电机冗余驱动方式，在灵活性、承载能力、环境适应性等方面具有明显优势。从四轮转角配置分析，冗余驱动机械臂可配置在原点回转(精确调整位姿)、斜行(点到点快速移动)以及可调节式阿克曼(兼顾移动和转弯)等模式。各模式差异化动态特性，一方面可避开奇异位形与障碍物，提高运动灵活性和对复杂动态环境的适应性；另一方面为多模式自适应切换运行提供可能，以期达到改善控制精度、提升工作效率的目的。与传统麦克纳姆轮不同，所使用的驱动方式可提供连续的轮地交互接触，从而可适应湿滑、不平整等复杂运行工况。同时，全向移动机器人每个车轮都有前行驱动力和转向驱动力，从而具有两个自由度来进行向前滚动和转动，因此该移动机器人具有优越的机动性能，并且可以适应不同的地形环境。通过使用虚拟前轴和实轴，全向移动机器人的运动状态可以用单轨模型来描述。全向移动机器人运行模式如图 3.1 所示。使用 $\boldsymbol{q}$ 表示状态，(x,y)表示机器人在 x 轴以及 y 轴方向的位置坐标，θ 和 φ_f 为方向角和转向角，可推导全向移动机器人相关运行模式的运动学状态如下。

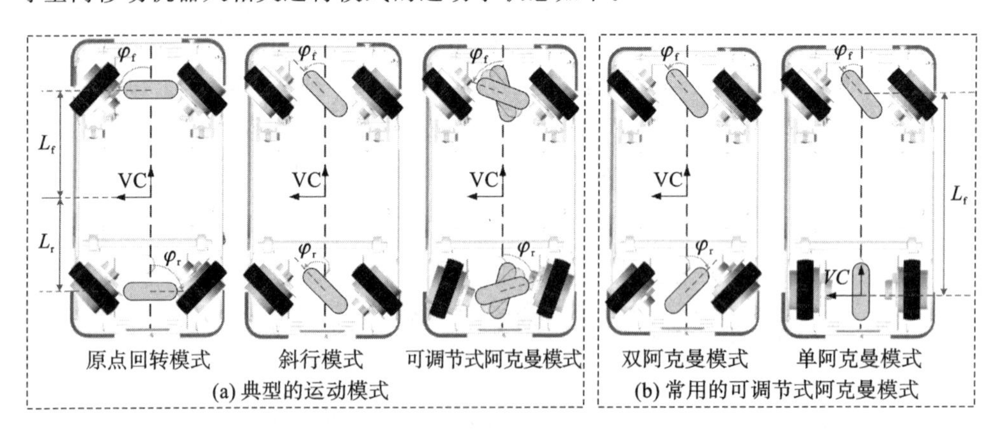

图 3.1 全向移动机器人运行模式

(1) 原地转向模式：将左、右轮方向设置为相反方向，通过原地转向实现对全向移动机器人位姿的快速调整，同时可避免位置偏差或打滑。在这种模式下，全向移动机器人可以灵活调整转向转速。此种模式下，全向移动机器人的状态方程可表示为

$$\dot{\boldsymbol{q}}=[0,0,L_f]^{\mathrm{T}}\omega \tag{3.3}$$

式中：L_f 是前轮到虚拟中心的距离；ω 为角速度。

令 $\boldsymbol{q}_e$表示误差量，结合参考量$\dot{\boldsymbol{q}}_r=[0,0,\theta_r]$以及式(3.3)可得：

$$\dot{\boldsymbol{q}}_e=\dot{\boldsymbol{q}}_r-\dot{\boldsymbol{q}}=[0,0,\theta_r]^{\mathrm{T}}-[0,0,L_f]^{\mathrm{T}}\omega \tag{3.4}$$

因此,动态跟踪误差 θ_e 可表示为

$$\dot{\theta}_e = \dot{\theta}_r - L_{\mathrm{f}}\omega \tag{3.5}$$

(2) 平移模式:全向移动机器人可沿对角甚至横向移动,实现点对点的直接快速移动,从而提高运行效率和直线移动精度。利用驱动速度和角速度,全向移动机器人的运动学状态可表示为

$$\dot{\boldsymbol{q}} = [\dot{x}, \dot{y}, \dot{\varphi}_{\mathrm{f}}]^{\mathrm{T}} = \begin{bmatrix} \cos\varphi_{\mathrm{f}} & \sin\varphi_{\mathrm{f}} & 0 \\ 0 & 0 & 1 \end{bmatrix}^{\mathrm{T}} \begin{bmatrix} v \\ \omega \end{bmatrix} \tag{3.6}$$

对于这种模式,使用参考状态 $\boldsymbol{q}_r = [x_r, y_r, \varphi_{\mathrm{f}r}]^{\mathrm{T}}$ 和参考控制输入 $\boldsymbol{u}_r = [v_r, \omega_r]^{\mathrm{T}}$,可计算误差向量 $\boldsymbol{q}_e$ 为

$$\boldsymbol{q}_e = \boldsymbol{q}_r - \boldsymbol{q} = \begin{bmatrix} x_e \\ y_e \\ \varphi_{\mathrm{f}e} \end{bmatrix} = \begin{bmatrix} \cos\varphi_{\mathrm{f}} & \sin\varphi_{\mathrm{f}} & 0 \\ -\sin\varphi_{\mathrm{f}} & \cos\varphi_{\mathrm{f}} & 0 \\ 0 & 0 & 1 \end{bmatrix} \begin{bmatrix} x_r - x \\ y_r - y \\ \varphi_{\mathrm{f}r} - \varphi_{\mathrm{f}} \end{bmatrix} \tag{3.7}$$

(3) 可调节式阿克曼模式:在这种模式下,全向移动机器人可灵活配置前、后轮转向角,实现对转向半径的调整,从而可获得更佳的机动性以适应各种环境或操作条件。该种模式下,全向移动机器人具有如下的运动学方程:

$$\dot{\boldsymbol{q}} = \begin{bmatrix} \dot{x} \\ \dot{y} \\ \dot{\theta} \end{bmatrix} = \begin{bmatrix} \cos\theta & \sin\theta & \dfrac{(k_1+1)\tan\varphi_{\mathrm{f}}}{(k_1+k_2)\times L} \\ 0 & 0 & 1 \end{bmatrix}^{\mathrm{T}} \begin{bmatrix} v \\ \omega \end{bmatrix} \tag{3.8}$$

式中:$L = L_{\mathrm{f}} + L_{\mathrm{r}}$,表示车体长度;$k_1$ 和 k_2 为配置系数。

特别地,可推导得到 $k_1 = \tan\varphi_{\mathrm{f}}/\tan(-\varphi_{\mathrm{r}})$,其中 φ_{f} 和 φ_{r} 分别是前轮和后轮的转向角。如果 $k_1=0$ 且 $k_2=1$,全向移动机器人运行在传统的阿克曼模式下,仅利用前轮进行高速转向。若 $k_1=1$ 且 $k_2=1$,意味着前、后轮的转向角相同,则全向移动机器人工作在双阿克曼模式下,可通过减小转弯半径来获得快速转向响应。此外,可进一步将式(3.8)简化为

$$\dot{\boldsymbol{q}} = [\dot{x},\quad \dot{y},\quad \dot{\theta}]^{\mathrm{T}} = \begin{bmatrix} \cos\theta & \sin\theta & 0 \\ 0 & 0 & 1 \end{bmatrix}^{\mathrm{T}} \begin{bmatrix} v' \\ \omega' \end{bmatrix} \tag{3.9}$$

式中:$\omega' = (k_1+1)\tan\varphi_{\mathrm{f}}/[(k_1L + k_2L) + \omega]$;$v'$ 为机器人纵向速度。

定义一个中间变量 z,如果 $z=\varphi_{\mathrm{f}}$,全向移动机器人的配置模式为平移模式;而如果 $z=\theta$,全向移动机器人为原地转向模式或可调节式阿克曼模式。基于此,可推导出以下统一化模型:

$$\begin{cases} \dot{x}_e = \omega_\sigma y_e - v_\sigma + \tilde{v}_\sigma \cos z_e \\ \dot{y}_e = -\omega_\sigma x_e + \tilde{v}_\sigma \sin z_e \\ \dot{z}_e = \tilde{\omega}_\sigma - \omega_\sigma \end{cases} \tag{3.10}$$

式中:$\tilde{v}_\sigma$ 和 $\tilde{\omega}_\sigma$ 表示不同运行模式下的相关参考控制输入;v_σ 和 ω_σ 是由切换信号和式(3.5)～式(3.10)确定的控制输入。

综上,可获得全向移动机器人切换控制系统:

$$\dot{\boldsymbol{q}}_e(t) = f_\sigma(\boldsymbol{q}_e, \boldsymbol{u}, \boldsymbol{d}), \quad \sigma \in \{1, \cdots, M\} \tag{3.11}$$

$$\boldsymbol{q}_e(t) = \boldsymbol{q}_r - \boldsymbol{q} = [x_r - x, y_r - y, z_r - z]^{\mathrm{T}} = [x_e, y_e, z_e]^{\mathrm{T}} \tag{3.12}$$

$$\boldsymbol{u}(t) = [v_\sigma, \omega_\sigma]^{\mathrm{T}} \tag{3.13}$$

式中：$\boldsymbol{q}_r = [x_r, y_r, z_r]^{\mathrm{T}}$，为期望状态量；$f_\sigma$ 是 M 个非线性函数构成的集合；$M \in \mathbb{N}^+$，表示所考虑子系统（即可选运行模式）的数量；离散切换信号 $\sigma:[0,\infty)\to i=\{1,2,\cdots,M\}$，是分段常数函数；$\boldsymbol{d} = [d_x, d_y, d_z]^{\mathrm{T}} \in \mathbb{R}^3$，是未知有界干扰项（包括外部有界随机干扰、建模或非结构化不确定性和参数振动）。

针对由式(3.11)～式(3.13)确定的统一化切换控制系统模型，需要设计相应的子系统控制方法以及异步切换决策，从而保证在每个子系统运行下跟踪误差渐近收敛到原点，保证闭环系统的全局稳定性。

假设 3.1 对于给定周期 T_f，时变未知扰动项 $\boldsymbol{d}(t)$ 满足如下的有界约束条件：$\int_0^{T_f} \boldsymbol{d}^{\mathrm{T}}(t)\boldsymbol{d}(t)\mathrm{d}t \leqslant d', d' > 0$。

引理 3.1 在任意初始状态 $\boldsymbol{x}(t_0)$ 下，如果存在常数 $\alpha > 0$ 且 $\delta > 0$，保证

$$\| \boldsymbol{x}(t) \| \leqslant \alpha \mathrm{e}^{-\delta(t-t_0)} \| \boldsymbol{x}(t_0) \| \quad (\forall t > t_0) \tag{3.14}$$

则切换系统可趋近于平衡状态 $\boldsymbol{x}(t)=\boldsymbol{0}(t\to\infty)$，实现全局指数稳定。

引理 3.2 如果以下条件成立：

(1) 无扰动时，系统可达到指数稳定；

(2) 在零初始条件下，具有响应 $\boldsymbol{z}$ 满足

$$\int_{t_0}^{\infty} \mathrm{e}^{-\sum_{i=1}^{\mathbb{N}}\{\alpha_i T_i(t_0,t)\}} \boldsymbol{z}^{\mathrm{T}}(t)\boldsymbol{z}(t)\mathrm{d}t \leqslant \eta^2 \int_{t_0}^{\infty} \boldsymbol{d}^{\mathrm{T}}(t)\boldsymbol{d}(t)\mathrm{d}t \tag{3.15}$$

式中，$T_i(t_0,t)$ 是在区间 $[t_0,t)$ 内且 $\alpha_i>0$ 的第 i 个子系统的总运行时间。那么，在给定扰动衰减水平 η 的情况下，系统具有指数 H_∞ 稳定性能。

考虑到全向移动机器人的运动学控制输出信号维度为 3（即 x_e, y_e, z_e），而输入信号的维度为 2（即 v_σ 和 ω_σ），因此设计如下的耦合滑模面：

$$s_{1\sigma} = \dot{x}_e + k_{1\sigma} x_e \tag{3.16}$$

$$s_{2\sigma} = \dot{y}_e + k_{2\sigma} y_e - k_{1\sigma} x_e + k_{0\sigma} \tanh(y_e - k_{1\sigma} x_e) z_e^{\varepsilon} \tag{3.17}$$

式中：$k_{i\sigma}(i=0,1,2)$ 是预先定义的正数；tanh(*) 表示双曲正切函数；$\varepsilon \in \mathbb{R}$，是保证 $z_e^{\varepsilon} \geqslant 0$ 的常数。

定理 3.1 对于耦合的滑模面式(3.16)和式(3.17)，如果采用的控制律为

$$\dot{v} = - v_{\mathrm{switch}} + \dot{v}_{\mathrm{slide}} \tag{3.18}$$

$$\omega = \frac{-\omega_{\mathrm{switch}}}{\tilde{v}_\sigma \cos z_e + \varepsilon k_{0\sigma} \tanh(y_e - k_{1\sigma} x_e) z_e^{\varepsilon-1}} + \omega_{\mathrm{slide}} \tag{3.19}$$

并且等价控制律（即 $\dot{v}_{\mathrm{slide}}$ 和 ω_{slide}）和趋近律（即 v_{switch} 和 ω_{switch}）由下式给出：

$$\dot{v}_{\mathrm{slide}} = \dot{\tilde{v}}_\sigma \cos z_e - \tilde{v}_\sigma \dot{z}_e \sin z_e + \dot{y}_e \omega_\sigma + y_e \dot{\omega}_\sigma + k_{1\sigma} \dot{x}_e \tag{3.20}$$

$$\omega_{\text{slide}}=\tilde{\omega}_{\sigma}-\frac{-\dot{\tilde{v}}_{\sigma}\sin z_e+\dot{\omega}_{\sigma}x_e+\omega_{\sigma}\dot{x}_e-k_{2\sigma}\dot{y}_e+k_{1\sigma}\dot{x}_e}{\tilde{v}_{\sigma}\cos z_e+\varepsilon k_{0\sigma}\tanh(y_e-k_{1\sigma}x_e)z_e^{\varepsilon-1}}-\frac{k_{0\sigma}[1-\tanh^2(y_e-k_{1\sigma}x_e)]z_e^{\varepsilon}(\dot{y}_e-k_{1\sigma}\dot{x}_e)}{\tilde{v}_{\sigma}\cos z_e+\varepsilon k_{0\sigma}\tanh(y_e-k_{1\sigma}x_e)z_e^{\varepsilon-1}} \tag{3.21}$$

$$v_{\text{switch}}=-\frac{p_{1\sigma}}{\delta_{1\sigma}+(1-\delta_{1\sigma})\exp(-\alpha_{1\sigma}|s_{1\sigma}|)}\tanh(\beta_{1\sigma}s_{1\sigma}) \tag{3.22}$$

$$\omega_{\text{switch}}=-\frac{p_{2\sigma}}{\delta_{2\sigma}+(1-\delta_{2\sigma})\exp(-\alpha_{2\sigma}|s_{2\sigma}|)}\tanh(\beta_{2\sigma}s_{2\sigma}) \tag{3.23}$$

式中，$\delta_{i\sigma}\in[0,1]$ 和 $p_{i\sigma}>0$，$\beta_{i\sigma}>0$，$\alpha_{i\sigma}\in[0,1]$（$i=1,2$），均表示预先设定的常数，则单模式运行下，子系统跟踪误差将趋于平衡状态，这可保证全向移动机器人系统式(3.11)在单模式运行下的闭环稳定性。

证明 定理3.1的证明应推导所设计的耦合滑模面有限时间达到渐近稳定的充分条件。为此，证明主要分成以下三个步骤。

步骤1：设定如下Lyapunov(李雅普诺夫)函数：

$$V(\boldsymbol{s}(t))=0.5\boldsymbol{s}^{\mathrm{T}}\boldsymbol{s},\quad \boldsymbol{s}=[s_{1\sigma},s_{2\sigma}]^{\mathrm{T}} \tag{3.24}$$

式(3.24)的导数为

$$\dot{V}(\boldsymbol{s}(t))=s_{1\sigma}\times\dot{s}_{1\sigma}+s_{2\sigma}\times\dot{s}_{2\sigma} \tag{3.25}$$

结合式(3.10)、式(3.16)和式(3.17)，得到耦合滑模面的导数为

$$\dot{s}_{1\sigma}=-\dot{v}_{\sigma}+\dot{\tilde{v}}_{\sigma}\cos z_e-\tilde{v}_{\sigma}\dot{z}_e\sin z_e+\dot{y}_e\omega_{\sigma}+y_e\dot{\omega}_{\sigma}+k_{1\sigma}\dot{x}_e \tag{3.26}$$

$$\begin{aligned}\dot{s}_{2\sigma}=&\dot{\tilde{v}}_{\sigma}\sin z_e+\dot{z}_e\tilde{v}_{\sigma}\cos z_e-\dot{\omega}_{\sigma}x_e-\omega_{\sigma}\dot{x}_e+k_{2\sigma}\dot{y}_e-k_{1\sigma}\dot{x}_e\\&+k_{0\sigma}[1-\tanh^2(y_e-k_{1\sigma}x_e)]z_e^{\varepsilon}(\dot{y}_e-k_{1\sigma}\dot{x}_e)\\&+\varepsilon k_{0\sigma}\tanh(y_e-k_{1\sigma}x_e)z_e^{\varepsilon-1}\dot{z}_e\end{aligned} \tag{3.27}$$

基于式(3.26)和式(3.27)，将控制律式(3.18)和式(3.19)代入式(3.25)得到：

$$\dot{V}_1(\boldsymbol{s}(t))=-\frac{p_{1\sigma}s_{1\sigma}\tanh(\beta_{1\sigma}s_{1\sigma})}{\delta_{1\sigma}+(1-\delta_{1\sigma})\mathrm{e}^{-\alpha_{1\sigma}|s_{1\sigma}|}}-\frac{p_{2\sigma}s_{2\sigma}\tanh(\beta_{2\sigma}s_{2\sigma})}{\delta_{2\sigma}+(1-\delta_{2\sigma})\mathrm{e}^{-\alpha_{2\sigma}|s_{2\sigma}|}} \tag{3.28}$$

根据式(3.28)，可选择正常数以确保 $\dot{V}(\boldsymbol{s}(t))<0$。根据李雅普诺夫原理，所提的耦合滑模控制方法可保证子系统运行的闭环稳定性。

步骤2：对0和 $t_{\text{reach}}^{s_{1\sigma}}$ 区间的趋近律式(3.22)进行积分得到：

$$\dot{s}_{1\sigma}[\delta_{1\sigma}+(1-\delta_{1\sigma})\mathrm{e}^{-\alpha_{1\sigma}|s_{1\sigma}|}]=-p_{1\sigma}\tanh(\beta_{1\sigma}s_{1\sigma}) \tag{3.29}$$

$$\int_{s_{1\sigma}(t_0)}^{s_{1\sigma}(t_{\text{reach}}^{s_{1\sigma}})}\frac{p_{1\sigma}\tanh(\beta_{1\sigma}s_{1\sigma})}{\delta_{1\sigma}+(1-\delta_{1\sigma})\mathrm{e}^{-\alpha_{1\sigma}|s_{1\sigma}|}}\mathrm{d}s_{1\sigma}=\int_{t_0}^{t_{\text{reach}}^{s_{1\sigma}}}-\mathrm{d}t \tag{3.30}$$

使 $s_{1\sigma}(t_{\text{reach}}^{s_{1\sigma}})=0$，式(3.30)变成

$$t_{\text{reach}}^{s_{1\sigma}}=\frac{1}{p_{1\sigma}}\left[\delta_{1\sigma}|s_{1\sigma}(t_0^{s_{1\sigma}})|+(1-\delta_{1\sigma})\int_0^{s_{1\sigma}(t_0^{s_{1\sigma}})}\tanh(\beta_{1\sigma}s_{1\sigma})\mathrm{e}^{-\alpha_{1\sigma}|s_{1\sigma}|}\mathrm{d}s_{1\sigma}\right] \tag{3.31}$$

如果滑模面的初始状态满足 $s_{1\sigma}(t_0^{s_{1\sigma}})\geqslant 0$，假设 $\tanh(\beta_{1\sigma}s_{1\sigma})\simeq\lambda_{1\sigma}$，可得

$$\int_0^{s_{1\sigma}(t_0)}\tanh(\beta_{1\sigma}s_{1\sigma})\mathrm{e}^{-\alpha_{1\sigma}|s_{1\sigma}|}\mathrm{d}s_{1\sigma}\simeq\lambda_{1\sigma}\int_0^{s_{1\sigma}(t_0)}\mathrm{e}^{-\alpha_{1\sigma}|s_{1\sigma}|}\mathrm{d}s_{1\sigma} \tag{3.32}$$

同样地，在 $s_{1\sigma}(t_0^{s_{1\sigma}})<0$ 和 $\tanh(\beta_{1\sigma}s_{1\sigma})\simeq-\lambda_{1\sigma}$ 的情况下，可计算得到

$$\begin{aligned}\int_0^{s_{1\sigma}(t_0)}\tanh(\beta_{1\sigma}s_{1\sigma})\mathrm{e}^{-\alpha_{1\sigma}|s_{1\sigma}|}\,\mathrm{d}s_{1\sigma}&\simeq-\lambda_{1\sigma}\int_0^{s_{1\sigma}(t_0)}\mathrm{e}^{-\alpha_{1\sigma}|s_{1\sigma}|}\,\mathrm{d}s_{1\sigma}\\&=\lambda_{1\sigma}\int_0^{-s_{1\sigma}(t_0)}\mathrm{e}^{-\alpha_{1\sigma}|s_{1\sigma}|}\,\mathrm{d}s_{1\sigma}\end{aligned}\tag{3.33}$$

根据式(3.31)～式(3.33)，趋近律到达时间可以表示为

$$t_{\mathrm{reach}}^{s_{1\sigma}}=\frac{1}{p_{1\sigma}}\left[\delta_{1\sigma}\left|s_{1\sigma}(t_0^{s_{1\sigma}})\right|+\frac{(1-\delta_{1\sigma})\lambda_{1\sigma}}{\alpha_{1\sigma}}(1-\mathrm{e}^{-\alpha_{1\sigma}|s_{1\sigma}(t_0)|})\right]\tag{3.34}$$

类似地，对于 $s_{2\sigma}$，相关的趋近律到达时间 $t_{\mathrm{reach}}^{s_{2\sigma}}$ 具有与 $t_{\mathrm{reach}}^{s_{1\sigma}}$ 相同的形式。因此，在任意初始条件下，所提出的耦合滑模控制方法可以在有限时间内到达所构建的滑模面。

步骤 3：当趋近律到达切换面时，有 $\boldsymbol{s}=\boldsymbol{0}$，即

$$s_{1\sigma}=\dot{x}_e+k_{1\sigma}x_e=0\tag{3.35}$$

$$s_{2\sigma}=\dot{y}_e+k_{2\sigma}y_e-k_{1\sigma}x_e+k_{0\sigma}\tanh(y_e-k_{1\sigma}x_e)z_e^{\varepsilon}=0\tag{3.36}$$

根据式(3.35)以及 $k_{1\sigma}>0$，由 $x_e(t)=x_e(0)e^{-k_{1\sigma}t}$ 可知，x_e 在 $t\to\infty$ 会收敛到 0。另外，如果 $s_{2\sigma}$ 收敛到 0，稳定状态为

$$\dot{y}_e=-k_{2\sigma}y_e+k_{1\sigma}x_e-k_{0\sigma}\tanh(y_e-k_{1\sigma}x_e)z_e^{\varepsilon}\tag{3.37}$$

因此，由 $z_e^{\varepsilon},k_{0\sigma}>0$ 和 $k_{2\sigma}>0$，可推导出

$$y_e>0\Rightarrow\dot{y}_e<0;\quad y_e<0\Rightarrow\dot{y}_e>0\tag{3.38}$$

由上式可知，y_e 渐近收敛到平衡点 0。同时，滑模面 $s_{2\sigma}$ 中 y_e 和 z_e 的内部耦合可保证 z_e^{ε} 和 z_e 渐近收敛到原点。因此，所提出的控制律确保了滑模面有界并渐近收敛到原点，从而使子系统运行下的输出状态可跟踪期望值，保证全向移动机器人系统的闭环稳定性。证毕。

在零半径原地转向模式下，由于跟踪误差只涉及转向角，可采用滑模面 $s_{3\sigma}=\dot{z}_e+k_{3\sigma}z_e$，其中 $k_{3\sigma}>0$，是一个预定义的正常数。进而，可获得类似的控制律来实现转向调节。

$$\omega_{3\sigma}=\frac{k_{3\sigma}\dot{z}_r+\ddot{z}_e}{k_{3\sigma}L_{\mathrm{f}}}-\frac{p_{3\sigma}\tanh(\beta_{3\sigma}s_{3\sigma})}{k_{3\sigma}L_{\mathrm{f}}[\delta_{3\sigma}+(1-\delta_{3\sigma})\mathrm{e}^{-\alpha_{3\sigma}|s_{3\sigma}|}]}\tag{3.39}$$

式中，$p_{3\sigma},k_{3\sigma},\beta_{3\sigma}$ 和 $\alpha_{3\sigma}\in[0,1]$，是正常数。

3.3 多模式匹配异步切换控制

3.3.1 多模式层级异步切换监督判据

将全向移动机器人的可选择运行模式，包括平移、可调节式阿克曼和零半径原地

转向模式作为子系统,进行自适应切换运行。那么,如何评估当前的运行模式与所处的运行工况是否匹配呢?如果不匹配,如何在充分考虑其跟踪控制能力和系统其他性能需求的情况下确定最佳的运行模式呢?

针对上述问题,在异步切换决策中考虑期望轨迹的曲率信息,构成多模式层级异步切换监督判据。考虑零半径原地转向模式有利于处理急转弯,特别是期望轨迹曲率为锐角的路线,多模式层级切换规则将首先考虑采用零半径原地转向模式来实现高效转向,从而保证进入过渡区时实现灵活的方向角调整。这种方式不仅可以抑制存在尖角时的跟踪超调,还可以提供更适宜的避撞距离,以便在狭窄的环境或密闭空间中安全移动。一旦原地急转弯回转运行结束,全向移动机器人将以自主切换的方式转向轨迹跟踪控制。可首先确定任意的初始化子系统(例如斜行模式或阿克曼模式情况下),进而制定一个逻辑切换准则进行多模式异步自适应切换。

首先构建运行状态监督变量 $\zeta(t)$,即针对第 i 个子系统,有

$$\dot{\zeta}(t) = -\gamma_i \zeta(t), \quad \zeta(t_i) = (1+\varepsilon)V_i(\boldsymbol{s}(t_i)), \quad i \in M \tag{3.40}$$

式中,$\varepsilon > 0$ 为正数,$t \in [t_i, t_{i+1}), 0 < t_1 < \cdots < t_i < t_{i+1} < \cdots < t_{N_\sigma(0,T)}$ 为在区间 $[t_0, T)$ 的切换间隔,$V_i(\boldsymbol{s}(t_i))$ 为使用 $\boldsymbol{s}(t_i) = [s_{1\sigma}(t_i), s_{2\sigma}(t_i)]$ 构建的李雅普诺夫函数,且 $0 < \gamma_i < \lambda_i$,λ_i 表示系统能量衰减率。

理想情况下,全向移动机器人的子系统运行模式与子系统控制器之间的匹配和切换同步,即当系统的模式与子系统控制器不匹配时,模式的自主切换是没有延时的。由于系统不可避免地需要额外的时间来识别当前使用的控制器,因此切换到最佳子系统控制器是具有延时的,即异步切换。考虑到所选子系统可能在短时间内与子系统控制器不匹配,定义不匹配时间即延迟时间为 $\Delta_i \leqslant \tau_i = t_{i+1} - t_i (i = 0, 1, 2, \cdots)$。因此,模式控制切换时刻可表示为 $t_i + \Delta_i$,并且定义 $t_i^- = [t_i, t_i + \Delta_i)$ 和 $t_i^+ = [t_i + \Delta_i, t_{i+1})$。当子系统控制器与当前的工况匹配时,有 $t \in t_i^+ = [t_i + \Delta_i, t_{i+1})$。进一步地,通过设置 $\beta_{1\sigma}$ 和 $\beta_{2\sigma}$ 来保证 $\tanh(\beta_{1\sigma} s_{1\sigma}) \geqslant s_{1\sigma}$ 和 $\tanh(\beta_{2\sigma} s_{2\sigma}) \geqslant s_{2\sigma}$,可得到

$$\dot{V}_i(\boldsymbol{s}(t)) \leqslant -\frac{p_{1\sigma} |s_{1\sigma}|^2}{\delta_{1\sigma} + (1-\delta_{1\sigma}) \mathrm{e}^{-\alpha_{1\sigma}|s_{1\sigma}|}} - \frac{p_{2\sigma} |s_{2\sigma}|^2}{\delta_{2\sigma} + (1-\delta_{2\sigma}) \mathrm{e}^{-\alpha_{2\sigma}|s_{2\sigma}|}} \tag{3.41}$$

由式(3.41)可知

$$\dot{V}_i(\boldsymbol{s}(t)) \leqslant -\lambda_i (|s_{1\sigma}|^2 + |s_{2\sigma}|^2) = -\lambda_i V_i(\boldsymbol{s}(t)) \tag{3.42}$$

能量衰减率由下式计算得到:

$$\lambda_i = \min\left\{\frac{p_{1\sigma}}{\delta_{1\sigma} + (1-\delta_{1\sigma}) \mathrm{e}^{-\alpha_{1\sigma}|s_{1\sigma}|}}, \quad \frac{p_{2\sigma}}{\delta_{2\sigma} + (1-\delta_{2\sigma}) \mathrm{e}^{-\alpha_{2\sigma}|s_{2\sigma}|}}\right\} \tag{3.43}$$

3.3.2 多模式层级异步切换逻辑准则

利用运行状态监督变量 $\zeta(t)$,可对子系统轨迹跟踪效果进行检测。如果补偿跟踪误差在逐渐增加,可知 $V(\boldsymbol{s}(t_i)) > \zeta(t)$,这意味着指数收敛性条件不再满足。因此,全向移动机器人系统需要停止当前模式,然后寻找另一种更优模式以保持跟踪性

能和全局收敛性。基于此,可以排除当前运行情况下全向移动机器人不匹配的子系统。多模式自主异步切换所消耗的时间需要满足 MDADT τ_{ad} 条件,即

$$\tau_{ad} \geqslant \tau_{ad}^{*} = \ln[(1+\varepsilon)\mu]/\gamma_0, \quad \gamma_0 \in (0, \gamma = \min_{i \in M} \gamma_i) \tag{3.44}$$

式中,μ 是每个激活子系统在切换时刻的 Lyapunov 递增系数。

对于全向移动机器人系统的自主切换控制,一旦当前子系统触发评估规则,将选择另一个子系统代替当前子系统,初始化 $\zeta(t)$,同时开始一个新的评估周期,无须严格符合条件式(3.44)即可选择下一个活动子系统。为了避免在切换间隔期间重复尝试不匹配的子系统,在另一个子系统 $M-1$ 被拒绝之前,不能再次使用被拒绝的子系统。在不失一般性的情况下,指定子系统以有序的方式工作。在 MDADT 条件式(3.44)下,σ 可以通过定期应用以下评估规则来生成:①如果 $V_\sigma(\boldsymbol{s}(t)) < \zeta(t)$,则全向移动机器人系统保持其当前模式,这意味着 $\sigma(t_i^+) = \sigma(t_i^-)$;② 如果 $V_\sigma(\boldsymbol{s}(t)) = \zeta(t)$ 和 $\sigma < M$,则下一个子系统将被激活,即 $\sigma(t_i^+) = \sigma(t_i^-) + 1$;③当 $V_\sigma(\boldsymbol{s}(t)) > \zeta(t)$ 和 $\sigma = M$ 时,开关信号 σ 按照顺时针顺序回到初始值。请注意,$\zeta(t)$ 不是先验知识或离线调整,而是由 $\dot{\zeta}(t) = -\gamma_\sigma \zeta(t)$ 从初始值 $\zeta(t_0) = (1+\varepsilon)V_{\sigma(t_0)}(\boldsymbol{s}(t_0))$ 推导出来的,其中 $\sigma(t_0) \in \mathbb{N}^+$ 是正整数。每当应用模式违反监督标准 $\zeta(t)$ 时,切换控制就会以自主和自适应的方式发生,如图 3.2 所示。

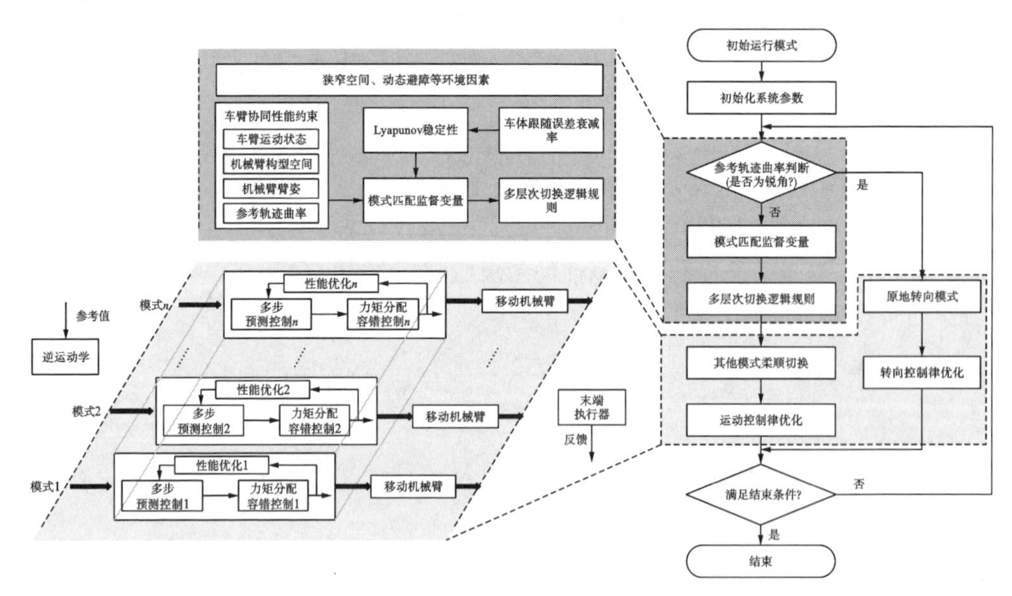

图 3.2 分层切换流程

综上所述,为了保证精确的轨迹跟踪,全向移动机器人控制系统设计的主要挑战在于运动状态的互联和不同情况下的异步切换。本章提出了一个集成的两级控制框架,它包括:①低级自适应无颤振积分滑模控制方案(ICSMC 方案),作为优化的跟踪控制器,在每种模式下保证全向移动机器人系统的稳定性;②高级切换分配,以区分不匹配

的控制器,并触发多个可选子系统之间的切换。构建监督准则和能量衰减率,生成评估规则,实现自主切换以匹配激活的子系统和实际操作,确保全局稳定性和运行性能。

3.3.3　稳定性和收敛性证明

使用 MDADT 和分段 Lyapunov 函数,可推导出多模式异步切换系统指数稳定性和 H_∞ 性能的充分条件如下。

定理 3.2　当全向移动机器人从当前模式切换到另一种模式时,假设存在 K_∞ 类型函数并且使得 k_{1i} 和 k_{2i} 满足

$$k_{1i}(|\boldsymbol{s}(t)|) \leqslant V_i(\boldsymbol{s}(t)) \leqslant k_{2i}(|\boldsymbol{s}(t)|),\quad \dot{V}_i(\boldsymbol{s}(t)) \leqslant -\lambda_i V_i(\boldsymbol{s}(t_i)) \tag{3.45}$$

且 $\forall \sigma(t_i^-)=i, \sigma(t_i^+)=j$,保证

$$V_i(\boldsymbol{s}(t_i)) \leqslant \mu_i V_j(\boldsymbol{s}(t_i)) \tag{3.46}$$

然后,整个切换系统在任意切换信号和由式(3.44)确定的 MDADT 下全局一致且渐近稳定。

证明　结合式(3.24)和式(3.41),$\forall a_{1i}>0$ 和 $a_{2i}>0$,以下不等式成立:

$$\frac{\min\limits_{i\in M} a_{1i}}{2}|\boldsymbol{s}(t)|^2 \leqslant \frac{a_{1i}}{2}|\boldsymbol{s}(t)|^2 \leqslant V_i(\boldsymbol{s}(t)) \leqslant \frac{a_{2i}}{2}|\boldsymbol{s}(t)|^2 \leqslant \frac{\max\limits_{i\in M} a_{2i}}{2}|\boldsymbol{s}(t)|^2 \tag{3.47}$$

根据式(3.41)~式(3.43)可知式(3.45)总是成立的。让系统分别在时间 t_i 和 t_{i+1} 切换至第 i 个和第 j 个子系统,即有 $\sigma(t_i)=i, \sigma(t_{i+1})=j$。由式(3.47)可知

$$\begin{aligned} V_i(\boldsymbol{s}(t)) &\leqslant \frac{a_{2i}}{a_{1j}} V_j(\boldsymbol{s}(t)) = b_{ij} V_j(\boldsymbol{s}(t)) \\ &\leqslant \max(b_{ij}) V_j(\boldsymbol{s}(t)) = \mu_i V_j(\boldsymbol{s}(t)),\quad \forall i,j \in M \end{aligned} \tag{3.48}$$

根据式(3.48),定义

$$\varphi(t) = \mathrm{e}^{\lambda_\sigma t} V_\sigma(\boldsymbol{s}(t)) \tag{3.49}$$

对任意的 $t \in [t_i, t_{i+1}]$,有

$$\dot{\varphi}(t) = \lambda_{\sigma(t_i)} \varphi(t) + \mathrm{e}^{\lambda_{\sigma(t_i)} t} \dot{V}_{\sigma(t_i)}(x(t)) \tag{3.50}$$

根据式(3.49)和式(3.50),得出结论 $\dot{\varphi}(t) \leqslant 0$,并且

$$\begin{aligned} \varphi(t_{i+1}) &= \mathrm{e}^{\lambda_{\sigma(t_{i+1})} t_{i+1}} V_{\sigma(t_{i+1})}(\boldsymbol{s}(t_{i+1})) \\ &= (1+\varepsilon) \mathrm{e}^{\lambda_{\sigma(t_{i+1})} t_{i+1}} V_{\sigma(t_{i+1})}(\boldsymbol{s}(t_i)) \\ &\leqslant (1+\varepsilon) \mu_{\sigma(t_{i+1})} \mathrm{e}^{\lambda_{\sigma(t_{i+1})} t_{i+1}} V_{\sigma(t_i)}(\boldsymbol{s}(t_i)) \\ &= (1+\varepsilon) \mu_{\sigma(t_{i+1})} \mathrm{e}^{\lambda_{\sigma(t_{i+1})} t_{i+1} - \lambda_{\sigma(t_i)} t_{i+1}} \varphi(t_i^-) \\ &\leqslant (1+\varepsilon) \mu_{\sigma(t_{i+1})} \mathrm{e}^{\lambda_{\sigma(t_{i+1})} t_{i+1} - \lambda_{\sigma(t_i)} t_{i+1}} \varphi(t_i) \\ &\leqslant (1+\varepsilon) \mu_{\sigma(t_i)} \mu_{\sigma(t_{i+1})} \mathrm{e}^{(\lambda_{\sigma(t_{i+1})} - \lambda_{\sigma(t_i)}) t_{i+1} + (\lambda_{\sigma(t_i)} - \lambda_{\sigma(t_{i-1})}) t_i} \varphi(t_{i-1}) \\ &\leqslant \prod_{j=0}^{i} (1+\varepsilon) \mu_{\sigma(t_{j+1})} \mathrm{e}^{\sum_{j=0}^{i} (\lambda_{\sigma(t_{j+1})} - \lambda_{\sigma(t_j)}) t_{j+1}} \varphi(t_0) \end{aligned} \tag{3.51}$$

进一步可知

$$\varphi(T^-)\leqslant\varphi(t_{N_\sigma})\leqslant\prod_{j=0}^{N_\sigma-1}(1+\varepsilon)\mu_{\sigma(t_{j+1})}\mathrm{e}^{\sum_{j=0}^{N_\sigma-1}(\lambda_{\sigma(t_{j+1})}-\lambda_{\sigma(t_j)})t_{j+1}}\varphi(t_0) \tag{3.52}$$

结合式(3.49)和式(3.52),得到

$$\mathrm{e}^{\lambda_\sigma T}V_{\sigma(T-)}(x(T))\leqslant\prod_{j=0}^{N_\sigma-1}(1+\varepsilon)\mu_{\sigma(t_{j+1})}\mathrm{e}^{\sum_{j=0}^{N_\sigma-1}(\lambda_{\sigma(t_{j+1})}-\lambda_{\sigma(t_j)})t_{j+1}}V_{\sigma(0)}\varphi(t_0) \tag{3.53}$$

根据式(3.53),有

$$\begin{aligned}
&V_{\sigma(T-)}(x(T))\\
&\leqslant\prod_{j=0}^{N_\sigma-1}(1+\varepsilon)\mu_{\sigma(t_{j+1})}\mathrm{e}^{\sum_{j=0}^{N_\sigma-1}(\lambda_{\sigma(t_{j+1})}-\lambda_{\sigma(t_j)})t_{j+1}-\lambda_{\sigma(t_{N_{\sigma(t)}})}T+\lambda_{\sigma(t_0)}t_0}V_{\sigma(0)}\varphi(t_0)\\
&\leqslant\prod_{j=0}^{M}[(1+\varepsilon)\mu_i]^{N_{\sigma,i}}\mathrm{e}^{-\sum_{i=1}^{M}[\lambda_i\sum_{N\in\psi(i)}(t_{N+1}-t_N)]-\lambda_{\sigma(t_{N_{\sigma(t)}})}(T-t_{N_{\sigma(t)}})}V_{\sigma(0)}\varphi(t_0)\\
&\leqslant\mathrm{e}^{\sum_{i=1}^{M}N_{0,i}\ln[(1+\varepsilon)\mu_i]}\mathrm{e}^{\sum_{i=1}^{M}\frac{T_i}{\tau_{ad}}\ln[(1+\varepsilon)\mu_i]-\sum_{i=1}^{M}\lambda_iT_i}V_{\sigma(0)}\varphi(t_0)
\end{aligned} \tag{3.54}$$

式中,$\psi(i)$ 表示集合 N,并且满足 $\sigma(t_N)=i$。

如果存在 MDADT τ_{ad} 满足式(3.44),可得:

$$V_{\sigma(T-)}(x(T))\leqslant\mathrm{e}^{\sum_{i=1}^{M}N_{0,i}\ln[(1+\varepsilon)\mu_i]}\mathrm{e}^{\max_{i\in M}\left\{\frac{\ln[(1+\varepsilon)\mu_i]}{\tau_{ad}}-\lambda_i\right\}T}V_{\sigma(0)}\varphi(t_0) \tag{3.55}$$

因此,当 $T\rightarrow\infty$,$V_{\sigma(T-)}(x(T))$ 收敛到0,切换周期满足式(3.44),那么系统渐近稳定性可以在式(3.55)的帮助下推导出来。证毕。

定理 3.3 通过使用所提出的切换方案,所产生的全向移动机器人系统保证在有界外部干扰下具有 H_∞ 性能水平 γ。

证明 考虑到异步切换,在运行过程中存在匹配和不匹配的时段。如果扰动不为零,即 $\boldsymbol{d}(t)\neq\boldsymbol{0}$,对于匹配的时刻 $t\in[t_i+\Delta_i,t_{i+1})$,有

$$\dot{V}_i(\boldsymbol{s}(t))\leqslant-\lambda_iV_i(\boldsymbol{s}(t_i))+\Gamma(t) \tag{3.56}$$

式中,$\Gamma(t)=\eta^2\boldsymbol{d}^{\mathrm{T}}(t)\boldsymbol{d}(t)-\boldsymbol{z}^{\mathrm{T}}(t)\boldsymbol{z}(t)$,且 $\boldsymbol{z}(t)\in\mathbb{R}^3$ 表示所需的输出向量。

由式(3.56),可以得到

$$V_i(\boldsymbol{s}(t_i))\leqslant\mathrm{e}^{-\lambda_i(t-t_i-\Delta_i)}V_i(\boldsymbol{s}(t_i+\Delta_i))+\int_{t_i+\Delta_i}^{t}\mathrm{e}^{-\lambda_i(t-s)}\Gamma(s)\mathrm{d}s \tag{3.57}$$

同样地,对于 $t\in[t_i,t_i+\Delta_i)$,由于控制器与活动子系统不匹配,得到 $V(\boldsymbol{s}(t))>-\zeta(t)$ 且 $\zeta(t)>0$。同时,有

$$-\gamma_i\zeta(t)=(1+\varepsilon)\dot{V}(\boldsymbol{s}(t_i))<\gamma_iV(\boldsymbol{s}(t)) \tag{3.58}$$

在有界外部扰动下,由式(3.58)可得

$$\dot{V}(\boldsymbol{s}(t_i))<\frac{\gamma_i}{1+\varepsilon}V(\boldsymbol{s}(t))+\Gamma(t)=\delta_iV(\boldsymbol{s}(t))+\Gamma(t) \tag{3.59}$$

式中,$\delta_i=\gamma_i/(1+\varepsilon)$,为临时变量。

因此，可以得到

$$V_i(\boldsymbol{s}(t_i)) \leqslant e^{\delta_i(t-t_i)} V_i(\boldsymbol{s}(t_i)) - \int_{t_i}^{t} e^{\delta_i(t-s)} \Gamma(s) \mathrm{d}s \tag{3.60}$$

根据式(3.59)和式(3.60)，且 $t' = t_i + \Delta_i$，构建 Lyapunov 函数为

$$V(\boldsymbol{s}(t)) = \begin{cases} e^{-\lambda_i(t-t')} V_i(\boldsymbol{s}(t')) + \int_{t'}^{t} e^{-\lambda_i(t-s)} \Gamma(s) \mathrm{d}s, & t \in [t', t_{i+1}) \cup [t_0, t_1) \\ e^{\delta_i(t-t_i)} V_i(\boldsymbol{s}(t_i)) - \int_{t_i}^{t} e^{\delta_i(t-s)} \Gamma(s) \mathrm{d}s, & t \in [t_i, t') \end{cases} \tag{3.61}$$

当 $t \in [t_i, t_{i+1}]$，活动子系统 $\sigma(t_i) = i$，当 $t \in [t_{i+1}, t_{i+2}]$ 时，$\sigma(t_{i+1}) = j$，其中 $i, j \in M, i = 0, 1, 2, 3, \cdots$。因此，有

$$\begin{aligned} V_{\sigma(t_i)}(\boldsymbol{s}(t_i)) &\leqslant e^{-\lambda_{\sigma(t_i)}(t-t_i-\Delta_i)} V_{\sigma(t_i)}(\boldsymbol{s}(t_i+\Delta_i)) + \int_{t_i+\Delta_i}^{t} e^{-\lambda_{\sigma(t_i)}(t-s)} \Gamma(s) \mathrm{d}s \\ &\leqslant \left(e^{\delta_{\sigma(t_i)}\Delta_i} V_{\sigma(t_i)}(\boldsymbol{s}(t_i)) + \int_{t_i}^{t_i+\Delta_i} e^{\delta_{\sigma(t_i)}(t_i+\Delta_i-s)} \Gamma(s) \mathrm{d}s \right) \\ &\quad \times e^{-\lambda_{\sigma(t_i)}(t-t_i-\Delta_i)} + \int_{t_i+\Delta_i}^{t} e^{-\lambda_{\sigma(t_i)}(t-s)} \Gamma(s) \mathrm{d}s \\ &\leqslant e^{-\lambda_{\sigma(t_i)}(t-t_i-\Delta_i)} \left(e^{\delta_{\sigma(t_i)}\Delta_i} \mu_{\sigma(t_i)} V_{\sigma(t_{i-1})}(\boldsymbol{s}(t_i^-)) \right. \\ &\quad \left. + \int_{t_i}^{t_i+\Delta_i} e^{\delta_{\sigma(t_i)}(t_i+\Delta_i-s)} \Gamma(s) \mathrm{d}s \right) + \int_{t_i+\Delta_i}^{t} e^{-\lambda_{\sigma(t_i)}(t-s)} \Gamma(s) \mathrm{d}s \\ &\leqslant \cdots \\ &\leqslant e^{-\lambda_{\sigma(t_i)}(t-t_i-\Delta_i)} \left(e^{\delta_{\sigma(t_i)}\Delta_i} \mu_{\sigma(t_i)} \cdots \mu_{\sigma(t_1)} \left(e^{-\lambda_{\sigma(t_0)}(t_1-t_0-\Delta_0)} \left(e^{\delta_{\sigma(t_0)}(\Delta_0)} V_{\sigma(t_0)}(\boldsymbol{s}(t_0)) \right. \right. \right. \\ &\quad \left. + \int_{t_0}^{t_0+\Delta_0} e^{\delta_{\sigma(t_0)}(t_0+\Delta_0-s)} \Gamma(s) \mathrm{d}s \right) + \int_{t_0+\Delta_0}^{t_1} e^{-\lambda_{\sigma(t_0)}(t_1-s)} \Gamma(s) \mathrm{d}s \Big) + \cdots \\ &\quad + \int_{t_i}^{t_i+\Delta_i} e^{\delta_{\sigma(t_i)}(t_i+\Delta_i-s)} \Gamma(s) \mathrm{d}s \Big) + \int_{t_i+\Delta_i}^{t} e^{-\lambda_{\sigma(t_i)}(t-s)} \Gamma(s) \mathrm{d}s \end{aligned} \tag{3.62}$$

接下来，使用由式(3.44)构建的 MDADT，依次展示异步切换方案的 H_∞ 性能。从式(3.62)得到

$$\begin{cases} \int_{0}^{t_0+\Delta_0} \boldsymbol{z}^{\mathrm{T}}(s)\boldsymbol{z}(s) e^{\delta_{\sigma(t_0)}(t_0+\Delta_0-s)} \mathrm{d}s \leqslant \eta^2 \int_{0}^{t_0+\Delta_0} \boldsymbol{d}^{\mathrm{T}}(s)\boldsymbol{d}(s) e^{\delta_{\sigma(t_0)}(t_0+\Delta_0-s)} \mathrm{d}s, \\ \int_{t_0+\Delta_0}^{t_1} \boldsymbol{z}^{\mathrm{T}}(s)\boldsymbol{z}(s) e^{-\lambda_{\sigma(t_0)}(t_1-s)} \mathrm{d}s \leqslant \eta^2 \int_{t_0+\Delta_0}^{t_1} \boldsymbol{d}^{\mathrm{T}}(s)\boldsymbol{d}(s) e^{-\lambda_{\sigma(t_0)}(t_1-s)} \mathrm{d}s, \\ \cdots \\ \int_{t_i}^{t_i+\Delta_i} \boldsymbol{z}^{\mathrm{T}}(s)\boldsymbol{z}(s) e^{\delta_{\sigma(t_i)}(t_i+\Delta_i-s)} \mathrm{d}s \leqslant \eta^2 \int_{t_i}^{t_i+\Delta_i} \boldsymbol{d}^{\mathrm{T}}(s)\boldsymbol{d}(s) e^{\delta_{\sigma(t_i)}(t_i+\Delta_i-s)} \mathrm{d}s, \\ \int_{t_i+\Delta_i}^{t} \boldsymbol{z}^{\mathrm{T}}(s)\boldsymbol{z}(s) e^{-\lambda_{\sigma(t_i)}(t-s)} \mathrm{d}s \leqslant \eta^2 \int_{t_i+\Delta_i}^{t} \boldsymbol{d}^{\mathrm{T}}(s)\boldsymbol{d}(s) e^{-\lambda_{\sigma(t_i)}(t-s)} \mathrm{d}s \end{cases} \tag{3.63}$$

结合式(3.63)和式(3.62)，得到

$$\int_{t_0}^{t} e^{\sum\limits_{i \in M, f \in \psi(i)} -\zeta_i(t_{f+1}-s)} \boldsymbol{z}^{\mathrm{T}}(s)\boldsymbol{z}(s) \mathrm{d}s \leqslant \eta^2 \int_{t_0}^{t} e^{\sum\limits_{i \in M, f \in \psi(i)} -\zeta_i(t_{f+1}-s)} \boldsymbol{d}^{\mathrm{T}}(s)\boldsymbol{d}(s) \mathrm{d}s \tag{3.64}$$

当 $t \in [t_0, t)$，通过 $\prod_{i \in M, f \in \psi(i)} \mu_i^{N_{\sigma,i}(s,t_{f+1})}$，可得

$$\int_{t_0}^{t} e^{\sum_{i \in M, f \in \psi(i)} -\zeta_i(t_{f+1}-s)} \prod_{i \in M, f \in \psi(i)} \mu_i^{N_{\sigma,i}(s,t_{f+1})} \boldsymbol{z}^{\mathrm{T}}(s)\boldsymbol{z}(s)\mathrm{d}s$$
$$\leqslant \eta^2 \int_{t_0}^{t} e^{\sum_{i \in M, f \in \psi(i)} -\zeta_i(t_{f+1}-s)} \prod_{i \in M, f \in \psi(i)} \mu_i^{N_{\sigma,i}(s,t_{f+1})} \boldsymbol{d}^{\mathrm{T}}(s)\boldsymbol{d}(s)\mathrm{d}s \tag{3.65}$$

将式(3.64)的两边乘 $e^{\sum_{i \in M, f \in \psi(i)} -N_{\sigma,i}(t_f,t_{f+1})[\ln(1+\varepsilon)\mu_i]}$，得到

$$\int_{t_0}^{t} e^{\sum_{i \in M, f \in \psi(i)} -\zeta_i(t_{f+1}-s)-N_{\sigma,i}(t_f,t_{f+1})[\ln(1+\varepsilon)\mu_i]} \boldsymbol{z}^{\mathrm{T}}(s)\boldsymbol{z}(s)\mathrm{d}s$$
$$\leqslant \eta^2 \int_{t_0}^{t} e^{\sum_{i \in M, f \in \psi(i)} -\zeta_i(t_{f+1}-s)-N_{\sigma,i}(t_f,t_{f+1})[\ln(1+\varepsilon)\mu_i]} \boldsymbol{d}^{\mathrm{T}}(s)\boldsymbol{d}(s)\mathrm{d}s \tag{3.66}$$

应用设计的 MDADT 和 $\zeta_i > \tau_{ad}$，得到

$$N_{\sigma,i}(t_f, s)[\ln(1+\varepsilon)\mu_i] < \zeta_i(s - t_f) \tag{3.67}$$

因此

$$\int_{t_0}^{t} e^{\sum_{i \in M, f \in \psi(i)} -\zeta_i(t_{f+1}-t_f)} \boldsymbol{z}^{\mathrm{T}}(s)\boldsymbol{z}(s)\mathrm{d}s \leqslant \eta^2 \int_{t_0}^{t} e^{\sum_{i \in M, f \in \psi(i)} -\zeta_i(t_{f+1}-s)} \boldsymbol{d}^{\mathrm{T}}(s)\boldsymbol{d}(s)\mathrm{d}s \tag{3.68}$$

即

$$\int_{t_0}^{t} e^{\sum_{i \in M, f \in \psi(i)} -\zeta_i(s-t_f)} \boldsymbol{z}^{\mathrm{T}}(s)\boldsymbol{z}(s)\mathrm{d}s \leqslant \eta^2 \int_{t_0}^{t} \boldsymbol{d}^{\mathrm{T}}(s)\boldsymbol{d}(s)\mathrm{d}s \tag{3.69}$$

结合式(3.69)，从 $t = 0$ 到 $t \to \infty$，有

$$\int_{0}^{\infty} e^{\sum_{i \in M, f \in \psi(i)} -\zeta_i(s-t_f)} \boldsymbol{z}^{\mathrm{T}}(s)\boldsymbol{z}(s)\mathrm{d}s \leqslant \eta^2 \int_{t_0}^{\infty} \boldsymbol{d}^{\mathrm{T}}(s)\boldsymbol{d}(s)\mathrm{d}s \tag{3.70}$$

最后，得出结论，对于满足设计的 MDADT，在任何切换时刻，在有限时间内和有界的扰动下，所提方案保持 H_∞ 稳定。至此，证毕。

3.4 效果分析

3.4 节彩图
（图 3.3 至图 3.16）

为了应用所提出的切换控制方案，相关的控制参数设定为 $k_{1\sigma} = k_{2\sigma} = 1, k_{0\sigma} = 0.01, p_{1\sigma} = 1.8, \delta_{1\sigma} = 1.2, \alpha_{1\sigma} = 0.4, \beta_{1\sigma} = 1.7, p_{2\sigma} = 0.7, \delta_{2\sigma} = 1.1, \alpha_{2\sigma} = 0.4, \beta_{2\sigma} = 1.6, \varepsilon = 0.02$。为了测试所提出的方法，在不同的参考轨迹和工作条件下进行了实验。

案例 1：该案例验证所提出的 ICSMC 方法的轨迹跟踪控制的有效性。将具有恒定比例的趋近律(即 $v_{\mathrm{switch}} = -\Lambda s - K\mathrm{sign}(s), \Lambda = 1.1, K = 1.5$)与恒定速率达到方案(即 $v_{\mathrm{switch}} = -K|s|^{\alpha}\mathrm{sign}(s), \alpha = 0.9$)的传统耦合 SMC 方法进行比较。为提供更具补偿性的评估控制性能，使用 $\sqrt{k_{1\sigma}x_e^2 + k_{2\sigma}y_e^2 + k_{0\sigma}\theta_e^2}$ 典型的归一化位置跟踪误差和方向误差，利用积分绝对误差(IAE)、积分平方误差(ISE)和标准偏差(STD)，对轨迹跟踪性能进行定量评估。

图 3.3 和图 3.4 展示了案例 1 全向移动机器人的跟踪响应和跟踪误差。当参考轨迹为一条平滑的连续变化曲线时，如图 3.4 所示，比较结果误差验证了所提出的控制方案具有更好的瞬态响应性能（包括更小的超调、更少的振荡和更短的稳定时间）。为了更好地说明控制性能，从图 3.5 中由 80 s 到 100 s 的跟踪误差放大图可以看出，在新引入的连续 ICSMC 方法下，由此产生的全向移动机器人系统能够实现更小的超调和更平滑的响应。与传统的方法相比，修改后的趋近律可以提供有利的调节并显著降低不希望的颤动。因此，与传统的耦合方法相比，所提出的 ICSMC 方法可以减少到达时间并增强切换收敛。

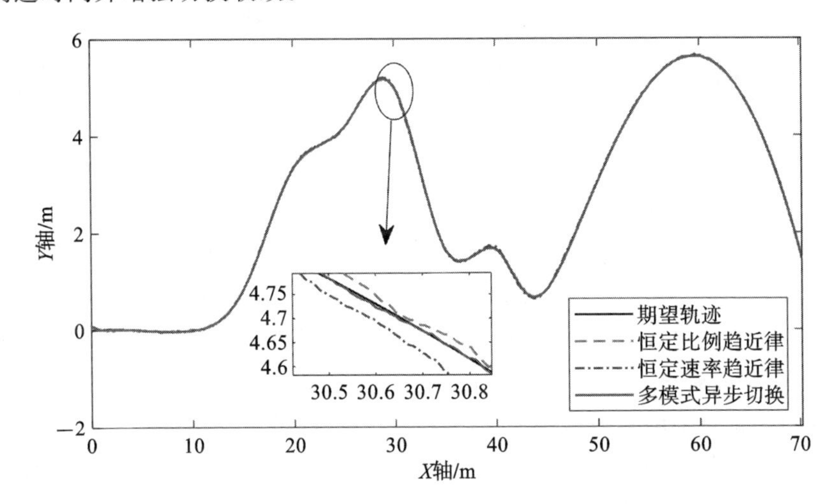

图 3.3 案例 1 全向移动机器人的跟踪响应

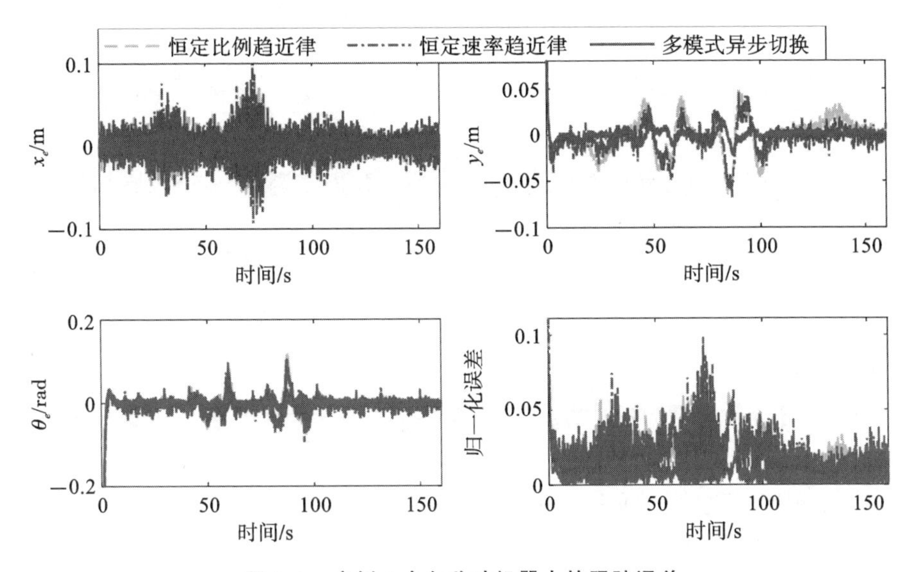

图 3.4 案例 1 全向移动机器人的跟踪误差

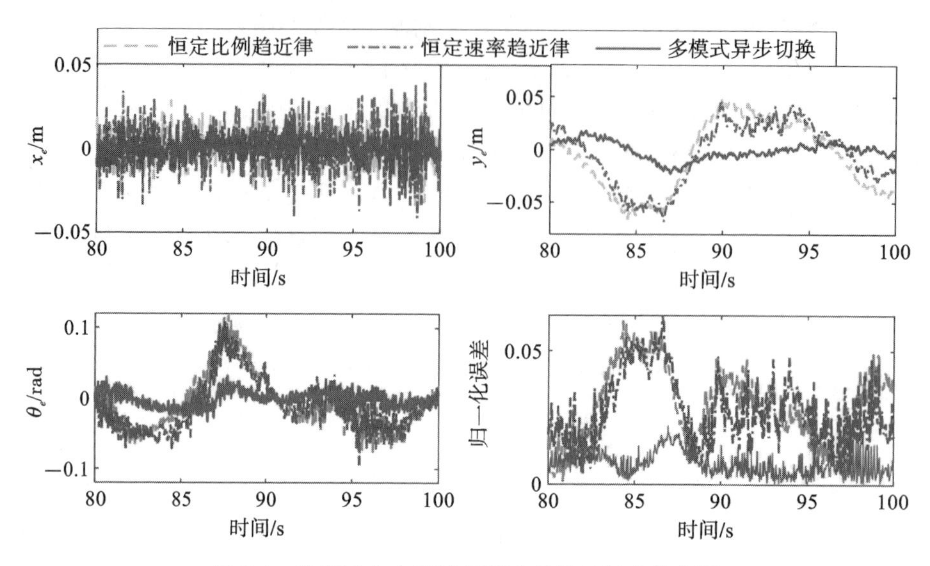

图 3.5　案例 1 全向移动机器人的跟踪误差放大图

如图 3.6 所示，所提出的控制方案的滑模面保持相对较小，这有利于减轻系统的颤振现象。在滑模面的作用下，控制行为更接近于所需的参考轨迹。图 3.7 为导出的控制输入，可以看出全向移动机器人系统优越的轨迹跟踪性能。此外，ICSMC 方法在整个轨迹跟踪期间拥有最小的 IAE 和 STD，增强了动态响应，并且在零附近的误差波动最小。总体而言，所提出的 ICSMC 方法在 ISE 方面达到了最佳，见表 3.1，最终分别比性能最差的传统方法提高了 75.5556%、85.9532% 和 69.8012%，结果验证了所提出的 H_∞ 连续稳定系统的鲁棒性和全局稳定性。

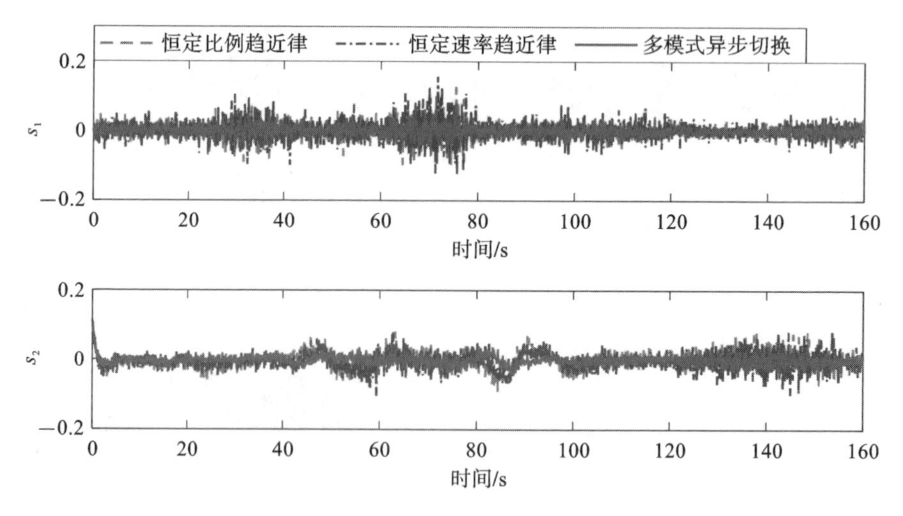

图 3.6　案例 1 的滑模面

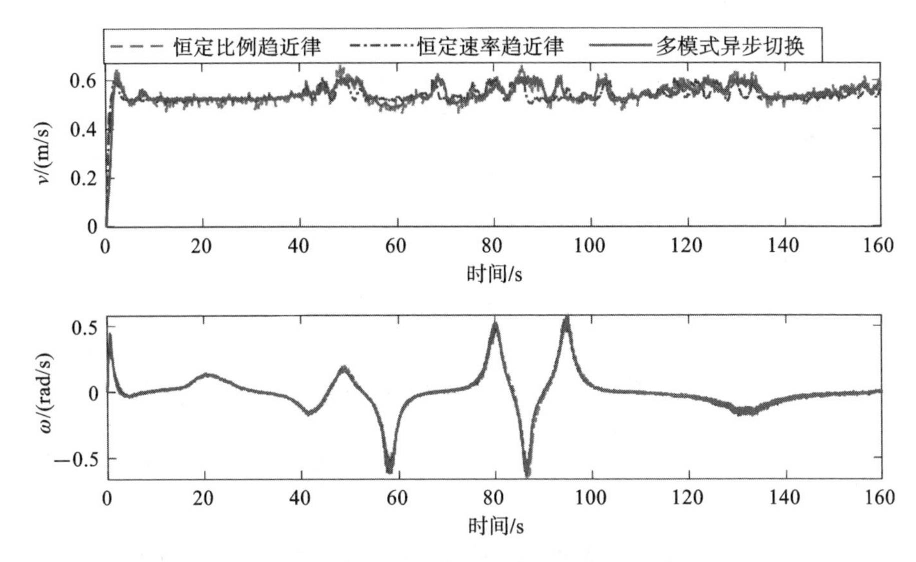

图 3.7 案例 1 的控制输入

表 3.1 案例 1 的性能指标

误差	恒定比例趋近律			恒定速率趋近律			多模式异步切换		
	IAE	ISE	STD	IAE	ISE	STD	IAE	ISE	STD
x_e	1.3630	0.0246	0.0124	1.6514	0.0360	0.0150	0.8209	0.0088	0.0074
y_e	2.4277	0.0598	0.0203	1.6774	0.0361	0.0146	0.6207	0.0084	0.0065
θ_e	2.5910	0.3116	0.0393	2.8175	0.3371	0.0391	1.4458	0.1018	0.0242

案例 2:为了进一步测试异步 H_∞ 连续跟踪方法在切换控制过程中的跟踪性能，考虑急转弯和正常转弯两种工况，并且研究单阿克曼、双阿克曼和对角移动模式之间的切换控制在不同曲率和直线下的轨迹跟踪情况。

相关的跟踪性能和跟踪误差如图 3.8 和图 3.9 所示，比较发现所提的 ICSMC 方法和自主切换机制的实用性得到有效验证。跟踪误差放大图如图 3.10 所示，验证了应用所提的自主切换控制方法，跟踪误差更小，轨迹更平滑，在非自主切换模式控制方法下的超调现象被显著减轻。与单模式解决方案相比，多模式异步切换解决方案达到了最佳的综合性能。图 3.11 表明子系统与其匹配的控制器之间的异步特性。在该案例下，全向移动机器人首先采用单阿克曼模式，然后异步切换到对角移动模式，最后切换到双阿克曼模式，以快速调节机器人的方向。对于平滑曲线，单阿克曼模式和双阿克曼模式能够同时减小位置和方向误差，在点到点移动阶段，单阿克曼模式在位置和方向方面具有相对较大的跟踪误差，而对角移动模式在位置误差减小方面的表现优于阿克曼模式。

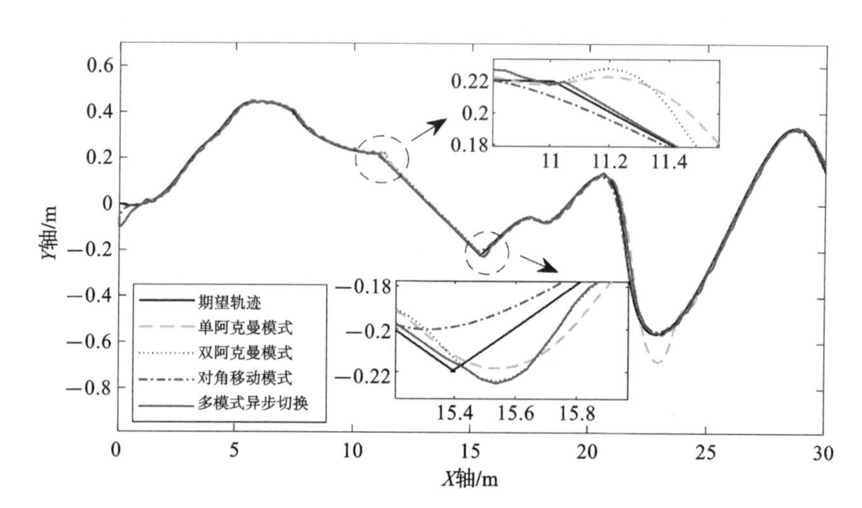

图 3.8　案例 2 全向移动机器人的跟踪响应

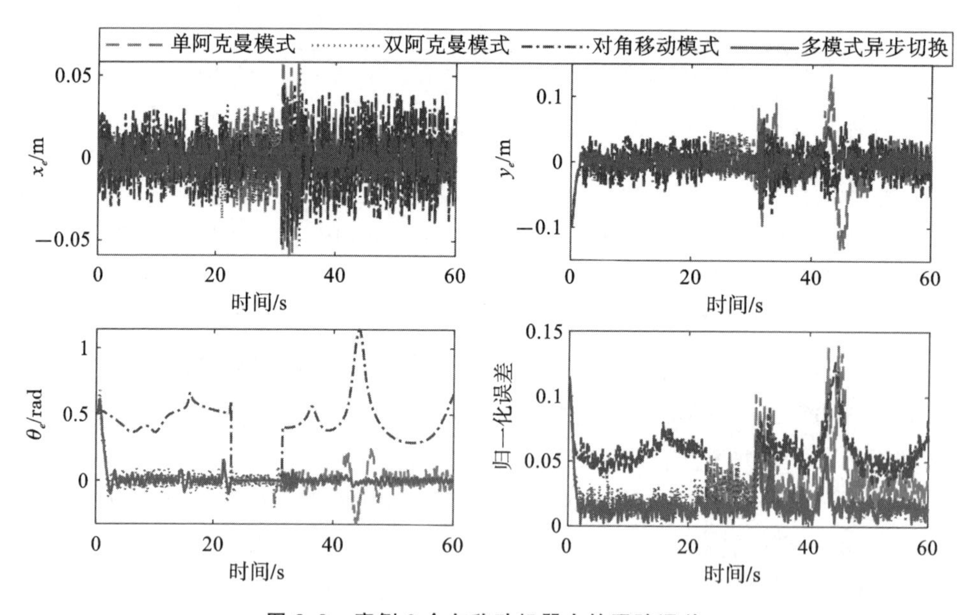

图 3.9　案例 2 全向移动机器人的跟踪误差

如图 3.11 所示，当从曲线跟踪到直线时，跟踪误差增加，触发自主切换。与传统的单模式解决方案相比，使用多模式异步切换方案时，机器人可以自适应地选择更合适的模式来更好地跟踪不同的轨迹。

案例 2 的耦合滑模面如图 3.12 所示，控制输入如图 3.13 所示。尽管在通过锐角轮廓时可以观察到跟踪轨迹有一些颤动，但所提的切换方案会产生切换运动，结果

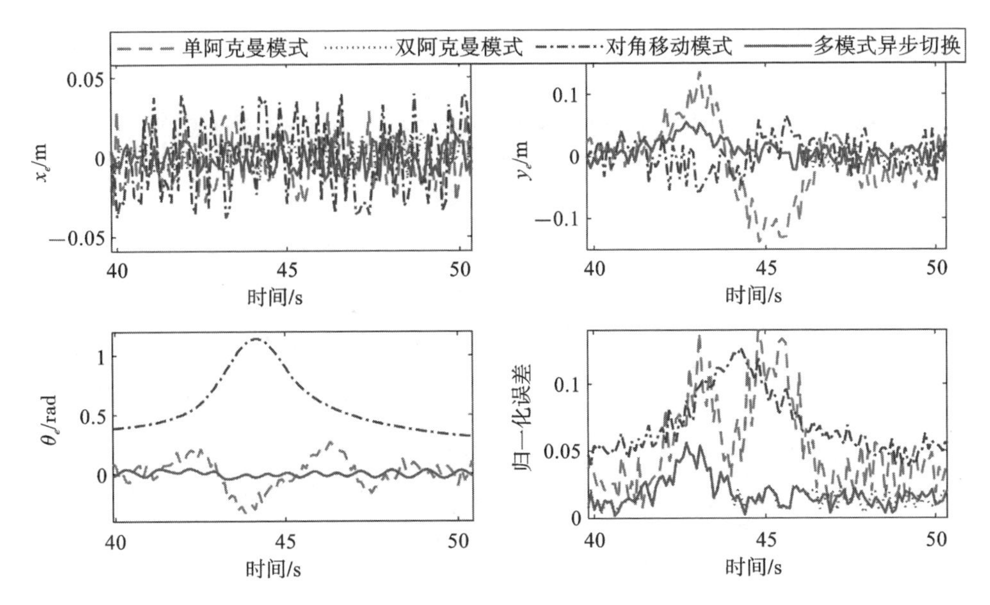

图 3.10　案例 2 全向移动机器人的跟踪误差放大图

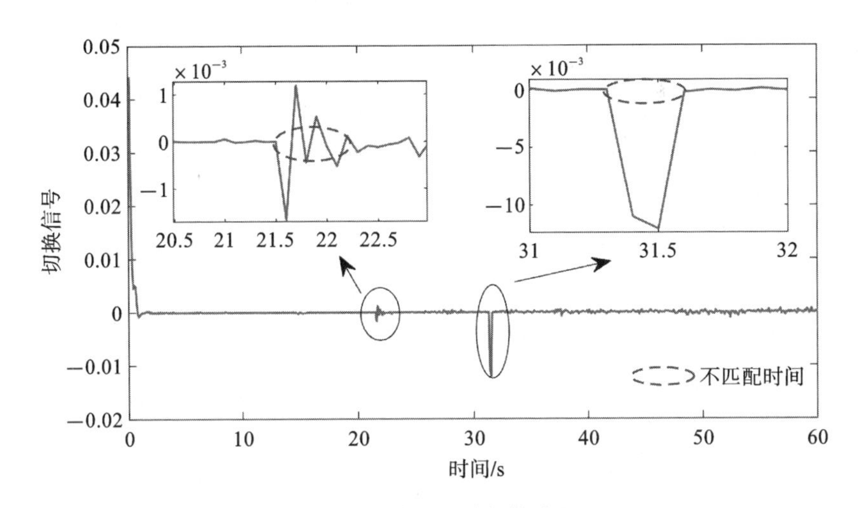

图 3.11　案例 2 的切换信号

在切换期间存在一些峰值。在异步 H_∞ 连续稳定方法下，所得到的全向移动机器人系统在保证鲁棒性的情况下能够保持其跟踪性能。

表 3.2 列出了切换控制器在不同模式下的性能量化指标 IAE、ISE 和 STD。通过比较发现，所提出的异步 H_∞ 连续稳定控制器可以显著减小跟踪误差。以 ISE 为例，相较于对角移动模式，x_e 和 y_e 使用所提的方法减小了 80.6722% 和 59.5706%。另外，关于 θ_e，在考虑的配置中，对角移动模式由于其运动学转向约束而具有最差的

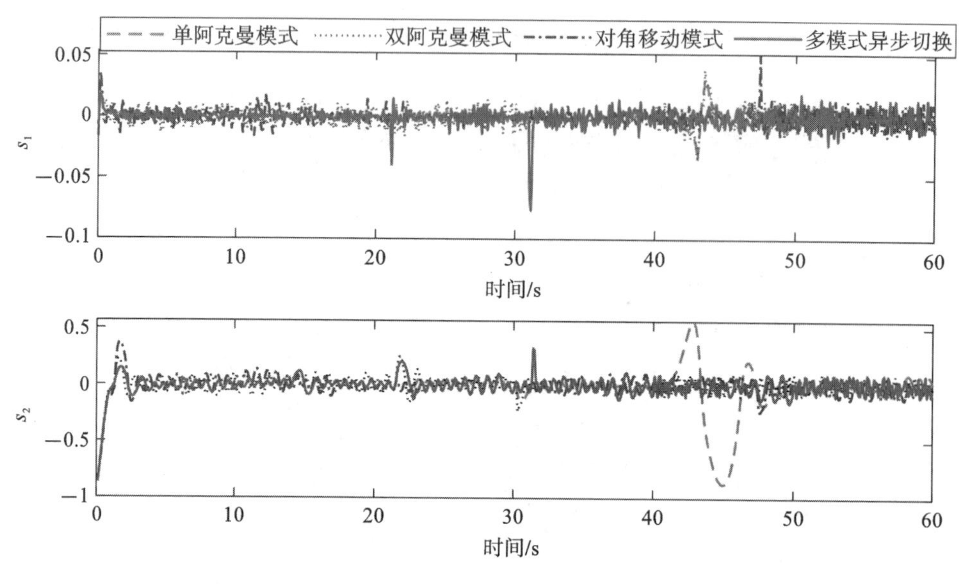

图 3.12　案例 2 的滑模面

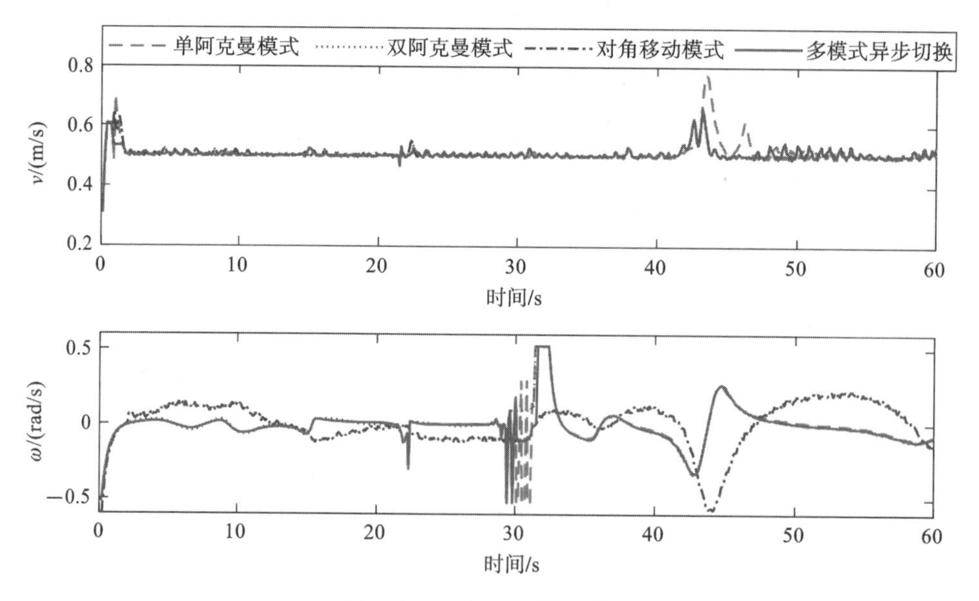

图 3.13　案例 2 的控制输入

性能表现。曲率相位采用变阿克曼模式，直线相位采用对角移动模式。相较于对角移动模式，θ_e 在所提方法下的 IAE、ISE 和 STD 分别降低 93.8708%、98.0725%和 67.0720%。

表 3.2　案例 2 的性能指标

误差	单阿克曼模式			双阿克曼模式			对角移动模式			多模式异步切换		
	IAE	ISE	STD	IAE	ISE	STD	IAE	ISE	STD	IAE	ISE	STD
x_e	1.1037	0.0234	0.0171	0.7755	0.0122	0.0123	1.422	0.0357	0.0211	0.6174	0.0069	0.0100
y_e	1.7824	0.0787	0.0315	1.1989	0.0319	0.0201	1.7520	0.0559	0.0265	1.0237	0.0226	0.0170
θ_e	4.1102	0.6206	0.0886	2.8667	0.4324	0.0742	34.9149	18.6200	0.2056	2.1400	0.3589	0.0677

因此，受益于主动子系统的自动调整，所提出的模式切换方法具有更好的动态控制能力和系统鲁棒性，并全面保证了全向移动机器人良好的跟踪性能。

案例 3：考虑遇到意外急转弯时切换方案中的原地转向模式。如果跟踪轨迹具有尖角且曲率是锐角，如图 3.14 中所示的位置（15.4 m，−0.22 m），若使用阿克曼模式或对角移动模式则存在明显的超调。为了解决这个问题，将轨迹曲率纳入分层切换信号的生成中，以实现原地转向，使全向移动机器人方向快速接近参考方向。

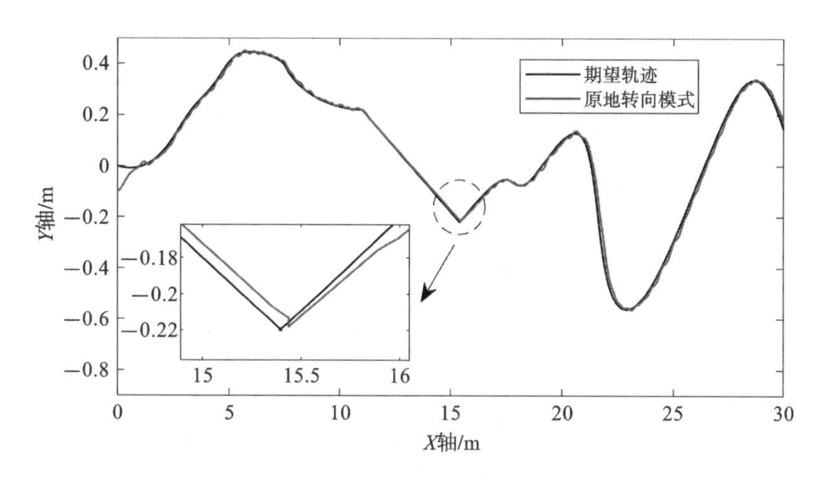

图 3.14　案例 3 全向移动机器人轨迹

通过使用原地转向模式，系统能够减少尖角处的超调，为保证安全导航腾出更多空间。案例 3 全向移动机器人的相关跟踪性能如图 3.14 所示，系统在狭窄的空间或环境中进行急转弯时可以达到平滑的响应，全向移动机器人采用对角移动模式代替阿克曼模式，实现点对点的异步移动。从图 3.15 可知，移动机器人在 31 s 左右进行了切换。相关的控制输入如图 3.16 所示，当触发自动切换到原地转向模式时，全向移动机器人的速度减小到零，然后系统执行原地转向使航向正确。与案例 2 中所提 ICSMC 方法的实现相比，案例 3 需要额外的 5 s 响应时间才能使机器人达到最终方向，但是好处在于处理尖角时系统响应显著增强。这种切换方案提供了更合适的安全移动距离，关于实际应用，可以基于案例 2 和案例 3，在减少超调和额外消耗的时间之间进行权衡。

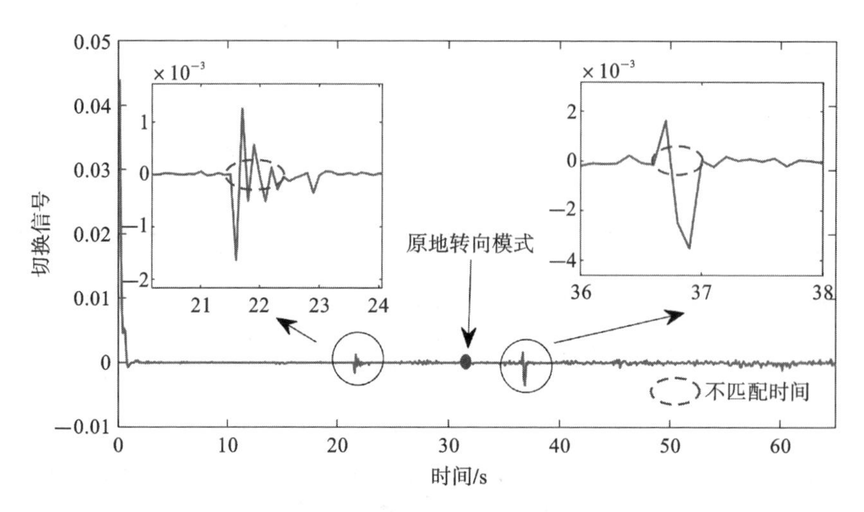

图 3.15　案例 3 的分层切换信号

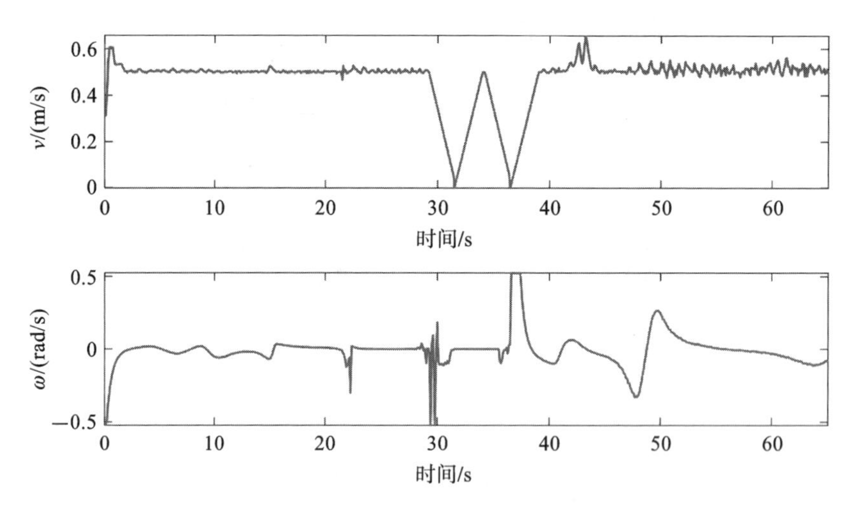

图 3.16　案例 3 的控制输入

参考文献

[1] ZHANG H B, XIE D H, ZHANG H Y, et al. Stability analysis for discrete-time switched systems with unstable subsystems by a mode-dependent average dwell time approach[J]. ISA Transactions, 2014, 53(4): 1081-1086.

[2] LIU S L, XIANG Z R. Exponential H_∞ output tracking control for switched neutral system with time-varying delay and nonlinear perturbations [J]. Circuits, Systems, and Signal Processing, 2013, 32(1): 103-121.

[3] TIWARI K,XIAO X S,MALIK A,et al. A unified framework for operational range estimation of mobile robots operating on a single discharge to avoid complete immobilization[J]. Mechatronics,2019,57:173-187.

[4] ZHANG X L,XIE Y L,JIANG L Q,et al. Fault-tolerant dynamic control of a four-wheel redundantly-actuated mobile robot [J]. IEEE Access: Practical Innovations,Open Solutions,2019,7:157909-157921.

[5] TERAKAWA T,KOMORI M,MATSUDA K,et al. A novel omnidirectional mobile robot with wheels connected by passive sliding joints[J]. IEEE/ASME Transactions on Mechatronics,2018,23(4):1716-1727.

[6] LIU W, QI H Z,LIU X T,et al. Evaluation of regenerative braking based on single-pedal control for electric vehicles[J]. Frontiers of Mechanical Engineering,2020,15(1):166-179.

[7] DAI P L, TAGHIA J, LAM S, et al. Integration of sliding mode based steering control and PSO based drive force control for a 4WS4WD vehicle[J]. Autonomous Robots,2018,42(3):553-568.

[8] JIANG L Q, WANG S T, XIE Y L, et al. Anti-disturbance direct yaw moment control of a four-wheeled autonomous mobile robot [J]. IEEE Access: Practical Innovations,Open Solutions,2020,8:174654-174666.

[9] XIE Y L, ZHANG X L,MENG W,et al. Coupled sliding mode control of an omnidirectional mobile robot with variable modes[C]//Proceedings of 2020 IEEE/ASME International Conference on Advanced Intelligent Mechatronics. New York:IEEE,2020.

[10] NI J, HU J B,XIANG C L. Robust control in diagonal move steer mode and experimenton an X-by-wire UGV[J]. IEEE/ASME Transactions on Mechatronics, 2019,24(2):572-584.

[11] MENG J,WANG S T,LI G,et al. Iterative-learning error compensation for autonomous parking of mobile manipulator in harsh industrial environment [J]. Robotics and Computer-Integrated Manufacturing,2021,68:102077.

[12] PČOLKA M,ŽÁČEKOVÁ E,ČELIKOVSKÝ S,et al. Toward a smart car: hybrid nonlinear predictive controller with adaptive horizon [J]. IEEE Transactions on Control Systems Technology,2018,26(6):1970-1981.

[13] SAÏD S H,M'SAHLI F,MIMOUNI M F,et al. Adaptive high gain observer based output feedback predictive controller for induction motors [J]. Computers & Electrical Engineering,2013,39(2):151-163.

[14] GRIFFITH D W,BIEGLER L T,PATWARDHAN S C. Robustly stable

adaptive horizon nonlinear model predictive control[J]. Journal of Process Control,2018,70:109-122.

[15] LIAO J F,CHEN Z,YAO B. Model-based coordinated control of four-wheel independently driven skid steer mobile robot with wheel-ground interaction and wheel dynamics[J]. IEEE Transactions on Industrial Informatics,2019,15(3):1742-1752.

[16] ZHANG H,YANG S W. Smooth path and velocity planning under 3D path constraints for car-like vehicles[J]. Robotics and Autonomous Systems,2018,107:87-99.

[17] LI Z J, DENG J,LU R Q,et al. Trajectory-tracking control of mobile robot systems incorporating neural-dynamic optimized model predictive approach[J]. IEEE Transactions on Systems,Man,and Cybernetics:Systems,2016,46(6):740-749.

[18] KANTAROS Y,ZAVLANOS M M. Sampling-based optimal control synthesis for multi-robot systems under global temporal tasks[J]. IEEE Transactions on Automatic Control,2019,64(5):1916-1931.

4 基于动力学的多模式异步切换控制

4.1 问题描述

四舵轮移动机器人根据前、后轮角度的比值不同,可以配置多种不同的运行模式,这有利于提高其在狭长受限空间的运行灵活性。为能根据场景和当前运行状态实现模式的灵活配置,本章基于多模式统一的动力学模型,设计基于时变延时估计的多模式异步切换方法。首先,基于指数稳定的状态观测器理论,设计多模式监督变量的动态触发准则,提出带有动态阈值的监督判据,实现系统自主切换的触发机制。其次,提出外部信号辨识和延时估计方法,基于高阶滑模技术和外部信号进行局部或全局延时估计,得到四舵轮移动机器人状态信号传输过程中的延时信息。然后,通过分段切换机制,结合延时估计策略、跟随误差的衰减特征和切换的监督判据,优化平均驻留时间方案,计算时滞闭环系统稳定的条件。最后,验证所提方法的性能。

4.2 基于状态观测器的切换信号采样机制

4.2.1 延时环境下多模式异步切换模型

在实际操作中,当四舵轮移动机器人以单阿克曼模式运行时,设定 $k=0$,实现快速稳定的跟踪。为了得到较高的横摆角速度,采用双阿克曼模型,设定 $k=1$,四舵轮移动机器人进行快速的姿态调节。在不同的运行环境中,动态调整 k 值,可以实现四舵轮移动机器人运行过程中的多模式切换。根据当前状态信息的实时反馈调整模式的 k 值,实现稳定、准确的控制。

调整 k 值可以得到四舵轮移动机器人多模式切换的统一控制模型:

$$\boldsymbol{x}(t) = \boldsymbol{A}_{\Omega(t)}\boldsymbol{x}(t) + \boldsymbol{B}_{\Omega(t)}\boldsymbol{u}(t) \tag{4.1}$$

式中:$\boldsymbol{x} = [\beta,\gamma]^{\mathrm{T}}$,为系统状态;$\boldsymbol{u} = [\delta, M_{\omega}]^{\mathrm{T}}$,为控制输入;$\Omega(t):[0,\infty) \rightarrow L = \{1,2,\cdots,m\}$,为模式切换的输入信号,$L$ 表示模式切换的子系统数量,$\{[t_0,\Omega(t_0)],[t_1,\Omega(t_1)],\cdots,[t_m,\Omega(t_m)]\}$ 为切换序列。

现阶段,工业现场通常采用无线网络来进行信息交互,四舵轮移动机器人的通信连接和状态如图 4.1 所示。传输数据量的大小不同、线程调度的快慢差异等都会产生时变延时，造成系统运行不稳定。由图 4.2 可知，建立四舵轮移动机器人延时模型和设计延时的切换控制器，是提高控制性能的有效手段。在状态反馈延时中，控制器和机箱之间采用总线连接，延时较小。因此，本章考虑状态信号传输过程中的延时，切换系统表示为

$$\begin{cases}\dot{\boldsymbol{x}}(t)=\boldsymbol{A}_{\Omega(t)}\boldsymbol{x}(t_d)+\boldsymbol{B}_{\Omega(t)}\boldsymbol{u}(t), \quad t_d=t-\tau_s(t)\\ \boldsymbol{y}(t)=\boldsymbol{C}_{\Omega(t)}\boldsymbol{x}(t), \quad t>t_0\\ \boldsymbol{x}=\phi(t), \quad t\in[t_0-\tau_s(t_0),t_0]\end{cases} \tag{4.2}$$

式中：t_0 为初始时间；$\tau_s(t)$ 为时变延时并且满足 $\tau_s(t)\in(0,\tau_m)$，τ_m 为最大延时；$y(t)$ 为控制输出；$\phi(t)$ 为定义在 $[t_0-\tau_s(t_0),t_0]$ 上的连续初始化函数，$\tau_s(t_0)$ 为系统初始时刻延时。

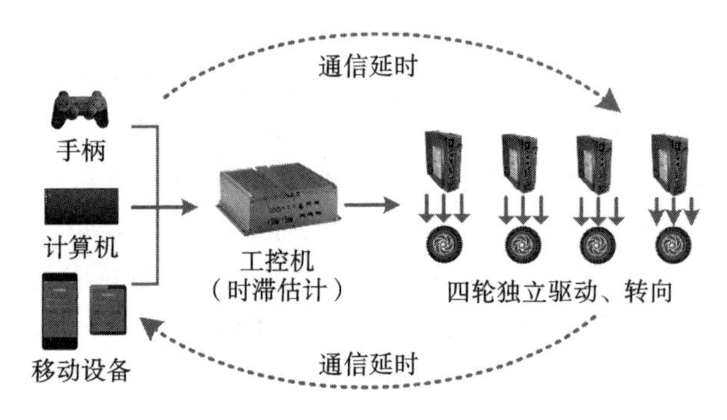

图 4.1　硬件的通信连接和状态

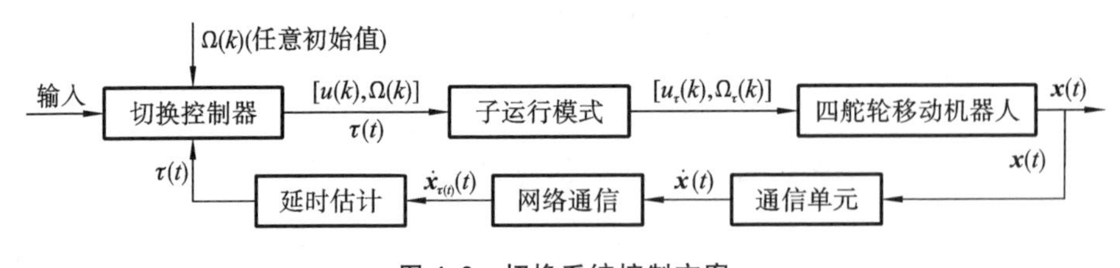

图 4.2　切换系统控制方案

四舵轮移动机器人系统与子控制器之间的实时自主切换保证了机器人系统运行的鲁棒性和效率。然而，控制器的识别和选择不可避免地需要时间，使得时滞系统为异步切换过程，其运行的稳定性需要进一步考虑。

定义 4.1　对于 $\forall t_1\geqslant t_2\geqslant 0$ 时刻，当 $\tau_\Omega>0$ 且 $N_\Omega\geqslant 0$ 时，如果存在正常数 N_Ω 并且切换信号满足以下条件：

$$N_\Omega(t_1,t_2)\leqslant N_0+\frac{t_2-t_1}{\tau_\Omega} \tag{4.3}$$

其中，N_Ω 表示区间 (t_1,t_2) 上的切换次数，$N_0\geqslant 1$，则平均驻留时间为 τ_Ω。

引理 4.1　适当维度的常数矩阵 $\boldsymbol{E},\boldsymbol{F}$ 有

$$2\boldsymbol{u}^{\mathrm{T}}\boldsymbol{EFv} \leqslant \varepsilon\boldsymbol{u}^{\mathrm{T}}\boldsymbol{EE}^{\mathrm{T}}\boldsymbol{u} + \varepsilon^{-1}\boldsymbol{v}^{\mathrm{T}}\boldsymbol{F}^{\mathrm{T}}\boldsymbol{Fv} \tag{4.4}$$

引理 4.2 对于任意的正定常数矩阵 $\boldsymbol{\Pi}$ 和满足 $0 < t_1 < t_2$ 的标量 t_1, t_2，定义合适的维度向量函数映射 $\varpi:[t_1, t_2]$，则如下不等式成立：

$$(t_1 - t_2)\int_{t_1}^{t_2} \varpi^{\mathrm{T}}(\varphi)\boldsymbol{\Pi}\varpi(\varphi)\mathrm{d}\varphi \leqslant -\int_{t_1}^{t_2} \varpi^{\mathrm{T}}(\varphi)\mathrm{d}\varphi\boldsymbol{\Pi}\int_{t_1}^{t_2} \varpi(\varphi)\mathrm{d}\varphi \tag{4.5}$$

4.2.2 切换系统指数稳定状态观测器设计

为了对四舵轮移动机器人异步切换过程进行分析，建立了考虑时变延时的状态观测器来监测系统的跟踪状态：

$$\dot{\hat{\boldsymbol{x}}}(t) = \boldsymbol{A}_i\hat{\boldsymbol{x}}(t - \tau_s(t)) + \boldsymbol{B}_i\boldsymbol{u}(t) + \boldsymbol{D}_i(\boldsymbol{y}(t) - \boldsymbol{C}_i\hat{\boldsymbol{x}}(t)) \tag{4.6}$$

控制系统切换序列模型如图 4.3 所示。

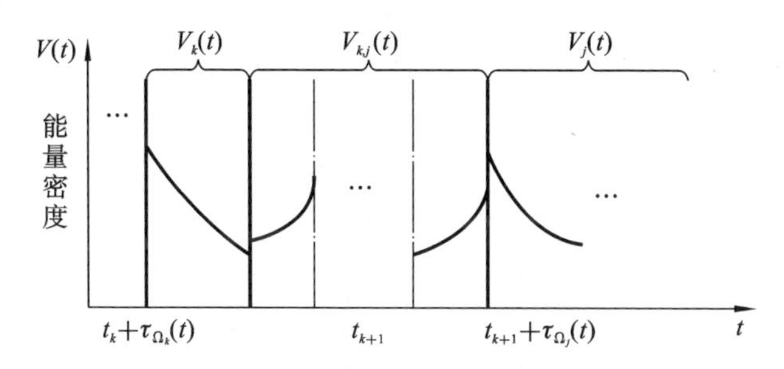

图 4.3 控制系统切换序列模型

对于状态观测器 i，$\boldsymbol{D}_i$ 为其观测增益。因此，可以得到四舵轮移动机器人跟踪误差为

$$\dot{\boldsymbol{e}}(t) = \boldsymbol{A}_i\boldsymbol{e}(t - \tau_s(t)) - \boldsymbol{D}_i\boldsymbol{C}_i\boldsymbol{e}(t) \tag{4.7}$$

引理 4.3 如果四舵轮移动机器人在切换域 Ω 下的异步切换是全局一致指数稳定，则存在正常数 ζ_s，使得系统式(4.6)和式(4.7)的解 $\boldsymbol{e}(t)$ 满足：

$$\| \boldsymbol{e}(t) \| \leqslant \zeta_s \exp[-\lambda(t - t_0)] \| \boldsymbol{e}(t_0) \|_r, \forall t \geqslant t_0 \tag{4.8}$$

其中，跟踪误差的初始值为

$$\| \boldsymbol{e}(t_0) \| = \max_{\theta \in (-\tau(t), 0)} \| \boldsymbol{e}(t_0 + \theta) \| \tag{4.9}$$

引理 4.4 如果四舵轮移动机器人的跟踪误差模型式(4.7)渐进稳定，则可得构建的观测系统式(4.6)也渐进收敛。

依托基础引理 4.3 和引理 4.4，引理 4.5 给出了观测器稳定的充分条件。

引理 4.5 对于给定的正常数 ζ_u，如果存在矩阵 ${}_s\boldsymbol{S}_i$，$\boldsymbol{P}_{i_0} > \boldsymbol{0}$，$\boldsymbol{Q}_{i_0} > \boldsymbol{0}$，有

$${}_s\boldsymbol{\Lambda}_i = \begin{bmatrix} {}_s\boldsymbol{\Lambda}_i^{11} & {}_s\boldsymbol{\Lambda}_i^{12} & {}_s\boldsymbol{S}_i\boldsymbol{A}_i \\ * & -{}_s\boldsymbol{S}_i - {}_s\boldsymbol{S}_i^{\mathrm{T}} & {}_s\boldsymbol{S}_i\boldsymbol{A}_i \\ * & * & -(1 - \tau_s(t))\boldsymbol{e}^{-\zeta_u\tau_{\mathrm{m}}}\boldsymbol{Q}_{i_0} \end{bmatrix} < \boldsymbol{0} \tag{4.10}$$

其中

$$
\begin{aligned}
{}_s\boldsymbol{\Lambda}_i^{11} &= \zeta_u \boldsymbol{P}_{i_0} + \boldsymbol{Q}_{i_0} - {}_s\boldsymbol{S}_i\boldsymbol{D}_i\boldsymbol{C}_i - \boldsymbol{C}_i^{\mathrm{T}}\boldsymbol{D}_i^{\mathrm{T}}{}_s\boldsymbol{S}_i^{\mathrm{T}} \\
{}_s\boldsymbol{\Lambda}_i^{12} &= \boldsymbol{P}_{i_0} - {}_s\boldsymbol{S}_i + {}_s\boldsymbol{S}_i\boldsymbol{D}_i\boldsymbol{C}_i
\end{aligned} \tag{4.11}
$$

此时跟踪误差模型式(4.7)渐进收敛。从引理4.4可知，根据四舵轮移动机器人构建的观测器子系统 i 是指数稳定的。矩阵 ${}_s\boldsymbol{S}_i$ 为合适维度的正定矩阵。

证明　为了证明状态观测器式(4.6)的稳定性，定义以下Lyapunov函数：

$$
V_i(t) = 2\boldsymbol{e}^{\mathrm{T}}(t)\boldsymbol{P}_{i_0}\boldsymbol{e}(t) + \int_{t-\tau_s(t)}^{t} \boldsymbol{e}^{\mathrm{T}}(\varphi)e^{\zeta_u(\varphi-\tau_s(t))}\boldsymbol{Q}_{i_0}\boldsymbol{e}^{\mathrm{T}}(\varphi)\mathrm{d}\varphi \tag{4.12}
$$

将式(4.7)代入式(4.12)并对时间 t 求导，可得

$$
\begin{aligned}
\dot{V}_i(t) = {} & 2\boldsymbol{e}^{T}(t)\boldsymbol{P}_{i_0}\,\dot{\boldsymbol{e}}(t) - (1-\dot{\tau}_s(t))e^{-\zeta_u\tau_s(t)}\boldsymbol{e}^{\mathrm{T}}(t-\tau_s(t))\boldsymbol{Q}_{i_0}\boldsymbol{e}(t-\tau_s(t)) \\
& + \boldsymbol{e}^{\mathrm{T}}(t)\boldsymbol{Q}_{i_o}\boldsymbol{e}(t) - \zeta_u\int_{t-\tau_s(t)}^{t} \boldsymbol{e}^{\mathrm{T}}(\varphi)e^{\zeta_u(\varphi-t)}\boldsymbol{Q}_{i_0}\boldsymbol{e}^{\mathrm{T}}(\varphi)\mathrm{d}\varphi
\end{aligned} \tag{4.13}
$$

为得到指数稳定性条件，构造如下方程：

$$
\begin{aligned}
\dot{V}_i(t) + \zeta_u V_i(t) = {} & 2\boldsymbol{e}^{\mathrm{T}}(t)\boldsymbol{P}_{i_0}\,\dot{\boldsymbol{e}}(t) + \boldsymbol{e}^{\mathrm{T}}(t)(\zeta_u\boldsymbol{P}_{i_0} + \boldsymbol{Q}_{i_0})\boldsymbol{e}(t) \\
& - (1-\dot{\tau}_s(t))e^{-\zeta_u\tau_s(t)}\boldsymbol{e}^{\mathrm{T}}(t-\tau(t))\boldsymbol{Q}_{i_o}\boldsymbol{e}(t-\tau_s(t))
\end{aligned} \tag{4.14}
$$

定义具有合适维度的可逆矩阵 $\boldsymbol{S} = \mathrm{diag}\{{}_s\boldsymbol{S}_i, {}_s\boldsymbol{S}_i\}$，则有

$$
-2[\boldsymbol{e}^{\mathrm{T}}(t),\quad \dot{\boldsymbol{e}}^{\mathrm{T}}(t)]\boldsymbol{S}[\dot{\boldsymbol{e}}(t),\quad -\dot{\boldsymbol{e}}(t)] = \boldsymbol{0} \tag{4.15}
$$

结合式(4.14)和式(4.15)，可以计算出

$$
\dot{V}_i(t) + \zeta_u V_i(t) = \boldsymbol{\xi}_i^{\mathrm{T}}(t)\,{}_s\boldsymbol{\Lambda}_i\boldsymbol{\xi}_i(t) \tag{4.16}
$$

式中，$\boldsymbol{\xi}_i^{\mathrm{T}}(t) = [\boldsymbol{e}^{\mathrm{T}}(t), \dot{\boldsymbol{e}}^{\mathrm{T}}(t), \boldsymbol{e}^{\mathrm{T}}(t-\tau_s(t))]$，$\tau_s(t) < \tau_d$。从式(4.10)可得

$$
\dot{V}_i(t) + \zeta_u V_i(t) < 0 \tag{4.17}
$$

对上式从 t_0 到 t 进行积分，有

$$
V_i(t) < \exp[-\zeta_u(t-t_0)]V_i(t_0) \tag{4.18}
$$

式(4.18)保证了四舵轮移动机器人跟踪误差方程(4.7)的指数收敛。同时，切换的状态观测器式(4.6)可改写为

$$
\dot{\hat{\boldsymbol{x}}}(t) = \boldsymbol{A}_i\hat{\boldsymbol{x}}(t-\tau_s(t)) + \boldsymbol{B}_i\boldsymbol{u}(t) + \boldsymbol{D}_i\boldsymbol{C}_i\boldsymbol{e}(t) \tag{4.19}
$$

4.2.3　离散时间切换信号采样机制

为寻求一种高效合理的事件触发机制，提高四舵轮移动机器人的灵活性，设计一种充分考虑系统延时的动态监督变量来满足系统的异步切换和稳定性要求变得十分必要。在实施中，收集外部传感器状态信息并以此为信号来源来设计切换信号触发条件。对于初始状态，根据场景状态可以选择任一模式作为运行系统。系统切换的监督变量构造为

$$
\|\hat{\boldsymbol{E}}(t)\|^2 \geqslant \max(\eta\|\hat{\boldsymbol{E}}(t_k)\|^2, \boldsymbol{E}_e) \tag{4.20}
$$

式中：$\hat{\boldsymbol{E}}(t_k) = \boldsymbol{x}(t_k) - \hat{\boldsymbol{x}}(t_k) = \boldsymbol{e}(t_k)$，为监督变量，$\boldsymbol{e}(t) = \boldsymbol{x}(t) - \hat{\boldsymbol{x}}(t)$，$\hat{\boldsymbol{x}}(t) \in \mathbb{R}^n$ 为观测状态；$\eta>0$，为切换信号的阈值。定义扩展状态变量 $\boldsymbol{\xi}(t) = [\hat{\boldsymbol{x}}^{\mathrm{T}}(t),\quad \boldsymbol{e}^{\mathrm{T}}(t)]^{\mathrm{T}}$。为了避免实时监测和计算判断造成的计算机资源的浪费，定义了离散的监督采样时

序。将 t_k 定义为切换信号最后一次触发的时刻，对于稳定的系统，实时的误差 $\boldsymbol{e}(t)$ 收敛，从而降低了切换阈值 $\|\hat{\boldsymbol{E}}(t_k)\|$，造成系统跟踪过程的频繁切换。设定四舵轮移动机器人切换过程的极小值 E_e，以防止由于切换信号频繁触发而引起的系统振荡。当切换条件式(4.20)满足时，切换信号触发，伴随着四舵轮移动机器人运行模式和子控制器的切换。在切换过程中，四舵轮移动机器人运行系统与设计控制器之间的不匹配时间与闭环系统的稳定性密切相关，给定的时间段的范围定义为 $0<\tau_t<\tau_d$，其中 τ_t 和 τ_d 分别表示不匹配的停留时间和容许的最大时间段。假设最后的切换时刻为 t_k，可得下一个切换瞬间为

$$t_{k+1}=\inf\{t>t_k \mid \|\hat{\boldsymbol{E}}(t)\|^2 \geqslant \max(\eta\|\hat{\boldsymbol{E}}(t_k)\|^2, \boldsymbol{E}_e)\}, \quad 0<\tau_t<\tau_d \tag{4.21}$$

在时间段 (t_k, t_{k+1}) 内，切换信号采样触发的次数应大于或等于系统切换的次数。同时，构造的监督变量 $\hat{\boldsymbol{E}}(t_k)$ 是一个动态阈值，根据监督阈值，四舵轮移动机器人运行模式可以根据外部环境实现独立动态切换。

4.3 采用外部信号的时变延时估计

4.3.1 外部信号辨识性分析

由于四舵轮移动机器人运行过程中存在传输延时，导致形成图 4.4 所示的控制延时序列，降低运行性能。本小节的主要目的是通过识别外部信号，以及采集信号传输的时变延时，对四舵轮移动机器人系统的延时进行估计。利用外部信号估计延时流程如图 4.5 所示。此外，网络波动、线程调度不稳定等，均会造成信号传输过程中的时变延时。为了识别和获取延时，需要得到描述两个节点之间的信号传输方法，综合考虑如下的信号状态函数：

$$w_s=\dot{f}(t-\tau_s(t))=\left.\frac{\mathrm{d}f}{\mathrm{d}t}\right|_{t-\tau_s(t)}=h(w_s,t,\tau_s) \tag{4.22}$$

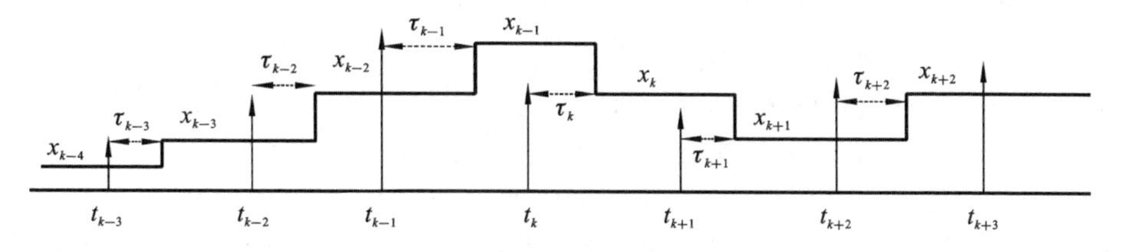

图 4.4 延时场景下的控制序列

式中：$h(w_s,t,\tau_s)$ 为外部信号函数；w_s 为信号状态；$\tau_s(t)$ 表示时变延时信息。外部

信号用于在时域范围内估计延时。为得到可靠的延时估计值，利用外部信号进行估计时，首先要证明外部信号的可辨识性。

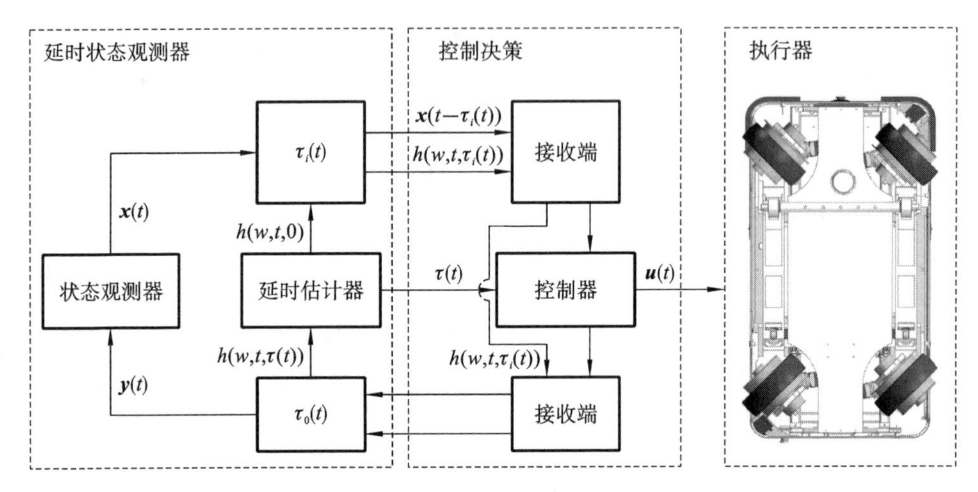

图 4.5　利用外部信号估计延时流程

引理 4.6　对于延时 $\tau_s > 0$，在任意时间 t 和时间间隔 t_i 内，当满足

$$
\begin{cases}
\displaystyle\int_{t-t_i}^{t} \left| h(w_s,\varphi,\tau_s) - h(w_s,\varphi,\bar{\tau}_s) \right| \mathrm{d}\varphi = 0, & \tau_s = \bar{\tau}_s \\
\displaystyle\int_{t-t_i}^{t} \left| h(w_s,\varphi,\tau_s) - h(w_s,\varphi,\bar{\tau}_s) \right| \mathrm{d}\varphi \neq 0, & \tau_s \neq \bar{\tau}_s
\end{cases}
\tag{4.23}
$$

此时外部信号可辨识。上式中，$h(w_s,\varphi,\tau_s)$ 为可辨识的外部信号；时间序列 $t > t_i > 0$；φ 为时间因子；τ_s 和$\bar{\tau}_s$ 分别为两个不同的时间变量。

常量信号、单调信号和周期信号是时间域内用于估计延时的三种不同形式外部信号。常量信号在全局时域范围内保持一致，由式(4.23)可知 τ_s 不能进行辨识。因此，外部信号不能使用常量信号。对于单调信号，当 $\forall t > \forall t_i > 0$ 时，在全局时域范围内 τ_s 和 $\bar{\tau}_s$ 之间存在一对一的映射关系。因此，单调信号可以在全局时域范围内辨识延时 τ_s 。但是，单调信号在时间域内可能趋于无穷大，超出计算机的计算极限，在较大时域范围内需要进一步处理。利用周期信号的重复性可以较好地解决这个问题，然而，外部信号周期 T_P 的存在导致延时信息 τ_s 无法在全局时域范围内辨识。从延时信号可辨识性的角度来看，信号周期 T_P 的选择可以限制在一定的范围内，信号在周期范围内单调，并且信号周期 T_P 与延时 τ_s 的差应当大于设定阈值。此时，周期信号在时间间隔内满足条件式(4.23)，实现了在局部小区间内延时信号的可辨识。当信号周期 T_P 相对于采样周期无限大时，周期信号可以当作单调信号进行处理。

在选择外部信号时，时间间隔应当满足公式(4.23)的条件。此时，所选择的外部信号满足可辨识的要求，为系统的延时估计提供必要条件。因此，在上述分析中，常量信号由于在时域范围内不可辨识，故不能当作外部信号，应该排除。周期信号不能满足全局时域范围可辨识的要求，但选择合适的周期信号源可以在局部小延时环境中作为可辨识与分析的外部信号。单调信号在整个时域范围内具有很高的可辨识性，很容易对延时信号进行捕获和分析。因此，在满足式(4.23)的条件下，可以合理地选择周期信号或单调信号作为延时估计的外部信号。

4.3.2　基于高阶滑模的无偏延时估计

选取信号，确保在时域范围内延时估计的信号可以辨识。本小节将根据获取的信号信息，利用高阶滑模算法估计系统的时变延时。对于满足 $\tau_s \in (0,\tau_m]$ 和 $\tau_m < T_p$ 的有界延时信号，选择外部信号满足辨识条件式(4.23)，使得至少在局部范围内给定的外部信号 $h(w_s,\varphi,\tau_s)$ 可以辨识。

延时信号的识别和采集可以看作一个连续的过程，为了更好地识别和估计延时参数，定义 $\tau_s \to \overline{\tau}_s$ 且 $\tau_s \neq \overline{\tau}_s$。对于更一般的场景，当 $\overline{\tau}_s \in (0,\tau_{sm}]$ 时，在时间区间 $t_i > \tau_{sd} > 0$ 内，对于 $\forall t,t_i > 0$，公式(4.23)满足

$$\int_{t-t_i}^{t} (h(w_s,\varphi,\tau_s) - h(w_s,\varphi,\overline{\tau}_s)) \frac{\partial h(w_s,\varphi,\overline{\tau}_s)}{\partial \overline{\tau}_s} \mathrm{d}\varphi \neq 0, \quad \forall t > 0 \tag{4.24}$$

式中，$\overline{\tau}_s$ 为估计的时变延时。这与常量信号不可辨识的结论保持一致。

从公式(4.23)和公式(4.24)中可以看出，与本章文献[7]中的外部信号延时辨识方法不同，受连续激励的启发，当满足公式(4.24)的条件来估计有界延时时，所提出的基于高阶滑模的无偏延时估计方法可以处理单调信号和周期信号场景。这一优势可以防止传统方法中因单调信号过大而造成的计算机资源浪费。

与其他延时估计方法相比，对于满足 $\tau_s \in (0,\tau_m]$ 的延时信息，基于高阶滑模的延时估计方法具有很好的无偏估计特性。在本小节中，考虑到四舵轮移动机器人工业场景下的延时特性，构建分数阶的高阶滑模方法来估计时变延时，以获得无偏延时估计值。

定理 4.1　如果外部信号满足式(4.23)和式(4.24)的条件，在有界延时区间内设计以下延时估计器：

$$\begin{aligned} \dot{w} &= -\lambda_1 \left| \overline{w}_s - w_s \right|^{\alpha} \operatorname{sign}(\overline{w}_s - w_s) + \varpi \\ \dot{\varpi} &= -\lambda_2 \left| \overline{w}_s - w_s \right|^{2\alpha-1} \operatorname{sign}(\overline{w}_s - w_s) \end{aligned} \tag{4.25}$$

式中，λ_1,λ_2 为增益系数。如果存在正数 λ_1,λ_2 和 K，则估计的时变延时 $\overline{\tau}_s$ 渐进收敛到 τ_s，且

$$\dot{\overline{\tau}}_s = \frac{K\sqrt{\Upsilon_{\overline{w}_s - w_s}(t,\overline{\tau}_s)} + \Lambda_{w_s}^2(t,\overline{\tau}_s) - \Lambda_{w_s}^2(t-t_i,\overline{\tau}_s)}{2\int_{t-t_i}^{t} \Lambda_{\overline{w}_s}(\varphi,\overline{\tau}_s) \frac{\partial h(\overline{w}_s,\varphi,\overline{\tau}_s)}{\partial \overline{\tau}_s} \mathrm{d}\varphi}, \quad \overline{\tau}_s(0) > 0 \tag{4.26}$$

式中，$\overline{\tau}_s$ 和 $\overline{w}_s$ 分别为 τ_s 和 w_s 的估计值，$\overline{\tau}_s(0)$ 为 τ_s 的延时估计初始值，同时

$$\begin{aligned} \Lambda_{\overline{w}_s}(t,\overline{\tau}_s) &= h(w_s,\varphi,\tau_s) - h(\hat{w}_s,\varphi,\hat{\tau}_s) \\ \Upsilon_{\overline{w}_s}(t,\overline{\tau}_s) &= \int_{t-t_i}^{t} [\Lambda_{\hat{w}_s}(\varphi,\overline{\tau}_s)]^2 \mathrm{d}\varphi \end{aligned} \tag{4.27}$$

其中：t_i 为式(4.23)中定义的延时辨识区间；τ_s 为系统稳定运行的收敛时间。

证明　根据四舵轮移动机器人的控制特性合理选用增益系数 λ_1，λ_2 和 K 值，可以使得延时估计器式(4.25)稳定并收敛。对于任意的初始条件 $\overline{w}_s(0)$，系统初始收敛时间设定为 t_s。对于 $\forall t > \max\{t_s, t_i + \overline{\tau}_s(0)\}$，可以得到 $h(w_s, t, \tau_s) - h(\overline{w}_s, t, \overline{\tau}_s) = h(w_s, t, \tau_s) - h(w_s, t, \overline{\tau}_s)$ 和 $\overline{w}_s(t) = w_s(t)$。此时当 $t > \max\{T_s, T + \overline{\tau}_s(0)\}$ 时，可以用 w_s 来代替 $\overline{w}_s$。对于 $\forall t > \max\{t_s, t_i + \overline{\tau}_s(0)\}$，可得

$$\begin{aligned}\Upsilon_{\overline{w}_s}(t, \overline{\tau}_s) &= \int_{t-t_i}^{t} [h(w_s, t, \tau_s) - h(w_s, t, \overline{\tau}_s)]^2 \mathrm{d}\varphi \\ &= \int_{t-t_i}^{t} \Lambda_{\overline{w}_s}^2(t, \overline{\tau}_s) \mathrm{d}\varphi\end{aligned} \tag{4.28}$$

从上式可以推导出

$$\frac{\mathrm{d}\Upsilon_{\overline{w}_s}(t, \overline{\tau}_s)}{\mathrm{d}t} = \frac{\partial \Upsilon_{\overline{w}_s}(t, \overline{\tau}_s)}{\partial t} + \frac{\partial \Upsilon_{\overline{w}_s}(t, \overline{\tau}_s)}{\partial \overline{\tau}_s} \dot{\overline{\tau}}_s \tag{4.29}$$

从式(4.28)和式(4.29)中可以得出

$$\frac{\mathrm{d}\Upsilon_{\overline{w}_s}(t, \overline{\tau}_s)}{\mathrm{d}t} = \Lambda_{\overline{w}_s}^2(t, \overline{\tau}_s) - \Lambda_{\overline{w}_s}^2(t - t_i, \overline{\tau}_s) - 2\dot{\overline{\tau}} \int_{t-t_i}^{t} \Lambda_{\overline{w}_s}(\varphi, \overline{\tau}_s) \frac{\partial h(w_s, \varphi, \overline{\tau}_s)}{\partial \overline{\tau}_s} \mathrm{d}\varphi \tag{4.30}$$

当 $\overline{\tau}_s \neq \tau_s$ 时，通过定义

$$\frac{\mathrm{d}\Upsilon_{\overline{w}_s}(t, \overline{\tau}_s)}{\mathrm{d}t} = -K\sqrt{\Upsilon_{\overline{w}_s}(t, \overline{\tau}_s)} \tag{4.31}$$

式(4.31)可以使 $\Upsilon_{\overline{w}_s}(t, \overline{\tau}_s)$ 收敛到 0，表明 $\lim\limits_{t\to\infty} \int_{t-t_i}^{t} \Lambda_{\overline{w}_s}^2(t, \overline{\tau}_s) \mathrm{d}\varphi = 0$。若条件 $\overline{\tau}_s \neq \tau_s$ 成立，依据式(4.24)，可知 $\int_{t-t_i}^{t} \Lambda_{\overline{w}_s}(\varphi, \overline{\tau}_s) \frac{\partial h(w_s, \varphi, \overline{\tau}_s)}{\partial \overline{\tau}_s} \mathrm{d}\varphi \neq 0$，经过计算可得如下表达式：

$$\dot{\overline{\tau}}_s = \frac{K\sqrt{\Upsilon_{\overline{w}_s}(t, \overline{\tau}_s)} + \Lambda_{\overline{w}_s}^2(t, \overline{\tau}_s) - \Lambda_{\overline{w}_s}^2(t - t_i, \overline{\tau}_s)}{2\int_{t-t_i}^{t} \Lambda_{\overline{w}_s}(\varphi, \overline{\tau}_s) \frac{\partial h(\overline{w}_s, \varphi, \overline{\tau}_s)}{\partial \overline{\tau}_s} \mathrm{d}\varphi} \tag{4.32}$$

定义 $\hat{\tau}_s \to \tau_s$，进一步可得

$$\lim_{\overline{\tau}_s \to \tau_s} \int_{t-t_i}^{t} \Lambda_{\overline{w}_s}(\varphi, \overline{\tau}_s) \frac{\partial h(\overline{w}_s, \varphi, \overline{\tau}_s)}{\partial \overline{\tau}_s} \mathrm{d}\varphi = \int_{t-t_i}^{t} \left[\frac{\partial h(\overline{w}_s, \varphi, \overline{\tau}_s)}{\partial \overline{\tau}_s}\right]^2 \mathrm{d}\varphi \tag{4.33}$$

通过分析上式可以得到如下表达式：

$$\lim_{\hat{\tau}_s \to \tau_s} \int_{t-T}^{t} \frac{\Lambda_{\hat{w}_s}(\varphi, \hat{\tau}_s)}{(\tau_s - \hat{\tau}_s)} \frac{\partial h(\hat{w}_s, \varphi, \hat{\tau}_s)}{\partial \hat{\tau}_s} \mathrm{d}\varphi = \int_{t-T}^{t} \left[\frac{\partial h(\hat{w}_s, \varphi, \hat{\tau}_s)}{\partial \hat{\tau}_s}\right]^2 \mathrm{d}\varphi \tag{4.34}$$

进一步计算有

$$\lim_{\overline{\tau}_s \to \tau_s} \frac{K\sqrt{\Upsilon_{\overline{w}_s}(t,\overline{\tau}_s) + \Lambda_{\overline{w}_s}^2(t,\overline{\tau}_s) - \Lambda_{\overline{w}_s}^2(t-t_i,\overline{\tau}_s)}}{2\int_{t-t_i}^{t} \Lambda_{\overline{w}_s}(\varphi,\overline{\tau}_s)\frac{\partial h(\overline{w}_s,\varphi,\overline{\tau}_s)}{\partial \overline{\tau}_s}\mathrm{d}\varphi} = \lim_{\overline{\tau}_s \to \tau_s}(\tau_s - \overline{\tau}_s)$$

$$\frac{K\sqrt{\int_{t-t_i}^{t}\left[\frac{\partial h(\overline{w}_s,\varphi,\overline{\tau}_s)}{\partial \overline{\tau}_s}\right]^2\mathrm{d}\varphi + \left[\frac{\partial h(\overline{w}_s,t,\overline{\tau}_s)}{\partial \overline{\tau}_s}\right]^2 - \left[\frac{\partial h(\overline{w}_s,t-t_i,\overline{\tau}_s)}{\partial \overline{\tau}_s}\right]^2}}{2\int_{t-t_i}^{t}\left[\frac{\partial h(\overline{w}_s,\varphi,\overline{\tau}_s)}{\partial \overline{\tau}_s}\right]^2\mathrm{d}\varphi} = 0 \tag{4.35}$$

根据式(4.35)可得 $\lim_{t\to\infty}\overline{\tau}_s(t) = \tau_s$ 。定理 4.1 证明完毕。

由于条件式(4.24)的引入,延时估计方法可以使用周期信号和单调信号作为外部信号,并且基于高阶滑模变量的设计,实现了四舵轮移动机器人系统的延时估计。

4.4　多模式异步切换控制器设计

4.4.1　延时的异步切换控制器分段设计

四舵轮移动机器人是一个高度集成的系统,所有运行模块均有特定的分工。具体而言,通过网络连接的传感器执行状态数据采集,数据处理单元使用采集的信息进行分析与决策。一般来说,大量的实时数据交互容易造成通信不畅,导致交互延时、数据丢失等问题,如图 4.6 所示。在四舵轮移动机器人系统切换时,子控制器和子系统之间的延时和系统辨识等形成异步切换,而异步切换过程的不稳定会导致系统控制失败,造成安全隐患。因此,多模式异步切换是控制器设计必须面对的难题。

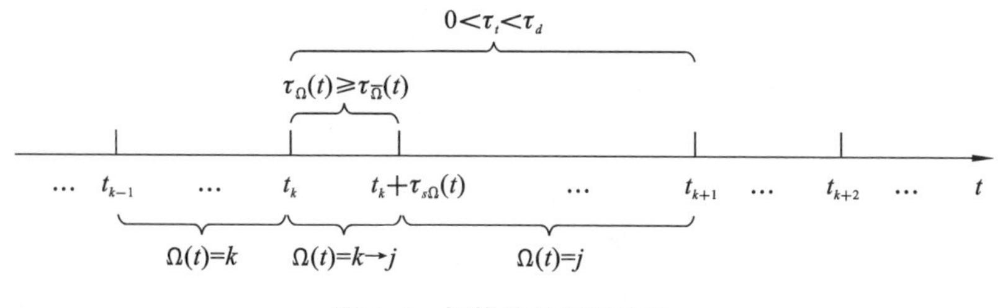

图 4.6　切换信号延时传输

为得到四舵轮移动机器人的多模式异步切换控制方法,本小节设计了图 4.7 所示的控制方案,通过系统模型的切换、控制器的设计、延时估计方法和状态观测器的设计来提高四舵轮移动机器人的运行灵活性。四舵轮移动机器人切换过程的误差可以计算为

$$\dot{\boldsymbol{e}}(t) = \boldsymbol{A}_i\boldsymbol{e}(t-\tau_s(t)) - \boldsymbol{D}_i\boldsymbol{C}_i\boldsymbol{e}(t) \tag{4.36}$$

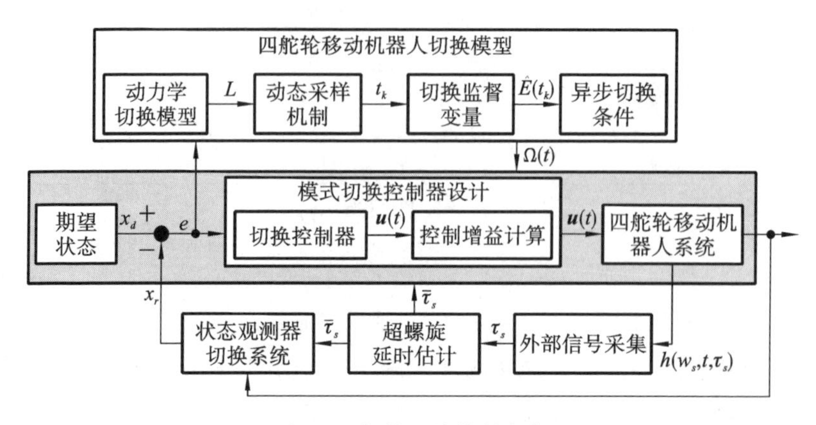

图 4.7　切换系统控制方案

为得到四舵轮移动机器人多模式切换过程的稳定性条件，选择了从模式 j 切换到模式 i 的周期 $[t_k,t_{k+1})$ 进行分析。其中，$t\in[t_k,t_s)$ 为运行在模式 j 上的不匹配时间，$t\in[t_s,t_{k+1})$ 为切换后运行在模式 i 上的匹配时间，$i,j\in L$，t_s 为切换时序，$\boldsymbol{D}_i$ 为随后定义的观测器增益。控制系统切换序列如图 4.3 所示。因此，定义 $\boldsymbol{e}(t)=\boldsymbol{x}(t)-\hat{\boldsymbol{x}}(t)$ 并构造增广矩阵 $\boldsymbol{\xi}(t)=[\hat{\boldsymbol{x}}^{\mathrm{T}}(t),\boldsymbol{e}^{\mathrm{T}}(t)]^{\mathrm{T}}$，因此，对于时间间隔 $[t_k,t_{k+1})$，从控制方程(4.19)中可得异步切换的增广矩阵为

$$\dot{\boldsymbol{\xi}}(t)=\begin{cases}\overline{\boldsymbol{A}}_{ij}\boldsymbol{\xi}(t)+\overline{\boldsymbol{B}}_i\boldsymbol{\xi}_i^{\mathrm{T}}(t-\tau_s(t))+\overline{\boldsymbol{C}}_{ij}\overline{\boldsymbol{e}}(t), & t\in[t_k,t_{s+1})\\ \overline{\boldsymbol{A}}_i\boldsymbol{\xi}(t)+\overline{\boldsymbol{B}}_i\boldsymbol{\xi}(t-\tau_s(t))+\overline{\boldsymbol{C}}_i\overline{\boldsymbol{e}}(t), & t\in[t_{s+1},t_{k+1})\end{cases}\tag{4.37}$$

针对增广系统的控制律设计为

$$\boldsymbol{u}=\begin{cases}\boldsymbol{G}_j\boldsymbol{\xi}(t), & t\in[t_k,t_s)\\ \boldsymbol{G}_i\boldsymbol{\xi}(t), & t\in[t_s,t_{k+1})\end{cases}\tag{4.38}$$

其中

$$\overline{\boldsymbol{A}}_{ij}=\begin{bmatrix}\boldsymbol{B}_i\boldsymbol{G}_j & \boldsymbol{D}_i\boldsymbol{C}_i\\ 0 & -\boldsymbol{D}_i\boldsymbol{C}_i\end{bmatrix},\quad \overline{\boldsymbol{C}}_{ij}=\begin{bmatrix}-\boldsymbol{B}_i\boldsymbol{G}_j & 0\\ 0 & 0\end{bmatrix}$$

$$\overline{\boldsymbol{B}}_i=\begin{bmatrix}\boldsymbol{A}_i & 0\\ 0 & \boldsymbol{A}_i\end{bmatrix},\quad \overline{\boldsymbol{C}}_i=\begin{bmatrix}-\boldsymbol{B}_i\boldsymbol{G}_i & 0\\ 0 & 0\end{bmatrix}$$

$$\overline{\boldsymbol{A}}_i=\begin{bmatrix}\boldsymbol{B}_i\boldsymbol{G}_i & \boldsymbol{D}_i\boldsymbol{C}_i\\ 0 & -\boldsymbol{D}_i\boldsymbol{C}_i\end{bmatrix},\quad \overline{\boldsymbol{e}}(t)=[\boldsymbol{e}(t),\quad \boldsymbol{0}]^{\mathrm{T}}$$

其中，$\boldsymbol{G}_j$ 和 $\boldsymbol{G}_i$ 分别为运行在 $t\in[t_k,t_s)$ 和 $t\in[t_s,t_{k+1})$ 上的控制增益。在时间 $t\in[t_k,t_{k+1})$ 范围内，设置 $t\in\{[t_k,t_s),\cdots,[t_{s+n},t_{k+1})\}$，其中 $t_s,\cdots,t_{s+n}$ 为带有状态信息更新的采样瞬间。

4.4.2　多模式异步切换过程稳定性分析

本小节的主要目的是在采用图 4.7 所示的控制方案下，推导出具有时变延时特

性的四舵轮移动机器人异步切换稳定的充分条件。

定理 4.2 对于给定的正常数 $\chi_s,\chi_u,\chi_t,\chi_v,p>1$，设定${}_s\boldsymbol{P}_{ij}>\boldsymbol{0}$，${}_s\boldsymbol{Q}_{ij}>\boldsymbol{0}$，如果存在正定矩阵 ${}_s\boldsymbol{P}_i$，${}_s\boldsymbol{Q}_i$，${}_s\boldsymbol{R}_j$ 和${}_s\boldsymbol{R}_i$，$\forall\, i,j\in L$，在满足切换的采样机制方程(4.37)的条件下，有

$$\boldsymbol{\Pi}_{ij}=$$

$$\begin{bmatrix} {}_s\hat{\boldsymbol{Q}}_{ij}-\lambda_{u\,s}\hat{\boldsymbol{P}}_{ij} & \boldsymbol{D}_{ij}\boldsymbol{C}_{ij}\hat{\boldsymbol{\Xi}}^{\mathrm{T}} & {}_s\hat{\boldsymbol{P}}_{ij}\boldsymbol{A}_{ij} & 0 & 0 & 0 & -\sqrt{a_3^{-1}}\,{}_s\hat{\boldsymbol{P}}_{ij} & -\sqrt{a_3}\,{}_s\hat{\boldsymbol{P}}_{ij} \\ * & \boldsymbol{\Pi}_{ij}^{22} & \hat{\boldsymbol{\Xi}}\boldsymbol{C}_i^{\mathrm{T}}\boldsymbol{D}_i^{\mathrm{T}} & {}_s\hat{\boldsymbol{P}}_{ij}\boldsymbol{A}_{ij} & 0 & 0 & 0 & 0 \\ * & * & \boldsymbol{\Pi}_{ij}^{33} & 0 & 0 & 0 & 0 & 0 \\ * & * & * & \boldsymbol{\Pi}_{ij}^{44} & 0 & 0 & 0 & 0 \\ * & * & * & * & \boldsymbol{\Pi}_{ij}^{55} & 0 & 0 & 0 \\ * & * & * & * & * & \boldsymbol{\Pi}_{ij}^{66} & 0 & 0 \\ * & * & * & * & * & * & -\boldsymbol{N}_{ij} & 0 \\ * & * & * & * & * & * & * & -\boldsymbol{N}_{ij} \end{bmatrix}<\boldsymbol{0} \tag{4.39}$$

$$\boldsymbol{\Pi}_i=\begin{bmatrix} {}_s\hat{\boldsymbol{Q}}_i+\lambda_{s\,s}\hat{\boldsymbol{P}}_i & \boldsymbol{D}_i\boldsymbol{F}_i\hat{\boldsymbol{\Xi}}^{\mathrm{T}} & {}_s\hat{\boldsymbol{P}}_i\boldsymbol{A}_i & 0 & -\sqrt{b_3^{-1}}\,{}_s\hat{\boldsymbol{P}}_i & -\sqrt{b_3}\,{}_s\hat{\boldsymbol{P}}_i \\ * & \boldsymbol{\Pi}_i^{22} & \hat{\boldsymbol{\Xi}}\boldsymbol{C}_i^{\mathrm{T}}\boldsymbol{D}_i^{\mathrm{T}} & {}_s\hat{\boldsymbol{P}}_i\boldsymbol{A}_i & 0 & 0 \\ * & * & \boldsymbol{\Pi}_i^{33} & 0 & 0 & 0 \\ * & * & * & \boldsymbol{\Pi}_i^{44} & 0 & 0 \\ * & * & * & * & -\boldsymbol{N}_i & 0 \\ * & * & * & * & * & -\boldsymbol{N}_i \end{bmatrix}<\boldsymbol{0} \tag{4.40}$$

$${}_s\boldsymbol{P}_{ij}\leqslant\chi_{v\,s}\boldsymbol{P}_i,\quad {}_s\boldsymbol{Q}_{ij}\leqslant\chi_{v\,s}\boldsymbol{Q}_i,\quad {}_s\boldsymbol{P}_i\leqslant\chi_{v\,s}\boldsymbol{P}_{ij},\quad {}_s\boldsymbol{Q}_i\leqslant\chi_{v\,s}\boldsymbol{Q}_{ij} \tag{4.41}$$

其中

$$\boldsymbol{\Pi}_{ij}^{11}=a_1^{-1}\,{}_s\hat{\boldsymbol{P}}_{ij}^{\mathrm{T}}\boldsymbol{B}_{ij}\,{}_s\hat{\boldsymbol{R}}_j+a_1\,{}_s\hat{\boldsymbol{R}}_{ij}^{\mathrm{T}}\boldsymbol{B}_{ij}^{\mathrm{T}}\,{}_s\hat{\boldsymbol{P}}_{ij}+a_2^{-1}\,{}_s\hat{\boldsymbol{P}}_{ij}^{\mathrm{T}}\boldsymbol{B}_{ij}\,{}_s\hat{\boldsymbol{R}}_j+a_2\,{}_s\hat{\boldsymbol{R}}_{ij}^{\mathrm{T}}\boldsymbol{B}_{ij}^{\mathrm{T}}\,{}_s\hat{\boldsymbol{P}}_{ij}+{}_s\overline{\boldsymbol{Q}}_{ij}-\chi_{u\,s}\hat{\boldsymbol{P}}_{ij}$$

$$\boldsymbol{\Pi}_{ij}^{22}=-a_1^{-1}\boldsymbol{D}_{ij}\boldsymbol{F}_{ij}\,{}_s\boldsymbol{P}_{ij}^{\mathrm{T}}-a_1\,{}_s\hat{\boldsymbol{P}}_{ij}\boldsymbol{F}_{ij}^{\mathrm{T}}\boldsymbol{D}_{ij}^{\mathrm{T}}-a_2^{-1}\boldsymbol{D}_{ij}\boldsymbol{F}_{ij}\,{}_s\boldsymbol{P}_{ij}^{\mathrm{T}}-a_2\,{}_s\hat{\boldsymbol{P}}_{ij}\boldsymbol{F}_{ij}^{\mathrm{T}}\boldsymbol{D}_{ij}^{\mathrm{T}}+{}_s\hat{\boldsymbol{Q}}_{ij}-\chi_{u\,s}\hat{\boldsymbol{P}}_{ij}$$

$$\boldsymbol{\Pi}_{ij}^{33}=\boldsymbol{\Pi}_{ij}^{44}=-(1-\dot{\tau}_s(t))\mathrm{e}^{-\chi_s\tau_{\mathrm{m}}}\,{}_s\hat{\boldsymbol{Q}}_{ij}$$

$$\boldsymbol{\Pi}_{ij}^{55}=\boldsymbol{\Pi}_{ij}^{66}=-\frac{(\chi_s+\chi_u)\mathrm{e}^{-\chi_s\tau_{\mathrm{m}}}}{\tau_s(t)}\,{}_s\hat{\boldsymbol{Q}}_{ij}$$

$$\boldsymbol{\Pi}_i^{11}=b_1^{-1}\,{}_s\hat{\boldsymbol{P}}_i^{\mathrm{T}}\,{}_s\hat{\boldsymbol{P}}_i\boldsymbol{B}_i\,{}_s\hat{\boldsymbol{R}}_i+b_1\,{}_s\hat{\boldsymbol{R}}_i^{\mathrm{T}}\boldsymbol{B}_i^{\mathrm{T}}\,{}_s\hat{\boldsymbol{P}}_i+b_2^{-1}\,{}_s\hat{\boldsymbol{P}}_i^{\mathrm{T}}\boldsymbol{B}_i\,{}_s\hat{\boldsymbol{R}}_i+b_2\,{}_s\hat{\boldsymbol{R}}_i^{\mathrm{T}}\boldsymbol{B}_i^{\mathrm{T}}\,{}_s\hat{\boldsymbol{P}}_i+{}_s\hat{\boldsymbol{Q}}_i+\chi_{s\,s}\hat{\boldsymbol{P}}_i$$

$$\boldsymbol{\Pi}_i^{22}=-b_1^{-1}\boldsymbol{D}_i\boldsymbol{F}_i\,{}_s\boldsymbol{P}_i^{\mathrm{T}}-b_1\,{}_s\hat{\boldsymbol{P}}_i\boldsymbol{F}_i^{\mathrm{T}}\boldsymbol{F}_i^{\mathrm{T}}-b_2^{-1}\boldsymbol{D}_i\boldsymbol{F}_i\,{}_s\boldsymbol{P}_i^{\mathrm{T}}-b_2\,{}_s\hat{\boldsymbol{P}}_i\boldsymbol{F}_i^{\mathrm{T}}\boldsymbol{L}_i^{\mathrm{T}}+{}_s\hat{\boldsymbol{Q}}_i+\chi_{s\,s}\hat{\boldsymbol{P}}_i$$

$$\boldsymbol{\Pi}_i^{33}=\boldsymbol{\Pi}_i^{44}=-(1-\dot{\tau}_s(t))\mathrm{e}^{-\chi_s\tau_{\mathrm{m}}}\,{}_s\hat{\boldsymbol{Q}}_i$$

$${}_s\hat{\boldsymbol{P}}_{ij}=\mathrm{diag}\{{}_s\boldsymbol{P}_{ij},{}_s\boldsymbol{P}_{ij}\},\quad {}_s\hat{\boldsymbol{Q}}_{ij}=\mathrm{diag}\{{}_s\boldsymbol{Q}_{ij},{}_s\boldsymbol{Q}_{ij}\}$$

$${}_s\hat{\boldsymbol{P}}_i=\mathrm{diag}\{{}_s\boldsymbol{P}_i,{}_s\boldsymbol{P}_i\},\quad {}_s\hat{\boldsymbol{Q}}_i=\mathrm{diag}\{{}_s\boldsymbol{Q}_i,{}_s\boldsymbol{Q}_i\}$$

$${}_s\hat{\boldsymbol{R}}_i=\mathrm{diag}\{{}_s\boldsymbol{R}_i,{}_s\boldsymbol{R}_i\},\quad {}_s\hat{\boldsymbol{R}}_j=\mathrm{diag}\{{}_s\boldsymbol{R}_j,{}_s\boldsymbol{R}_j\},\quad {}_s\hat{\boldsymbol{R}}_{ij}=\mathrm{diag}\{{}_s\boldsymbol{R}_{ij},{}_s\boldsymbol{R}_{ij}\}$$

则四舵轮移动机器人的多模式异步切换在满足平均驻留时间 τ_Ω 的条件下指数稳定。τ_Ω 满足

$$\tau_\Omega \geqslant \frac{t_0\tau_d(\chi_s+\chi_u)}{T_f\tau_d(\chi_s+\chi_u)-p(t-t_0)+2\ln\chi_v} \tag{4.42}$$

其中，控制器的增益 $\boldsymbol{G}_i={}_s\hat{\boldsymbol{R}}_i\hat{\boldsymbol{\Xi}}_i^{-\mathrm{T}}$，$\hat{\boldsymbol{\Xi}}_i$ 的定义随后给出。

证明 在运行模式 i 和模式 j 之间的异步切换过程中，不可避免地存在匹配和失配周期。因此，四舵轮移动机器人的稳定性需要从运行模式与控制器的匹配周期和失配周期两个方面来证明。

(1) 四舵轮移动机器人的运行模式与子控制器不匹配阶段。定义时间周期 $t\in[t_k,t_s)$，此时采用模式 i 以控制律 u_j 运行。定义分段 Lyapunov 函数为

$${}_s\boldsymbol{V}_{ij}(t)=\boldsymbol{\xi}^{\mathrm{T}}(t)\,{}_s\hat{\boldsymbol{P}}_{ij}\boldsymbol{\xi}(t)+\int_{t-\tau_s(t)}^{t}\boldsymbol{\xi}^{\mathrm{T}}(\varphi)\exp[\chi_s(\varphi-t)]\,{}_s\hat{\boldsymbol{Q}}_{ij}\boldsymbol{\xi}(\varphi)\mathrm{d}\varphi \tag{4.43}$$

其中，$\boldsymbol{\xi}(t)$ 为式(4.37)中的增广矩阵。

对式(4.37)关于时间 t 求导，可得

$$\begin{aligned}{}_s\dot{\boldsymbol{V}}_{ij}(t)-\chi_u\,{}_s\boldsymbol{V}_{ij}(t)=&\,2\boldsymbol{\xi}^{\mathrm{T}}(t)\,{}_s\hat{\boldsymbol{P}}_{ij}\dot{\boldsymbol{\xi}}(t)+\boldsymbol{\xi}^{\mathrm{T}}(t)\,{}_s\hat{\boldsymbol{Q}}_{ij}\boldsymbol{\xi}(t)-(1-\dot{\tau}_s(t))\\&\boldsymbol{\xi}^{\mathrm{T}}(t-\tau_s(t))\exp(-\chi_s\tau_s(t))\,{}_s\hat{\boldsymbol{Q}}_{ij}\boldsymbol{\xi}(t-\tau_s(t))\\&-\chi_u\boldsymbol{\xi}^{\mathrm{T}}(t)\,{}_s\hat{\boldsymbol{P}}_{ij}\boldsymbol{\xi}(t)-(\chi_s+\chi_u)\exp(-\chi_s\tau(t))\\&\int_{t-\tau_s(t)}^{t}\boldsymbol{\xi}^{\mathrm{T}}(\varphi)\,{}_s\hat{\boldsymbol{Q}}_{ij}\boldsymbol{\xi}(\varphi)\mathrm{d}\varphi\end{aligned} \tag{4.44}$$

由引理 4.2，可得

$$\begin{aligned}&-(\chi_s+\chi_u)\exp(-\chi_s\tau_s(t))\int_{t-\tau_s(t)}^{t}\boldsymbol{\xi}^{\mathrm{T}}(\varphi)\,{}_s\hat{\boldsymbol{Q}}_{ij}\boldsymbol{\xi}(\varphi)\mathrm{d}\varphi\\&\quad\leqslant-\frac{(\chi_s+\chi_u)\exp(-\chi_s\tau_{\mathrm{m}})}{\tau_s(t)}\int_{t-\tau_s(t)}^{t}\boldsymbol{\xi}^{\mathrm{T}}(\varphi)\mathrm{d}\varphi\,{}_s\hat{\boldsymbol{Q}}_{ij}\int_{t-\tau_s(t)}^{t}\boldsymbol{\xi}(\varphi)\mathrm{d}\varphi\end{aligned} \tag{4.45}$$

结合式(4.45)和引理 4.1，可得如下方程：

$$\begin{aligned}2\boldsymbol{\xi}^{\mathrm{T}}(t)\,{}_s\hat{\boldsymbol{Q}}_{ij}\dot{\xi}(t)\leqslant&\,\boldsymbol{\xi}^{\mathrm{T}}(t)(a_1^{-1}\,{}_s\hat{\boldsymbol{P}}_{ij}\boldsymbol{A}_{ij}+a_1\boldsymbol{A}_{ij}^{\mathrm{T}}\,{}_s\hat{\boldsymbol{P}}_{ij}+a_2^{-1}\,{}_s\hat{\boldsymbol{P}}_{ij}\boldsymbol{C}_{ij}+a_2\boldsymbol{C}_{ij}^{\mathrm{T}}\,{}_s\hat{\boldsymbol{P}}_{ij}+a_3^{-1}\,{}_s\hat{\boldsymbol{P}}_{ij}^{\mathrm{T}}\,{}_s\hat{\boldsymbol{P}}_{ij}\\&+a_3\boldsymbol{U}_{ij}^{\mathrm{T}}\boldsymbol{U}_{ij})\boldsymbol{\xi}^{\mathrm{T}}(t)+\boldsymbol{\xi}^{\mathrm{T}}(t-\tau_s(t))\boldsymbol{B}_{ij}^{\mathrm{T}}\,{}_s\hat{\boldsymbol{P}}_{ij}\boldsymbol{\xi}(t)\\&+\boldsymbol{\xi}^{\mathrm{T}}(t)\,{}_s\hat{\boldsymbol{P}}_{ij}\boldsymbol{B}_{ij}\boldsymbol{\xi}(t-\tau_s(t))\end{aligned} \tag{4.46}$$

结合式(4.39)～式(4.41)，可得

$${}_s\dot{\boldsymbol{V}}_{ij}(t)-\chi_u\,{}_s\boldsymbol{V}_{ij}(t)\leqslant\boldsymbol{\varsigma}^{\mathrm{T}}(t)\,{}_s\boldsymbol{\Theta}_{ij}\,\boldsymbol{\varsigma}(t) \tag{4.47}$$

式中

$$\boldsymbol{\varsigma}^{\mathrm{T}}(t)=\left[\boldsymbol{\xi}^{\mathrm{T}}(t),\quad\boldsymbol{\xi}^{\mathrm{T}}(t-\tau_s(t)),\quad\int_{t-\tau_s}^{t}\boldsymbol{\xi}^{\mathrm{T}}(\varphi)\mathrm{d}\varphi\right]$$

$$
{}_s\boldsymbol{\Theta}_{ij}=\begin{bmatrix} {}_s\boldsymbol{\Theta}_{ij}^{11} & {}_s\hat{\boldsymbol{P}}_{ij}\boldsymbol{B}_{ij} & 0\\ * & {}_s\boldsymbol{\Theta}_{ij}^{22} & 0\\ * & * & {}_s\boldsymbol{\Theta}_{ij}^{33}\end{bmatrix}
$$

$$
\begin{aligned}
{}_s\boldsymbol{\Theta}_{ij}^{11} = {} & (a_1^{-1}{}_s\hat{\boldsymbol{P}}_{ij}\boldsymbol{A}_{ij}+a_1\boldsymbol{A}_{ij}^{\mathrm{T}}{}_s\hat{\boldsymbol{P}}_{ij}+a_2^{-1}{}_s\hat{\boldsymbol{P}}_{ij}\boldsymbol{C}_{ij}+a_2\boldsymbol{C}_{ij}^{\mathrm{T}}{}_s\hat{\boldsymbol{P}}_{ij}+a_3^{-1}{}_s\hat{\boldsymbol{P}}_{ij}^{\mathrm{T}}{}_s\hat{\boldsymbol{P}}_{ij}+a_3\boldsymbol{N}_{ij}^{\mathrm{T}}\boldsymbol{N}_{ij})\\
& +{}_s\hat{\boldsymbol{Q}}_{ij}-\chi_u{}_s\hat{\boldsymbol{P}}_{ij}
\end{aligned}
$$

$$
{}_s\boldsymbol{\Theta}_{ij}^{22}=-(1-\dot{\tau}_s(t))\exp(-\chi_s\tau_{\mathrm{m}}){}_s\hat{\boldsymbol{Q}}_{ij}
$$

$$
{}_s\boldsymbol{\Theta}_{ij}^{33}=-\frac{(\chi_s+\chi_u)\exp(-\chi_s\tau_{\mathrm{m}})}{\tau_s(t)}{}_s\hat{\boldsymbol{Q}}_{ij}
$$

其中，${}_s\boldsymbol{\Theta}_{ij}<\boldsymbol{0}$。通过计算有

$$
{}_s\dot{\boldsymbol{V}}_{ij}(t)<\chi_u{}_s\boldsymbol{V}_{ij}(t) \tag{4.48}
$$

对上述不等式从 t_i 到 t 进行积分，可得

$$
{}_s\boldsymbol{V}_{ij}(t)\leqslant\exp[\chi_u(t-t_i)]{}_s\boldsymbol{V}_{ij}(t_i) \tag{4.49}
$$

(2) 四舵轮移动机器人的运行模式与子控制器匹配阶段。定义时间周期 $t\in[t_s,t_{k+1})$，子控制器的切换已经完成，此时四舵轮移动机器人采用模式 i 以控制律 u_i 运行。定义在 $t\in[t_s,t_{k+1})$ 的时间周期内没有发生切换，此时运行模式与子控制器相匹配。定义分段 Lyapunov 函数为

$$
{}_s\boldsymbol{V}_i(t)=\boldsymbol{\xi}^{\mathrm{T}}(t){}_s\hat{\boldsymbol{P}}_i\boldsymbol{\xi}(t)+\int_{t-\tau_s(t)}^{t}\boldsymbol{\xi}^{\mathrm{T}}(\varphi)\exp[\chi_s(\varphi-t)]{}_s\hat{\boldsymbol{Q}}_i\boldsymbol{\xi}(\varphi)\mathrm{d}\varphi \tag{4.50}
$$

对式(4.50)在时间域上进行求导，可得如下方程：

$$
\begin{aligned}
{}_s\dot{\boldsymbol{V}}_i(t)+\chi_s{}_s\boldsymbol{V}_i(t) = {} & 2\boldsymbol{\xi}^{\mathrm{T}}(t){}_s\hat{\boldsymbol{P}}_i\dot{\boldsymbol{\xi}}(t)+\boldsymbol{\xi}^{\mathrm{T}}(t){}_s\hat{\boldsymbol{Q}}_{ij}\boldsymbol{\xi}(t)-(1-\dot{\tau}_s(t))\\
& \boldsymbol{\xi}^{\mathrm{T}}(t-\tau_s(t))\mathrm{e}^{-\chi_s\tau_s(t)}{}_s\hat{\boldsymbol{Q}}_{ij}\boldsymbol{\xi}(t-\tau_s(t))+\chi_s\boldsymbol{\xi}^{\mathrm{T}}(t){}_s\hat{\boldsymbol{P}}_i\boldsymbol{\xi}(t)
\end{aligned} \tag{4.51}
$$

存在

$$
{}_s\dot{\boldsymbol{V}}_i(t)+\chi_s{}_s\boldsymbol{V}_i(t)\leqslant\boldsymbol{\Gamma}^{\mathrm{T}}(t){}_s\boldsymbol{\Theta}_i\boldsymbol{\Gamma}(t) \tag{4.52}
$$

式中

$$
\boldsymbol{\Gamma}^{\mathrm{T}}(t)=[\boldsymbol{\psi}^{\mathrm{T}}(t),\quad \boldsymbol{\psi}^{\mathrm{T}}(t-\tau_s(t))]
$$

$$
{}_s\boldsymbol{\Theta}_i=\begin{bmatrix} {}_s\boldsymbol{\Theta}_i^{11} & {}_s\boldsymbol{P}_{ij}\boldsymbol{B}_{ij}\\ * & {}_s\boldsymbol{\Theta}_i^{22}\end{bmatrix}
$$

$$
{}_s\boldsymbol{\Theta}_i^{11}=(b_1^{-1}{}_s\hat{\boldsymbol{P}}_i\boldsymbol{A}_i+b_1\boldsymbol{A}_i^{\mathrm{T}}{}_s\hat{\boldsymbol{P}}_i+b_2^{-1}{}_s\hat{\boldsymbol{P}}_i\boldsymbol{C}_i+b_2\boldsymbol{C}_i^{\mathrm{T}}{}_s\hat{\boldsymbol{P}}_i+b_3^{-1}{}_s\hat{\boldsymbol{P}}_i^{\mathrm{T}}{}_s\hat{\boldsymbol{P}}_i+b_3\boldsymbol{N}_i^{\mathrm{T}}\boldsymbol{N}_i)+{}_s\hat{\boldsymbol{Q}}_i+\chi_s{}_s\hat{\boldsymbol{P}}_i
$$

$$
{}_s\boldsymbol{\Theta}_i^{22}=-(1-\dot{\tau}_s(t))\mathrm{e}^{-\chi_s\tau_m}{}_s\hat{\boldsymbol{Q}}_i
$$

其中，${}_s\boldsymbol{\Theta}_i<\boldsymbol{0}$。经过计算可得

$$
{}_s\dot{\boldsymbol{V}}_i(t)<-\chi_s{}_s\boldsymbol{V}_i(t) \tag{4.53}
$$

对上述不等式从 t_{s+1} 到 t 进行积分，可得

$$ {}_s\boldsymbol{V}_i(t) < \exp[-\chi_s(t-t_{s+1})]{}_s\boldsymbol{V}_i(t_{s+1}) \tag{4.54} $$

分析式(4.48)和式(4.54)，建立如下分段 Lyapunov 函数：

$$ {}_s\boldsymbol{V}(t)=\begin{cases} {}_s\boldsymbol{V}_{ij}(t), & t\in[t_k,t_s),k=1,2,\cdots \\ {}_s\boldsymbol{V}_i(t), & t\in[t_s,t_{k+1}),k=1,2,\cdots \end{cases} \tag{4.55} $$

对于 $\forall i,i-1\in L$，由参数设定 $\mu>1$ 可得 ${}_s\boldsymbol{V}_i(t_i)\leqslant \chi_v{}_s\boldsymbol{V}_{i-1}(t_i^-)$。在 $t\in[t_k,t_s)$ 上，有

$$ \begin{aligned} {}_s\boldsymbol{V}(t) &= {}_s\boldsymbol{V}_{i,i-1}(t)\leqslant \exp[\chi_u(t-t_k)]{}_s\boldsymbol{V}_{i,i-1}(t_k) \\ &\leqslant \chi_v\exp[\chi_u(t-t_k)]{}_s\boldsymbol{V}_{i-1}(t_i^-) \\ &\leqslant \chi_v\exp[\chi_u(t-t_k)]\exp[-\chi_s(t_i-t_{j_s})]{}_s\boldsymbol{V}_{i-1}(t_{s+1}-j) \\ &\cdots \\ &\leqslant \chi_v{}^{2i-1}\exp[\chi_u(t-t_k+\tau_{k-1}+\cdots+\tau_1)]\exp \\ &\quad [-\chi_s(t_{sk}-\tau_{k-1}-\cdots-\tau_1-t_0)]{}_s\boldsymbol{V}_0(t_0) \\ &\leqslant \chi_v{}^{2i-1}\exp[\chi_u(\tau_k+\tau_{k-1}+\cdots+\tau_1)]\exp \\ &\quad [-\chi_s(t_k-\tau_k-\tau_{k-1}-\cdots-\tau_1-t_0)]{}_s\boldsymbol{V}_0(t_0) \\ &\leqslant \frac{1}{\chi_v}\exp\{k[2\ln\mu+\tau_{\mathrm{m}}(\chi_u+\chi_s)]-\chi_s(t_k-t_0)\}{}_s\boldsymbol{V}_0(t_0) \end{aligned} \tag{4.56} $$

其中，t_{j_s} 表示时间周期 $[t_{k-1},t_k)$ 上的切换时序。

对于 $t\in[t_s,t_{k+1})$，有

$$ \begin{aligned} {}_s\boldsymbol{V}_\sigma(t) &= {}_s\boldsymbol{V}_i(t)\leqslant \exp[\chi_s(t-t_{k+1})]{}_s\boldsymbol{V}_i(t_s) \\ &\leqslant \chi_v\exp[\chi_s(t-t_s)]{}_s\boldsymbol{V}_{i,i-1}(t_s^-) \\ &\leqslant \chi_v\exp[-\chi_s(t-t_s)]\exp[\chi_u(t_s-t_k)]{}_s\boldsymbol{V}_{i,i-1}(t_k) \\ &\cdots \\ &\leqslant \chi_v^{2i}\exp[-\chi_s(t-\tau_k-\tau_{k-1}-\cdots-\tau_1-t_0)]\exp[\chi_u(\tau_k+\cdots+\tau_1)]{}_s\boldsymbol{V}_0(t_0) \\ &\leqslant \chi_v\exp\{k[2\ln\mu+\tau_{\mathrm{m}}(\chi_u+\chi_s)]-\chi_s(t_k-t_0)\}{}_s\boldsymbol{V}_0(t_0) \end{aligned} \tag{4.57} $$

定义匹配时间 $T^+(t_0,t)$ 和不匹配时间 $T^-(t_0,t)$ 有如下关系：

$$ \frac{T^+(t_0,t)}{T^-(t_0,t)}\geqslant\frac{\chi_s+p}{\chi_u-p},\quad 0<p<\chi_u \tag{4.58} $$

由式(4.57)和式(4.58)，有

$$ \begin{aligned} {}_s\boldsymbol{V}_\sigma(t) &\leqslant \exp\{[2\ln\mu+\tau_{\mathrm{m}}(\chi_u+\chi_s)]N_\sigma+\chi_uT^-(t_0,t)-\chi_sT^+(t_0,t)\}{}_s\boldsymbol{V}_0(t_0) \\ &\leqslant \exp\{[2\ln\mu+\tau_{\mathrm{m}}(\chi_u+\chi_s)](T_f-t_0/\tau_a)-p(t_0,t)\}{}_s\boldsymbol{V}_0(t_0) \end{aligned} \tag{4.59} $$

定义 $1/\chi_v\leqslant 1$，进一步可得

$$
\begin{aligned}
{}_s\boldsymbol{V}_\sigma(t) &\geqslant a \ \| \boldsymbol{\xi}(t) \|^2 \\
{}_s\boldsymbol{V}_\sigma(t) &\geqslant b \ \| \boldsymbol{\xi}(t_0) \|^2
\end{aligned} \tag{4.60}
$$

其中

$$
\begin{aligned}
a &= \min_{i,j\in L}\{\lambda_{\min}({}_s\hat{\boldsymbol{P}}_i),\lambda_{\min}({}_s\hat{\boldsymbol{P}}_{ij})\} \\
b &= \max_{i,j\in L}\{\lambda_{\max}({}_s\hat{\boldsymbol{P}}_i),\lambda_{\max}({}_s\hat{\boldsymbol{P}}_{ij})\}+\tau_d \max_{i,j\in L}\{\lambda_{\max}({}_s\hat{\boldsymbol{Q}}_i),\lambda_{\max}({}_s\hat{\boldsymbol{Q}}_{ij})\}
\end{aligned} \tag{4.61}
$$

式中，$\lambda_{\min}(\cdot)$，$\lambda_{\max}(\cdot)$ 分别表示相应矩阵的最小和最大特征值，则有

$$
\begin{aligned}
\| \boldsymbol{\xi}(t) \|^2 &\leqslant \frac{1}{a}\min\{{}_s\boldsymbol{V}_i(\hat{t}),{}_s\boldsymbol{V}_{i,i-1}(t_i)\} \\
&\leqslant \frac{b}{a}\exp\{[2\ln\mu+\tau_{\mathrm{m}}(\lambda_u+\lambda_s)](T_f-t_0/\tau_a)-p(t-t_0)\} \ \| \boldsymbol{\psi}(t_0) \|^2
\end{aligned} \tag{4.62}
$$

因此，根据引理 4.4，当条件式(4.39)～式(4.41)满足时，式(4.58)保证了四舵轮移动机器人多模式异步切换的指数稳定性。

根据以上分析，可得不等式 ${}_s\boldsymbol{\Theta}_{ij}<\boldsymbol{0}$ 和 ${}_s\boldsymbol{\Theta}_i<\boldsymbol{0}$ 都是非线性矩阵不等式。根据 Schur 不等式(舒尔不等式)，${}_s\boldsymbol{\Theta}_{ij}<\boldsymbol{0}$ 和 ${}_s\boldsymbol{\Theta}_i<\boldsymbol{0}$ 可以转换成

$$
{}_s\boldsymbol{\Theta}_{ij}=\begin{bmatrix}
{}_s\overline{\boldsymbol{\Theta}}_{ij}^{11} & \hat{\boldsymbol{P}}_{ij}\boldsymbol{B}_{ij} & 0 & \sqrt{a_3^{-1}}\,{}_s\hat{\boldsymbol{P}}_{ij} & \sqrt{a_3}\,{}_s\hat{\boldsymbol{P}}_{ij} \\
* & {}_s\boldsymbol{\Theta}_{ij}^{22} & 0 & 0 & 0 \\
* & * & {}_s\boldsymbol{\Theta}_{ij}^{33} & 0 & 0 \\
* & * & * & -\boldsymbol{N}_{ij} & 0 \\
* & * & * & * & -\boldsymbol{N}_{ij}
\end{bmatrix}<\boldsymbol{0} \tag{4.63}
$$

$$
{}_s\boldsymbol{\Theta}_i=\begin{bmatrix}
{}_s\overline{\boldsymbol{\Theta}}_i^{11} & \hat{\boldsymbol{P}}_{ij}\boldsymbol{B}_{ij} & \sqrt{b_3^{-1}}\,{}_s\hat{\boldsymbol{P}}_{ij} & \sqrt{b_3}\,{}_s\hat{\boldsymbol{P}}_{ij} \\
* & {}_s\boldsymbol{\Theta}_i^{22} & 0 & 0 \\
* & * & -\boldsymbol{N}_i & 0 \\
* & * & * & -\boldsymbol{N}_i
\end{bmatrix}<\boldsymbol{0} \tag{4.64}
$$

其中

$$
\begin{aligned}
{}_s\overline{\boldsymbol{\Theta}}_{ij}^{11} &= (a_1^{-1}\,{}_s\hat{\boldsymbol{P}}_{ij}\boldsymbol{A}_{ij}+a_1\boldsymbol{A}_{ij}^{\mathrm{T}}\,{}_s\hat{\boldsymbol{P}}_{ij}+a_2^{-1}\,{}_s\hat{\boldsymbol{P}}_{ij}\boldsymbol{C}_{ij}+a_2\boldsymbol{C}_{ij}^{\mathrm{T}}\,{}_s\hat{\boldsymbol{P}}_{ij})+{}_s\hat{\boldsymbol{Q}}_{ij}-\chi_u\,{}_s\hat{\boldsymbol{P}}_{ij} \\
{}_s\overline{\boldsymbol{\Theta}}_i^{11} &= (b_1^{-1}\,{}_s\hat{\boldsymbol{P}}_i\boldsymbol{A}_i+b_1\boldsymbol{A}_i^{\mathrm{T}}\,{}_s\hat{\boldsymbol{P}}_i+b_2^{-1}\,{}_s\hat{\boldsymbol{P}}_i\boldsymbol{C}_i+b_2\boldsymbol{C}_i^{\mathrm{T}}\,{}_s\hat{\boldsymbol{P}}_i)+{}_s\hat{\boldsymbol{Q}}_i+\chi_s\,{}_s\hat{\boldsymbol{P}}_i
\end{aligned} \tag{4.65}
$$

定义 ${}_s\hat{\boldsymbol{S}}_i=\mathrm{diag}\{{}_s\boldsymbol{S}_i,{}_s\boldsymbol{S}_i\}$，在不等式 ${}_s\boldsymbol{\Theta}_{ij}<\boldsymbol{0}$ 和 ${}_s\boldsymbol{\Theta}_i<\boldsymbol{0}$ 的左右互乘 $\mathrm{diag}\{{}_s\boldsymbol{S}_j^{-1},{}_s\boldsymbol{S}_j^{-1}\}$ 和它的转置。设定 $\hat{\boldsymbol{\Xi}}_j={}_s\hat{\boldsymbol{S}}_j^{-1}$，$\hat{\boldsymbol{\Xi}}_i={}_s\hat{\boldsymbol{S}}_i^{-1}$，可得 ${}_s\hat{\boldsymbol{R}}_i=\boldsymbol{G}_i\,{}_s\hat{\boldsymbol{\Xi}}_i^{\mathrm{T}}$ 和 ${}_s\boldsymbol{R}_j=\hat{\boldsymbol{G}}_j\,{}_s\hat{\boldsymbol{\Xi}}_j^{\mathrm{T}}$。得到了可解的线性矩阵不等式(4.39)和式(4.40)。证明完毕。

在四舵轮移动机器人运行模式和子控制器的失配阶段，允许触发多个切换信号。从式(4.42)可知，受到延时 $\tau_s(t)$ 的影响，平均驻留时间时变，并且为确保全局一致稳定性，单次切换的总时间应小于 τ_d。

本节所提的多模式异步切换系统控制过程如图 4.8 所示，与通用切换系统不同，

具有时变时滞的四舵轮移动机器人多模式异步切换系统更为复杂。因此，通过构造一个具有时变时滞的分段 Lyapunov 函数，推导了四舵轮移动机器人异步切换过程的稳定条件。在运行模式与子控制器的失配阶段，切换过程中可能存在多次的不合理切换，由推导过程可知，只需要满足稳定性的综合条件即运行不匹配周期均在 $t \in [t_k, t_s)$ 内，系统仍然能够保持稳定。

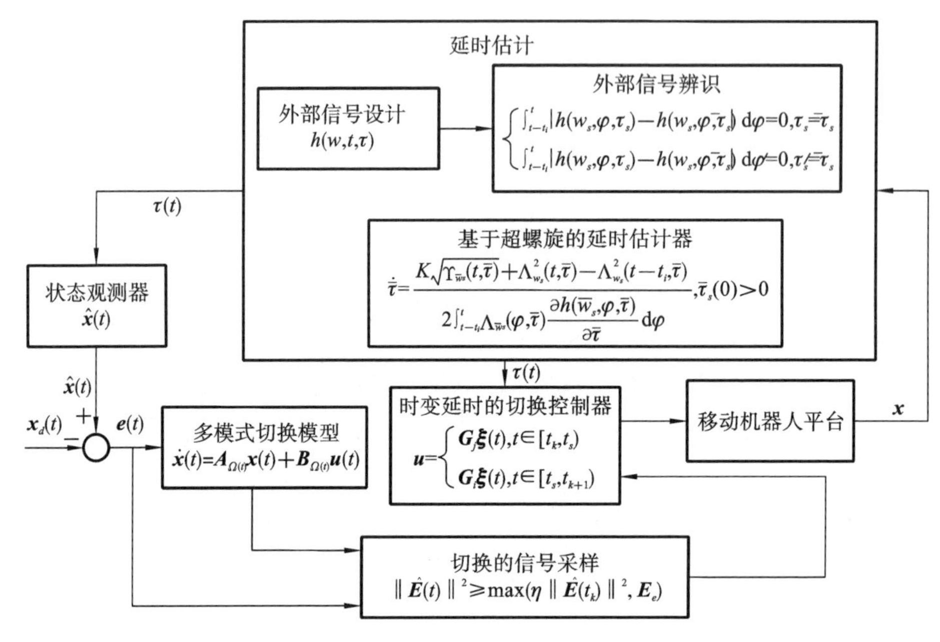

图 4.8　多模式异步切换系统控制过程

4.5 节彩图

(图 4.10 至图 4.17)

4.5　效 果 分 析

4.5.1　时变延时的结果估计

本小节将验证所提的时变延时估计策略的可行性。系统延时测试平台如图 4.9 所示，两台电脑采用 Wi-Fi 进行通信。为了充分验证所提算法的有效性和优越性，本次测试中将所提时变延时估计策略与标准滑模(standard sliding mode，SSM)延时估计器算法进行对比。图 4.10 给出了系统延时估计测试结果。在测试中，采用 $y=0.1x$ 的外部单调信号作为信号源，系统延时的参考时间通过时间戳获取。为保证实验结果的准确性和公平性，两种算法的初始延时估计值均设置为 1 s。从图 4.10(a)可以很容易地看出，所提算法的收敛速度比 SSM(标准滑模)快。图 4.10(b)给出了延时估计误差曲线。表 4.1 给出了全局范围内和 10～30 s 内稳定跟踪的 ISE 和 IAE，并给出了 10～30 s 范围内最大值的详细误差数据。从表 4.1 中可以直观地得出，所提算法具有较小的估计误差，利用该算法估计时变时延，实现了快速收敛和精确跟踪。因此，所提的时变延时估计控制器具有优良的性能。

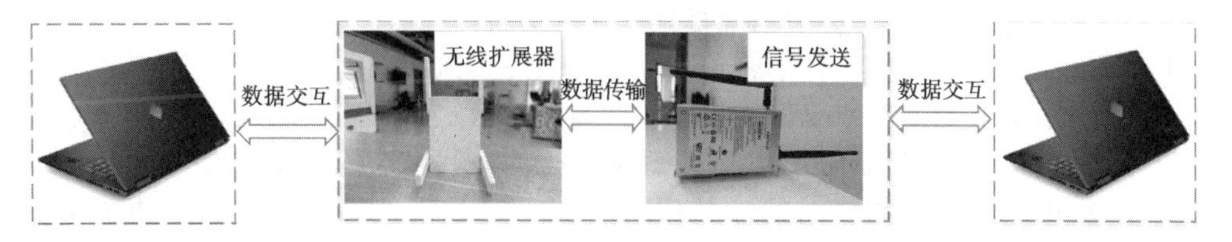

图 4.9 系统延时测试平台

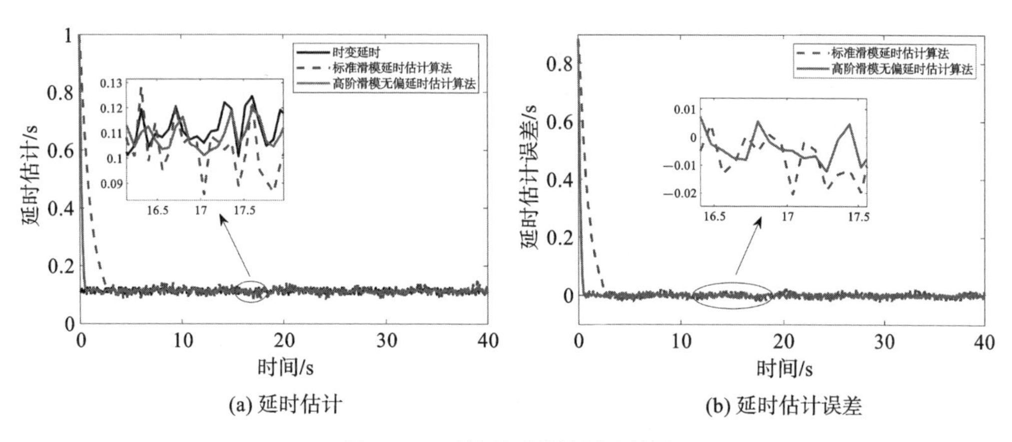

(a) 延时估计 (b) 延时估计误差

图 4.10 系统延时估计测试结果

表 4.1 时延估计的误差比较

状态	方法	全局范围/s		10～30s 范围/s		
		IAE	ISE	最大值	IAE	ISE
延时估计	所提算法	0.0095	0.0029	0.0135	0.005	3.5526×10^{-5}
	SSM	0.0280	0.0104	0.0239	0.0084	1.0457×10^{-4}

4.5.2 多模式异步切换仿真测试

本小节采用图 4.8 所示的控制过程来验证所提控制方法的优越性。选择阿克曼模式(Ack)、双阿克曼模式(D-Ack)和不考虑延时的双阿克曼模式(ND-Ack)与所提的多模式异步切换控制(MMSC)方法进行比较。在对控制性能进行评估时，性能参数的计算权值设定如下：$\boldsymbol{\rho}_1=[2.4\times10^{-3},9.4\times10^{-4}]^{\mathrm{T}}$，$\boldsymbol{\rho}_2=[1.0\times10^{-2},0.23]^{\mathrm{T}}$，$\boldsymbol{\rho}_3=[4.2\times10^{-5},1.9\times10^{-3}]^{\mathrm{T}}$，$\boldsymbol{\rho}_4=[0.96,0.77]^{\mathrm{T}}$。

侧偏角和横摆角速度的跟踪效果如图 4.11 和图 4.12 所示，可以直观看出，所有控制模式都能很好地跟踪参考曲线，实现控制过程的稳定。由图 4.13 可知，切换信号的触发实现了子系统和子控制器的切换。具体地，动态切换准则实现了将操作模式从原始 Ack 模式切换到 D-Ack 模式。从实验结果可知，与单模式运行方案相比，多模式切换控制机制的综合性能更好。得益于自主切换机制，控制系统可根据跟踪误差设计切换准则，实现操作模式的自主调整，使得跟踪误差更小，运行过程更平稳。图 4.14 和图 4.15 展示了侧偏角和横摆角速度的跟踪误差曲线，从图中可知，在切换期间，误差值急剧变化。具体的性能评价指标见表 4.2，其中 O_p、SCF、E_c 分别表示超调量、控制波动均值和综合性能指标。由表 4.2 可知，所提方法的侧偏角和横摆角速度的跟踪性能都有所提高。以横摆角速度为例，所提方法与 Ack、D-Ack 和 ND-Ack 方法相比，综合性能分别提高了 17.05%、81.85%、55.13%。因此，所提方法的综合性能更优。

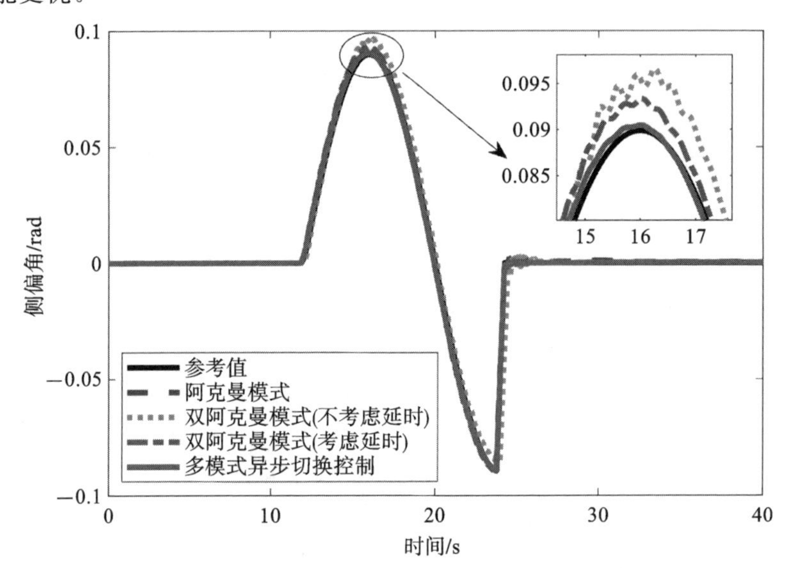

图 4.11 侧偏角跟踪响应

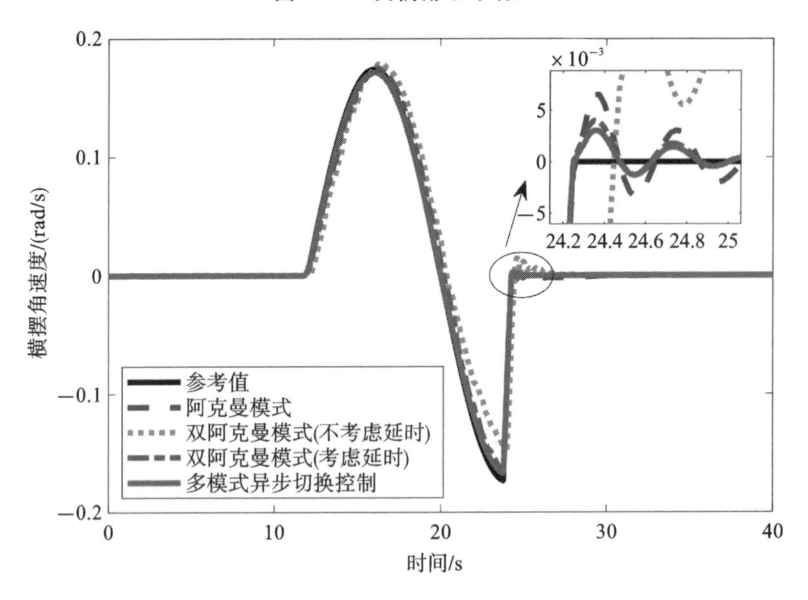

图 4.12 横摆角速度跟踪响应

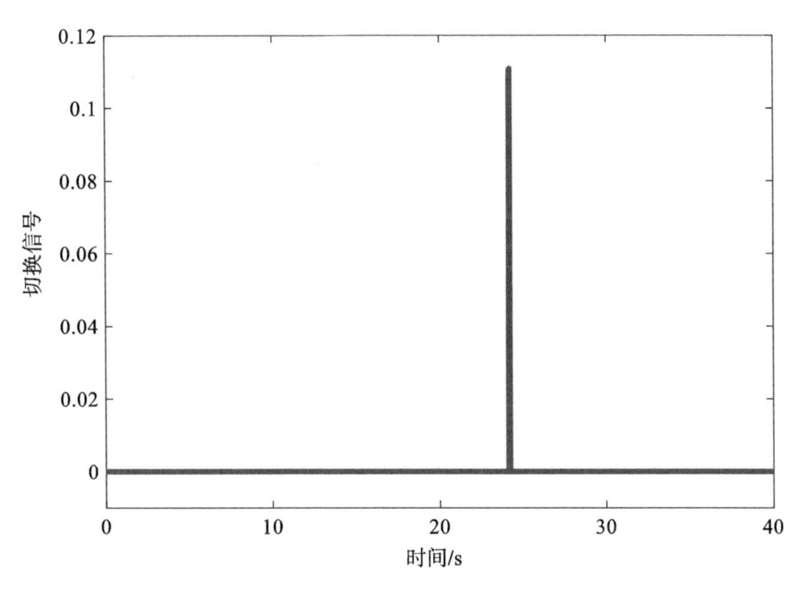

图 4.13　动态切换信号

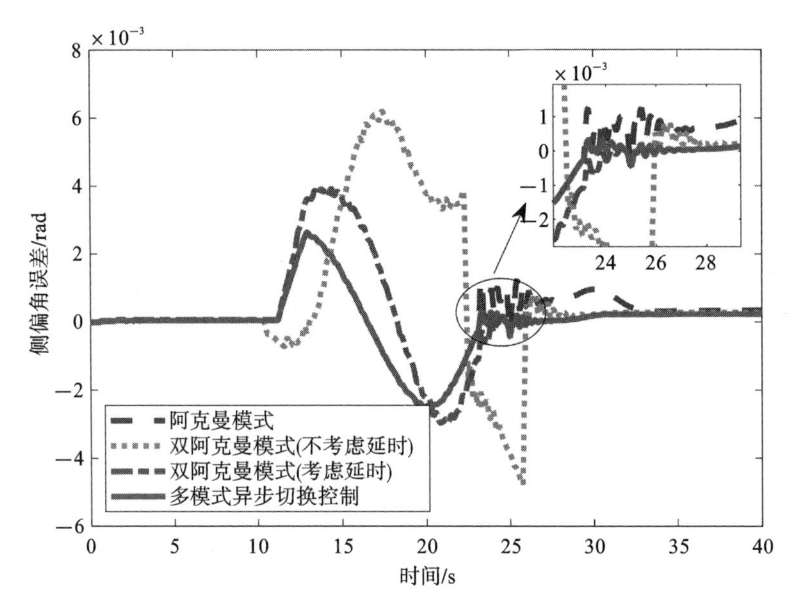

图 4.14　侧偏角跟踪误差

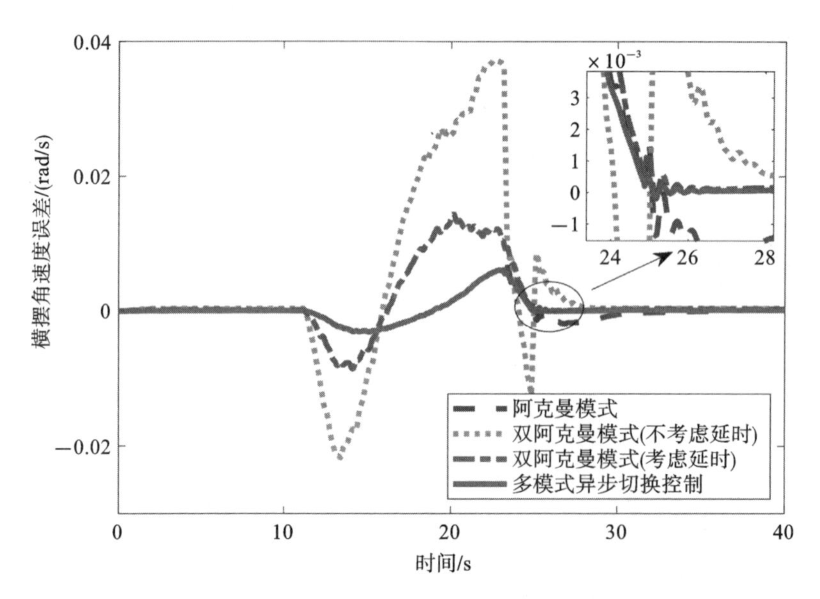

图 4.15 横摆角速度跟踪误差

表 4.2 各控制方法下跟踪误差的性能指标

状态	所用方法	标准($\times 10^{-6}$)				
		IAE	ISE	O_p	SCF	E_c
横摆角速度	Ack	1100	3.21	6700	1.57	4.48812
	ND-Ack	6600	153.45	37300	1.59	20.5088
	D-Ack	2700	24.78	1450	1.53	8.2973
	MMSC	906	2.93	1430	1.48	3.7230
侧偏角	Ack	701	1.03	2600	1.57	7.2051
	ND-Ack	1300	5.24	6200	1.59	15.8302
	D-Ack	787	1.98	3900	1.53	10.0289
	MMSC	546	0.899	2560	1.48	6.8819

控制律的输入参数曲线如图 4.16 和图 4.17 所示。应用所提的切换控制，可以得到所提的控制方法在误差抑制和稳定运行方面具有优势。同时，在保证鲁棒性的前提下，所提出的切换控制策略可以保证更好的跟踪性能。

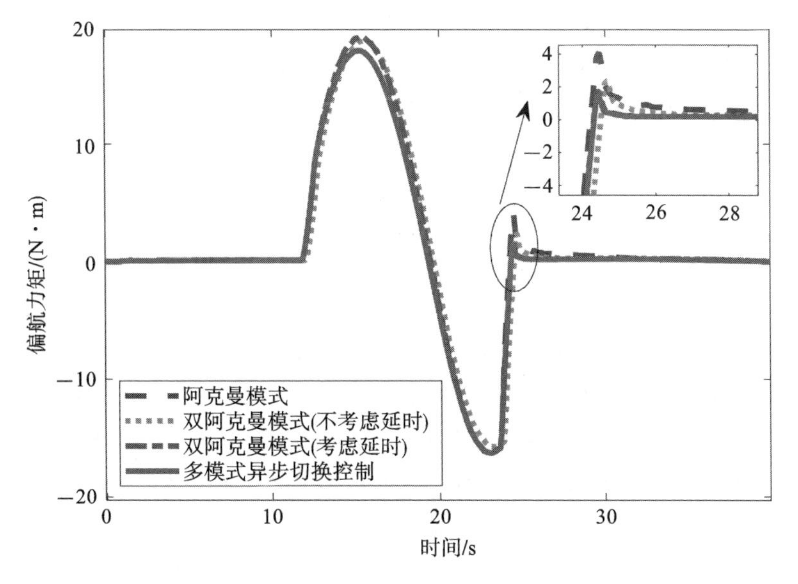

图 4.16 系统偏航力矩输入

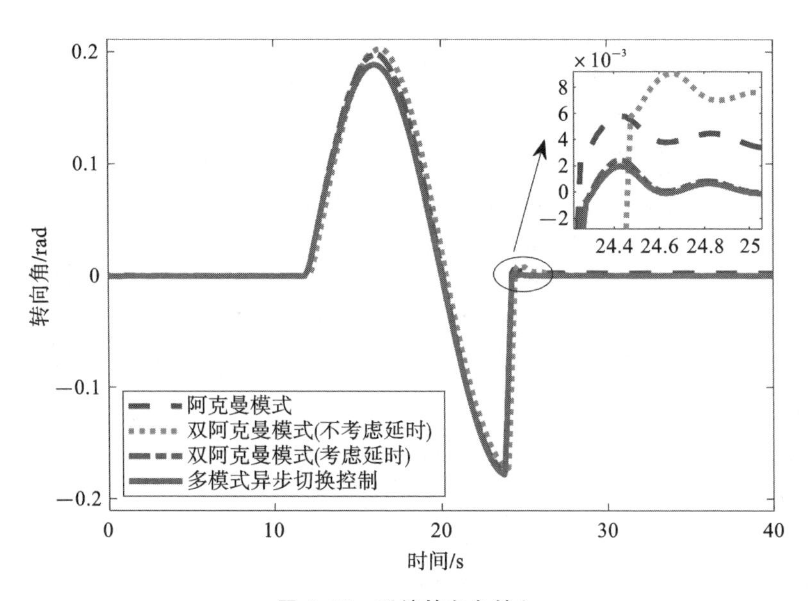

图 4.17 系统转向角输入

参考文献

[1] WANG X, ZHAO J. Autonomous switched control of load shifting robot manipulators[J]. IEEE Transactions on Industrial Electronics, 2017, 64(9): 7161-7170.

[2] HUANG Y Q, SUN C Y, QIAN C S. Linear parameter varying switching attitude tracking control for a near space hypersonic vehicle via multiple Lyapunov functions[J]. Asian Journal of Control, 2015, 17(2): 523-534.

[3] YANG D, ZONG G D, NGUANG S K, et al. Bumpless transfer H_∞ anti-disturbance control of switching Markovian LPV systems under the hybrid switching [J]. IEEE Transactions on Cybernetics, 2020, 52(5): 2833-2845.

[4] HE H F, XIANWEN G, QI W H. Sampled-data control of asynchronously switched non-linear systems via T-S fuzzy model approach[J]. IET Control Theory & Applications, 2017, 11(16): 2817-2823.

[5] SAKTHIVEL R, MOHANAPRIYA S, AHN C K, et al. Output tracking control for fractional-order positive switched systems with input time delay [J]. IEEE Transactions on Circuits and Systems Ⅱ: Express Briefs, 2018, 66 (6): 1013-1017.

[6] DENG Y, LÉCHAPPÉ V, ROUQUET S, et al. Super-twisting algorithm-based time-varying delay estimation with external signal [J]. IEEE Transactions on Industrial Electronics, 2020, 67(12): 10663-10671.

[7] 张志坚,荆龙,赵宇明,等. 高速低开关频率下永磁同步电机的解耦控制 [J]. 中国电机工程学报, 2020, 40(19): 6345-6354.

[8] WANG Y Y, ZHU K W, YAN F, et al. Adaptive super-twisting nonsingular fast terminal sliding mode control for cable-driven manipulators using time-delay estimation[J]. Advances in Engineering Software, 2019, 128: 113-124.

[9] RUBAGOTTI M, RAIMONDO D M, FERRARA A, et al. Robust model predictive control with integral sliding mode in continuous-time sampled-data nonlinear systems[J]. IEEE Transactions on Automatic Control, 2010, 56(3): 556-570.

[10] 刘畅,杨锁昌,汪连栋,等. 基于快速自适应超螺旋算法的制导律 [J]. 北京航空航天大学学报, 2019, 45(7): 1388-1397.

[11] MORENO J A, OSORIO M. Strict Lyapunov functions for the super-twisting algorithm[J]. IEEE Transactions on Automatic Control, 2012, 57(4): 1035-1040.

[12] MAGNI L, SCATTOLINI R. Model predictive control of continuous-time nonlinear systems with piecewise constant control[J]. IEEE Transactions on Automatic Control, 2004, 49(6): 900-906.

5　分数阶自主避障跟踪控制

5.1　问 题 描 述

针对非结构化高动态环境的无碰撞跟踪需求，本章研究了兼顾自主绕障的分数阶滑模控制方法，提高了系统控制的灵活性和实时绕障能力。不同于传统的控制方案，本章提出用分数阶耦合滑模面来处理全向移动机器人的运动学级联状态，从而进一步增强系统的轨迹跟踪性能。为了在高动态环境中实现平滑避碰，设计了改进的时间最优引力势场法，在提高避碰效率的同时减小斥力场碰撞距离，从而实现可靠、安全的运行。此外，利用模糊规则，对分数阶滑模控制增益进行了自适应调整，以减轻系统颤振。然后，从理论上证明了闭环系统的渐近稳定性和跟踪状态的有限时间收敛性。最后，利用自主研发的移动机器人平台进行了对比实验测试，结果证明了所提方法能够显著减小跟踪误差，并且对高动态环境具有可靠、平滑的避障能力。所提的方法可同时适用于整数阶系统以及具有分数阶特性的受控对象。

5.2　分数阶耦合滑模控制器设计

5.2.1　分数阶微积分理论

分数阶微积分是对传统整数阶微积分理论的延伸。以整数阶微积分的定义为基础，分数阶微积分综合考虑了相关信号记忆时段内全部历史信息的影响。对于分数阶微积分的阶次，可将其定义为包括实数和复数在内的任意阶，其基本操作算子 ${}_aD_t^\lambda$ 可由下式表示：

$$
{}_aD_t^\lambda = \begin{cases} \dfrac{\mathrm{d}^\lambda}{\mathrm{d}t^\lambda}, & \mathrm{Re}(\lambda) > 0 \\ 1, & \mathrm{Re}(\lambda) = 0 \\ \displaystyle\int_a^t (\mathrm{d}t)^{-\lambda}, & \mathrm{Re}(\lambda) < 0 \end{cases} \tag{5.1}
$$

式中：$\mathrm{Re}(\lambda)$ 表示 λ 的实部；$a,t \in \mathbb{R}$，为上下限。当 λ 为实数且 $\lambda>0$ 时，${}_aD_t^\lambda$ 表示微

分算子，而当 $\lambda<0$ 时，${}_aD_t^\lambda$ 则表示积分算子。

由式(5.1)可知，${}_aD_t^\lambda$ 算子统一了任意阶次的积分和微分。随着学者们对分数阶微积分的不断研究，多种不同的分数阶微积分的定义产生了。目前，广泛应用的分数阶微积分定义主要有 Grünwald-Letnikov、Riemann-Liouville 和 Caputo 三种。使用分数阶微积分可刻画自然科学以及工程应用领域的物理现象，其定义的合理性与科学性已在实践中得以检验。在一定假设条件下，上述分数阶微积分的定义可相互转化。上述三种分数阶微积分定义可通过 Gamma 函数、Beta 函数和 Mittag-Leffler 函数等进行描述。下面将对这三个基本函数和三种分数阶微积分定义进行简要介绍。

定义 5.1 Gamma 函数表示为

$$\Gamma(\lambda)=\int_0^\infty \mathrm{e}^{-t}t^{\lambda-1}\mathrm{d}t,\quad \mathrm{Re}(\lambda)>0 \tag{5.2}$$

Gamma 函数是阶乘函数 $\lambda!$ 的推广，在整个复平面的右半平面上收敛。参数 λ 可取非整数以及复数，并且满足递推性质 $\Gamma(\lambda+1)=\lambda\Gamma(\lambda)$。

定义 5.2 Beta 函数的定义为

$$B(\lambda,w)=\int_0^1 t^{\lambda-1}(1-t)^{w-1}\mathrm{d}t,\quad \mathrm{Re}(\lambda)>0,\mathrm{Re}(w)>0 \tag{5.3}$$

Beta 函数也称为欧拉第一积分，其与 Gamma 函数的关系为 $B(\lambda,w)=\Gamma(\lambda)\Gamma(w)/\Gamma(\lambda+w)$。

定义 5.3 Mittag-Leffler 函数是对指数函数的进一步推广，其具有单参数和双参数两种形式，具体如下：

$$\begin{aligned}E_\alpha(\lambda)&=\sum_{k=0}^{\infty}\frac{\lambda^k}{\Gamma(\alpha k+1)},\quad \alpha>0\\ E_{\alpha,\beta}(\lambda)&=\sum_{k=0}^{\infty}\frac{\lambda^k}{\Gamma(\alpha k+\beta)},\quad \alpha>0,\beta>0\end{aligned} \tag{5.4}$$

特别地，$E_{1,1}(\lambda)=\mathrm{e}^{(\lambda)}$，$E_{\alpha,1}(\lambda)=E_\alpha(\lambda)$，e 为自然常数。

定义 5.4 Riemann-Liouville 分数阶积分，简称 RL 积分，表达式为

$${}_aD_t^{-\lambda}f(t)=\frac{1}{\Gamma(\lambda)}\int_a^t(t-\tau)^{\lambda-1}f(\tau)\mathrm{d}\tau \tag{5.5}$$

其中，$0<a<1$ 且 a 为初始值。

Riemann-Liouville 分数阶微分的定义为

$${}_aD_t^{-\lambda}f(t)=\frac{1}{\Gamma(m-\lambda)}\left(\frac{\mathrm{d}}{\mathrm{d}t}\right)^m\int_a^t\frac{f(\tau)}{(t-\tau)^{\lambda+1-m}}\mathrm{d}\tau,\quad m-1\leqslant\lambda\leqslant m \tag{5.6}$$

其中，$m\in\mathbb{N}$。

定义 5.5 Caputo 分数阶微分，简称 Caputo 微分，该微分正好与 RL 积分定义相反，表达式为

$${}_a^CD_t^\lambda f(t)=\frac{1}{\Gamma(m-\lambda)}\int_a^t\frac{f^{(m)}(\tau)}{(t-\tau)^{\lambda-m+1}}\mathrm{d}\tau \tag{5.7}$$

定义 5.6 Grünwald-Letnikov 分数阶微分，简称 GL 微分，其定义为

$$
{}_{a}D_{t}^{\lambda}f(t)=\lim_{h\to 0}h^{-\lambda}\sum_{k=0}^{\left[\frac{t-a}{h}\right]}(-1)^{k}\frac{\Gamma(1+\lambda)}{\Gamma(1+k)\Gamma(1+\lambda-k)}f(t-kh) \tag{5.8}
$$

其中，[·]为向下取整函数，其相应的积分定义为

$$
{}_{a}D_{t}^{-\lambda}f(t)=\lim_{h\to 0}h^{\lambda}\sum_{k=0}^{\left[\frac{t-a}{h}\right]}\frac{\Gamma(\lambda+k)}{k!\Gamma(\lambda)}f(t-kh) \tag{5.9}
$$

关于 RL 分数阶微积分定义，其先进行分数阶积分，再进行整数阶微分，因此又可称为“左手定则”；相对地，Caputo 分数阶微积分先进行整数阶微分，再进行分数阶积分，因此称为“右手定则”。在零初始值情况下，RL 与 Caputo 微积分定义是等价的。对于 GL 与 RL 微积分定义而言，若 $f(t)$ 在$[a,T]$上有 $n-1$ 次连续导数，同时 $f^{(n)}(t)$ 在该区间内可积，则两者的定义是等价的。其中，GL 微积分定义可看作分数阶微积分的数值化表达式，可用于工程实现与实际应用，而另外两个定义则多用于分数阶微积分的理论分析。

在进行系统仿真以及工程实际应用时，需要采用数值化方法，对分数阶控制器进行离散化和数值计算。对于分数阶 PID 控制器而言，其具有的记忆功能使得过去固定周期内的误差信息都被包含在解析表达式中。因此，对分数阶控制器的数值化求解要远比对整数阶控制器的复杂且计算量大。在目前的研究中，主要有时域数值近似方法、Z 域数值近似方法等用于分数阶微积分的离散化，从而实现分数阶 PID 控制器的数值化实际应用。时域数值近似方法将 GL 分数阶微积分定义中的极限符号去除，根据系统的实际运算性能，选取有限的记忆长度，便可以得到分数阶微积分有限点表示的时域近似表达式，如下式：

$$
\begin{aligned}
{}_{a}D_{t}^{-\lambda}f(t)&\approx h^{-\lambda}\sum_{k=0}^{\left[\frac{t-a}{h}\right]}\delta_{k}^{\lambda}f(t-kh)\\
\delta_{k}^{\lambda}&=(-1)^{k}\frac{\Gamma(1+\lambda)}{\Gamma(1+k)\Gamma(1+\lambda-k)}
\end{aligned} \tag{5.10}
$$

进而，可通过下式递推得到分数阶微分项与积分项的系数：

$$
\delta_{0}^{\lambda}=1;\quad \delta_{k}^{\lambda}=\left(1-\frac{1+\lambda}{k}\right)\delta_{k-1}^{\lambda},\quad k=1,2,3,\cdots \tag{5.11}
$$

$$
\delta_{0}^{\lambda}=1;\quad \delta_{k}^{\lambda}=\frac{k+\lambda-1}{k}\delta_{k-1}^{\lambda},\quad k=1,2,3,\cdots \tag{5.12}
$$

Z 域数值近似方法需要将分数阶算子 s^{λ} 进行连续域内的整数阶近似，进而对得到的整数阶函数进行离散化。常用的方法为 Crone 近似法，其通过将频域段 $[\omega_{l},\omega_{h}]$ 内的分数阶算子 s^{λ} 近似为 n 个极点和零点的整数阶表达式：

$$
C(s)=s^{\lambda}\approx k'\prod_{m=1}^{n}\frac{1+\dfrac{s}{\omega_{z,m}}}{1+\dfrac{s}{\omega_{p,m}}},\quad \lambda>0 \tag{5.13}
$$

其中

$$
\begin{aligned}
&\omega_{z,1}=\omega_l\sqrt{\tau}\\
&\omega_{p,m}=\omega_{z,m}\upsilon,\quad m=1,2,\cdots,n\\
&\omega_{z,m+1}=\omega_{p,m}\tau,\quad m=1,2,\cdots,n-1\\
&\tau=(\omega_h/\omega_l)^{\frac{1-\lambda}{n}},\quad \upsilon=(\omega_h/\omega_l)^{\frac{\lambda}{n}},\quad k'=\omega_h^{\lambda}
\end{aligned}
\tag{5.14}
$$

根据式(5.13),可用一阶向后积分算子 $(1-z^{-1})/T$(T 为系统采样周期)或者 Tustin 算子 $s=(2/T)(1-z^{-1})/(1+z^{-1})$ 对其进行离散化数值求解。当使用 Tustin 算子计算时,式(5.13)的离散化表达式为

$$
\begin{aligned}
C\left(\frac{2}{T}\cdot\frac{1-z^{-1}}{1+z^{-1}}\right)&=k'\prod_{m=1}^{n}\frac{1+\dfrac{2}{\omega_{z,m}}\dfrac{1-z^{-1}}{1+z^{-1}}}{1+\dfrac{s}{\omega_{p,m}T}\dfrac{1-z^{-1}}{1+z^{-1}}}\\
&=k'\prod_{m=1}^{n}\frac{z^{-1}\left(1-\dfrac{2}{\omega_{z,m}T}\right)+\left(1+\dfrac{2}{\omega_{z,m}T}\right)}{z^{-1}\left(1-\dfrac{2}{\omega_{p,m}T}\right)+\left(1+\dfrac{2}{\omega_{p,m}T}\right)}\\
&=\frac{a_1z^{n-1}+a_2z^{n-2}+\cdots+a_n}{b_1z^{n-1}+b_2z^{n-2}+\cdots+b_n}
\end{aligned}
\tag{5.15}
$$

其中,a_i 和 $b_i(i=1,2,\cdots,n)$ 等系数可通过 MATLAB 工具箱 Crone()来获取。

分数阶算子的离散化方法,还有频域辨识法、Maclaurin 展开法等。这些方法为分数阶微积分的数值离散化提供了方便实用的渠道。同时,可使用"短记忆法",用固定时间间隔上的最近数值来代替变化时间间隔的微积分项,从而进一步减少运算量,提高运算速度。对分数阶控制器进行数值化求解,就可得到其离散化表达式 $C(z,\theta)$。

性质 5.1 对于连续函数 $x(t)$,以下等式对于所有 $\alpha>0,\beta>0,\beta\in(m-1,m)$,$n\in\mathbb{N}^*$ 都成立。

整数阶导数算子:

$$
\frac{\mathrm{d}^n}{\mathrm{d}t^n}\,{}_{t_0}^{\mathrm{RL}}D_t^{\alpha}x(t)={}_{t_0}^{\mathrm{RL}}D_t^{n+\alpha}x(t) \tag{5.16}
$$

积分运算算子:

$$
{}_{t_0}^{\mathrm{RL}}D_t^{\alpha-\beta}x(t)={}_{t_0}^{\mathrm{RL}}D_t^{\alpha}\,{}_{t_0}^{\mathrm{RL}}D_t^{-\beta}x(t) \tag{5.17}
$$

$$
{}_{t_0}^{\mathrm{RL}}D_t^{-\alpha}\,{}_{t_0}^{\mathrm{RL}}D_t^{\beta}x(t)={}_{t_0}^{\mathrm{RL}}D_t^{\beta-\alpha}x(t)-\sum_{j=1}^{m}\left({}_{t_0}^{\mathrm{RL}}D_t^{\beta-j}x(t)\right)_{t=t_0}\frac{(t-t_0)^{\alpha-j}}{\Gamma(1+\alpha-j)} \tag{5.18}
$$

特别地,有 ${}_{t_0}^{\mathrm{RL}}D_t^{0}x(t)={}_{t_0}^{\mathrm{RL}}D_t^{\alpha}\,{}_{t_0}^{\mathrm{RL}}D_t^{-\alpha}x(t)=x(t)$。此外,Riemann-Liouville 积分算子 ${}_{t_0}^{\mathrm{RL}}D_t^{-\alpha}(\alpha\in\mathbb{R}^+)$ 满足 ${}_{t_0}^{\mathrm{RL}}D_t^{-\alpha}\,{}_{t_0}^{\mathrm{RL}}D_t^{-\beta}x(t)={}_{t_0}^{\mathrm{RL}}D_t^{-\beta-\alpha}x(t)(\beta>0)$,而算子 ${}_{t_0}^{\mathrm{RL}}D_t^{\alpha}$ 不具有该特性,即 ${}_{t_0}^{\mathrm{RL}}D_t^{\alpha}\,{}_{t_0}^{\mathrm{RL}}D_t^{\beta}x(t)\neq{}_{t_0}^{\mathrm{RL}}D_t^{\beta+\alpha}x(t)$。但是,如果满足 $\alpha,\beta\in(0,1)$ 且 $\alpha+\beta\in(0,1]$,则有 ${}_{t_0}^{\mathrm{RL}}D_t^{\alpha}\,{}_{t_0}^{\mathrm{RL}}D_t^{\beta}x(t)={}_{t_0}^{\mathrm{RL}}D_t^{\beta+\alpha}x(t)$。

性质 5.2 类似于整数阶演算,分数阶积分和微分是线性运算,即有

$$ {}_{t_0}^{RL}D_t^{\alpha}(\lambda x(t)+\mu y(t))=\lambda\,{}_{t_0}^{RL}D_t^{\alpha}x(t)+\mu\,{}_{t_0}^{RL}D_t^{\alpha}y(t) \tag{5.19} $$

式中：λ 和 μ 是任意标量，$x(t)$ 和 $y(t)$ 为连续函数。

在后续的表述中，为了使运算推导更为简捷，将 ${}_{t_0}^{RL}D_t^{\alpha}$ 缩写为 D^{α}。此外，阶次的分数积分由 $D^{-\alpha}(\alpha>0)$ 表示。

引理 5.1 如果存在至少一个 $t_1\in(0,t)$ 满足 $x(t_1)\neq 0$，其中 $x(t)$ 表示积分函数，则得出结论 $D^{-\alpha}|x(t)|\geqslant L$，其中，$L\in\mathbb{R}^+$ 表示正常数。

引理 5.2 如果 $y(t)$ 是一个连续可微函数，并且 $0<\alpha<1$，则可以得到如下不等式：

$$ D^{\alpha}\ |\ y(t)\ |\leqslant \mathrm{sign}(g(t))D^{\alpha}y(t) \tag{5.20} $$

其中，$\mathrm{sign}(\cdot)$ 表示符号函数。

引理 5.3 假设 $x(t)=0$ 是初始条件 $x(t_0)$ 和 $\alpha\in(0,1)$ 的 Caputo 或 Riemann-Liouville 分数阶系统 $D^{\alpha}x(t)=f(x,t)$ 的平衡点，$f:[t_0,\infty]\times\boldsymbol{\Omega}\rightarrow\mathbb{R}^n$ 为时间 t 上的分段函数，并且在 $[t_0,\infty]\times\boldsymbol{\Omega}$ 区间，x 满足局部 Lipschitz 稳定性，$\boldsymbol{\Omega}\in\mathbb{R}^n$ 并包含原点 $x(t)=0$。令 $V(x(t)):[0,\infty)\times\boldsymbol{\Omega}\rightarrow\mathbb{R}$ 连续可微且 $x(t)$ 为局部 Lipschitz 稳定，使得

$$ \upsilon_1\ \|x(t)\|^{a}\leqslant V(x(t))\leqslant \upsilon_2\ \|x(t)\|^{ab} \tag{5.21} $$

$$ D^{\beta}V(x(t))\leqslant -\upsilon_3\ \|x(t)\|^{ab} \tag{5.22} $$

其中，$t\geqslant 0$，$0<\beta<1$，υ_1，υ_2，υ_3，a 和 b 是任意正常数，$x(t)=0$ 满足 Mittag-Leffler 稳定。如果上述假设在全局 $\mathbb{R}^n$ 内成立，那么 $x(t)=0$ 满足全局 Mittag-Leffler 稳定。

引理 5.4 假设引理 5.3 成立，$|x(t)|$ 的上边界由下式限定：

$$ |x(t)|\leqslant\left[\frac{V(0)}{\upsilon_1}E_{\beta}\left(-\frac{\upsilon_3}{\upsilon_2}t^{\beta}\right)\right]^{\frac{1}{a}} \tag{5.23} $$

5.2.2 分数阶耦合滑模控制律设计

如图 5.1 所示，可以使用两个虚拟车轮（前轮和后轮，位于机器人中心线上）来简化全向移动机器人的运动学模型。设定全向移动机器人的位置坐标和方向角分别用 (x,y) 和 θ 表示，则采用前、后虚拟轮描述的运动学状态为

$$ \dot{\boldsymbol{x}}=\begin{bmatrix}\dot{x}\\ \dot{y}\\ \dot{\theta}\end{bmatrix}=\begin{bmatrix}\cos\theta & 0\\ \sin\theta & 0\\ 0 & 1\end{bmatrix}\begin{bmatrix} v\\ \dfrac{v[\tan(\delta_{\mathrm{f}}+\delta_{\mathrm{fs}})-\tan(\delta_{\mathrm{r}}+\delta_{\mathrm{rs}})]}{L}\end{bmatrix} \tag{5.24} $$

其中：$\boldsymbol{x}=(x,y,\theta)^{\mathrm{T}}$，表示状态量；$v$ 表示纵向速度；全向移动机器人车身长度 $L=L_{\mathrm{f}}+L_{\mathrm{r}}$，$L_{\mathrm{f}}$ 和 L_{r} 分别是全向移动机器人虚拟中心到虚拟前轮和后轮的距离；δ_{f}，δ_{fs}，δ_{r} 和 δ_{rs} 分别是虚拟前轮和虚拟后轮的转向角与侧偏角。

因此，运动学控制向量 $\boldsymbol{u}$ 可表示为

$$ \boldsymbol{u}=[v,\omega]^{\mathrm{T}} \tag{5.25} $$

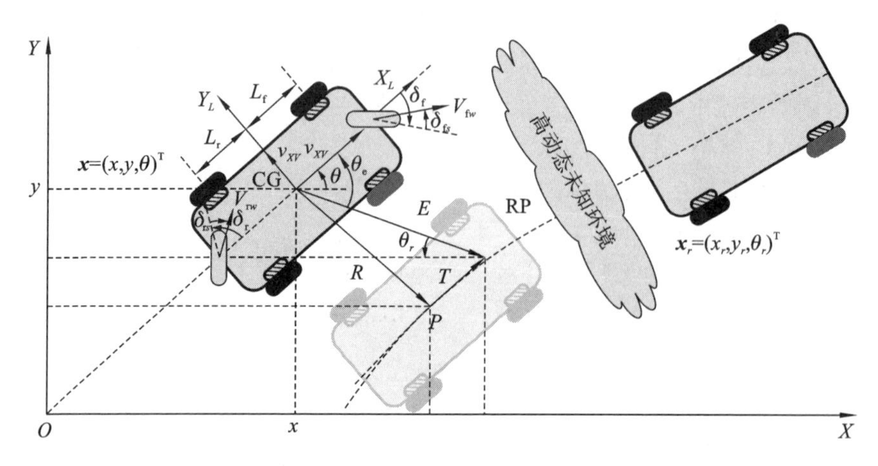

图 5.1　高动态环境下全向移动机器人运行示意图

$$\omega = \frac{v[\tan(\delta_f + \delta_{fs}) - \tan(\delta_r + \delta_{rs})]}{L_f + L_r} \tag{5.26}$$

若参考状态量和参考输入量分别表示为 $\boldsymbol{x}_r = (x_r, y_r, \theta_r)^T$ 和 $\boldsymbol{u}_r = (v_r, \omega_r)^T$，则可推导 $\boldsymbol{x}_r$ 的导数以及其状态误差量 $\boldsymbol{x}_e$ 为

$$\boldsymbol{x}_r = \begin{bmatrix} \dot{x}_r \\ \dot{y}_r \\ \dot{\theta}_r \end{bmatrix} = \begin{bmatrix} v_r\cos\theta_r \\ v_r\sin\theta_r \\ \omega_r \end{bmatrix} = \begin{bmatrix} \cos\theta_r & 0 \\ \sin\theta_r & 0 \\ 0 & 1 \end{bmatrix} \boldsymbol{u}_r \tag{5.27}$$

$$\boldsymbol{x}_e = \begin{bmatrix} x_e \\ y_e \\ \theta_e \end{bmatrix} = \begin{bmatrix} \cos\theta_r & \sin\theta_r & 0 \\ -\sin\theta_r & \cos\theta_r & 0 \\ 0 & 0 & 1 \end{bmatrix} \begin{bmatrix} x - x_r \\ y - y_r \\ \theta - \theta_r \end{bmatrix} \tag{5.28}$$

基于式(5.27)和式(5.28)，构建如下误差状态函数：

$$\begin{cases} \dot{x}_e = \omega_r y_e - v_r + v\cos\theta_e + \delta_1 \\ \dot{y}_e = v\sin\theta_e - \omega_r x_e + \delta_2 \\ \dot{\theta}_e = \omega - \omega_r + \delta_3 \end{cases} \tag{5.29}$$

其中，$\delta_{i=1,2,3}$ 表示由系统参数扰动和外部扰动组成的集成不确定项。

本章的控制目标是找到具有避障能力的轨迹跟踪控制器来生成控制输入信号，以保证在动态环境中执行时，由式(5.29)描述的移动机器人系统能够无障碍跟踪期望的运行轨迹。为此，应推导得到由 v,δ_f 和 δ_r 构成的最优控制律[如式(5.25)和式(5.26)]，从而可保证运动状态误差快速、稳定地收敛于平衡点。

考虑到未建模动态、建模误差以及外部扰动等，系统运动学建模是实际运动状态的近似值。将未建模动态、建模误差以及外部扰动合并成集成不确定项，则可通过如下的假设对该集成不确定项上界进行限定。

假设 5.1　$\delta_{i=1,2,3}$ 有上界，即 $|\delta_i| < \delta_i^d$，其中，$\delta_i^d \in \mathbb{R}^+$ 表示正常数。

与传统的非耦合整数阶滑模控制方法不同，所设计的分数阶耦合滑模面 $\boldsymbol{s} =$

$[s_1, \quad s_2]^{\mathrm{T}} \in \mathbb{R}^2$ 如下：

$$s_1(t) = D^{1-\alpha_1} x_e(t) + \sigma_1 x_e(t) \tag{5.30}$$

$$s_2(t) = D^{1-\alpha_2} y_e(t) + \sigma_2 y_e(t) + \sigma_3 \mathrm{sign}(y_e(t)) \left| \theta_e(t) \right| \tag{5.31}$$

其中，$\sigma_{i=1,2,3} \in \mathbb{R}^+$ 是预先定义的正数，$\alpha_1 \in (0,2)$ 以及 $\alpha_2 \in (0,1)$ 是预先设定的分数阶阶次。

假设到达控制律由 $-\xi_1 s_1 - \xi'_1 \mathrm{sign}(s_1)$ 和 $-\xi_2 s_2 - \xi'_2 \mathrm{sign}(s_2)$ 确定，那么分数阶耦合滑模控制律可设置为

$$v_c = \frac{-\xi_1 s_1 - \xi'_1 \mathrm{sign}(s_1) - D^{2-\alpha_1} x_e + \sigma_1 v_r - \sigma_1 y_e \omega_r}{\sigma_1 \cos\theta_e} \tag{5.32}$$

$$\delta_{\mathrm{f}} = -\delta_{\mathrm{r}} = \arctan\left[\frac{0.5\omega_c (L_{\mathrm{f}} + L_{\mathrm{r}})}{v_c}\right] \tag{5.33}$$

$$\omega_c = \omega_r - \frac{\xi_2 s_2 + \xi'_2 \mathrm{sign}(s_2) + \sigma_2 (v_c \sin\theta_e - \omega_r x_e) + D^{2-\alpha_2} y_e}{\sigma_3 \mathrm{sign}(y_e) \mathrm{sign}(\theta_e)} \tag{5.34}$$

其中，ξ_1, ξ'_1, ξ_2 和 ξ'_2 为正数且满足如下条件：

$$\xi_{i=1,2} > 0, \quad \xi'_1 > \sigma_1 \delta_1^d, \quad \xi'_2 > \sigma_2 \delta_2^d + \sigma_3 \delta_3^d \tag{5.35}$$

大多数现有的移动机器人跟踪控制解决方案都是首先建立一个可控的线性化状态模型，以减轻实时在线建模计算负担。然而，模型线性化只是真实动态的有偏近似，不可避免地存在建模误差等。在本小节中，误差状态模型式(5.29)考虑了系统的集成不确定项，从而可提高运行系统的鲁棒性，对复杂的运行工况具有更强的适应性。

5.2.3　分数阶耦合滑模控制参数整定

由于控制律中涉及不连续项符号函数 sign(·)，这将导致不可避免的颤振，这是传统滑模控制的主要缺点。同时，控制增益 $\xi'_{i=1,2}$ 将会严重影响颤振强度。目前主要采用边界层方法来消除抖动，从而抑制传统滑模控制中的颤振问题。然而，这类方法难以平衡跟踪状态的收敛性和颤振消除能力，从而难以保证被控对象的最佳鲁棒性。由式(5.35)可知，控制增益的设置仅取决于系统未知扰动的界限。在考虑上限不确定性的同时，可以使用自适应规则来对控制增益进行自适应调节，从而在保证系统高精度轨迹跟踪的同时对滑模带来的颤振进行抑制。为此，本小节通过探索模糊推理机制来更新趋近律的控制增益。将 $s_i(i=1,2)$ 和 $\dot{s}_i(i=1,2)$ 作为输入变量 ξ'_i $(i=1,2)$ 来构建模糊逻辑系统。输入的模糊特征性可分成{NB,NS,Z,PS,PB}五个层次，其中 NB 代指 Negative Big，NS 代指 Negative Small，Z 代指 Zero，PS 代指 Positive Small，PB 代指 Positive Big。那么，带有模糊规则的“If-Then”模糊逻辑系统可以描述如下：

$$R^{(j)}: \text{If } s_i \text{ 是 } F_{s_i}^j \text{ 并且} \dot{s}_i \text{ 是 } F_{\dot{s}_i}^j, \text{Then } \xi'_i \text{是 } F_{\xi'_i}^j$$

式中：$F_{s_i}^j$ 和 $F_{\dot{s}_i}^j$ 分别表示 s_i 和$\dot{s}_i$ 的模糊集；$F_{\xi'_i}^j$ 表示第 j 个模糊集的输出。

上述模糊规则可利用有关移动机器人控制系统的运行特性和状态来制定。进而可估计聚合模糊逻辑输出集为

$$\text{output}(\xi'_i) = \frac{\sum_{j=1}^{m} h_j \mu_{F_i^j}}{\sum_{j=1}^{m} h_j} \tag{5.36}$$

其中：$\mu_{F_i^j}(s_i)$ 和 $\mu_{F_i^j}(\dot{s}_i)$ 是模糊子集的高斯隶属函数；s 和$\dot{s}$ 是模糊规则的个数。

5.2.4 与现有控制方法比较

(1) 所提出的方法适用于一般化通用系统的控制，例如耦合或解耦系统，普适性更高。与大多数现有的滑模控制方法相比，式(5.29)确定的不确定系统包含非线性互连状态，并且输入和输出信号存在耦合，维度不一致。所提方法不需要“理想建模”假设，并且传统滑模控制针对扰动采用的是被动抑制机理，系统的鲁棒性受到限制。而所提方法采用主动抑制策略，对建模误差、外部扰动以及未建模动态组成的集成不确定项进行主动抑制，能够大幅提高闭环系统的轨迹跟踪性能。虽然分数阶滑模控制的应用实施需要系统不确定性的上限，但由于全向移动机器人的主要扰动是由时变惯性和有效载荷引起的，因此可以很容易获得必要的信息。

(2) 与传统的分数阶控制方法相比，所提的分数阶滑模控制方法应用更广，能够同时适用于整数阶和分数阶控制系统。设置 $\alpha_1 = \alpha_2 = 0$，所提的分数阶控制方法就变为整数形式，因此其可提供更高的控制灵活性，并在滑动模态和趋近律到达阶段具有更好的控制精度。此外，分数阶耦合滑模面下的跟踪误差信号(即 $x_e(t)$ 和 $y_e(t)$)以指数的函数形式衰减至原点，而传统的整数阶控制方法以函数 $e^{\varepsilon t}(\varepsilon < 0) \in \mathbb{R}$ 的形式收敛到零。因此，所提的分数阶耦合滑模控制的颤振层小于传统的整数阶控制策略，从而可缓解滑模控制中的颤振问题。

5.3 基于斥力场避障跟踪控制器设计

5.3.1 基于斥力场的避障轨迹生成

设计如下的评价函数：

$$\begin{cases} V = V_{0b} + V_{sg} \\ V_{sg} = \zeta[(x - x_g)^2 + (y - y_g)^2]/2 \\ V_{0b} = \{\min(0, (d_{r0}^2 - L^2)(d_{r0}^2 - l^2)^{-1})\}^2 \\ d_{r0} = \sqrt{(x - x_0)^2 + (y - y_0)^2} \end{cases} \tag{5.37}$$

式中：$L \in \mathbb{R}^+$ 和 $l \in \mathbb{R}^+$ 分别是检测区域和避障区域的半径，并且满足 $L > l$；$\zeta \in \mathbb{R}^+$ 是一个加权系数；(x_g, y_g) 和(x_0, y_0) 分别表示避障后的最佳子目标位置和检测

到的障碍物位置。

如式(5.37)所示，在全向移动机器人避障检测区域外，斥力场势函数保持为零，如果避障区域的边界靠近动态障碍物，斥力场势函数趋于无穷大，则需要进行绕障操作。为了保证正常轨迹跟踪阶段与绕障阶段的平滑切换，设计如下参考轨迹生成方案。

(1) 在检测区域外，即 $d_{r0} \geqslant L$，使用以下方法生成平滑的参考路径：

$$\dot{x}_r = v_r \cos \bar{\theta}_r, \quad \dot{y}_r = v_r \sin \bar{\theta}_r, \quad \dot{\bar{\theta}}_r = \omega_r, \quad \bar{\theta}_r = \theta_r + \bar{\varepsilon}_\theta \tag{5.38}$$

式中，$\bar{\theta}_r$ 表示期望的方向角；$\bar{\varepsilon}_\theta$ 为用于处理奇点的小扰动项。

(2) 在检测区域内，即 $l < d_{r0} < L$，则全向移动机器人使用如下的避障轨迹以保证无碰撞运行：

$$\begin{cases} \dot{x}_r = -\partial V/\partial x \\ \dot{y}_r = -\partial V/\partial y \\ \dot{\theta}_r = \arctan2(-E_y, -E_x) \end{cases} \tag{5.39}$$

其中，$E_x = x - x_r + \partial V/\partial x$，$E_y = y - y_r + \partial V/\partial y$，并且 V 关于 x 和 y 的偏导数由以下公式计算得到：

$$\frac{\partial V}{\partial x} = 4\frac{(L^2 - l^2)(d_{r0}^2 - L^2)}{(d_{r0}^2 - l^2)^3}(x - x_0) + \xi(x - x_g) \tag{5.40}$$

$$\frac{\partial V}{\partial y} = 4\frac{(L^2 - l^2)(d_{r0}^2 - L^2)}{(d_{r0}^2 - l^2)^3}(y - y_0) + \xi(y - y_g) \tag{5.41}$$

从图 5.2 中可以看出，一旦机器人轮廓与障碍物之间的最小距离小于设定距离阈值，全向移动机器人将进行绕障操作，从而保证在高动态环境中的无碰撞安全运行。对此，本小节提出以下流程来实现正常轨迹跟踪和避障控制之间的平滑和无振荡过渡：

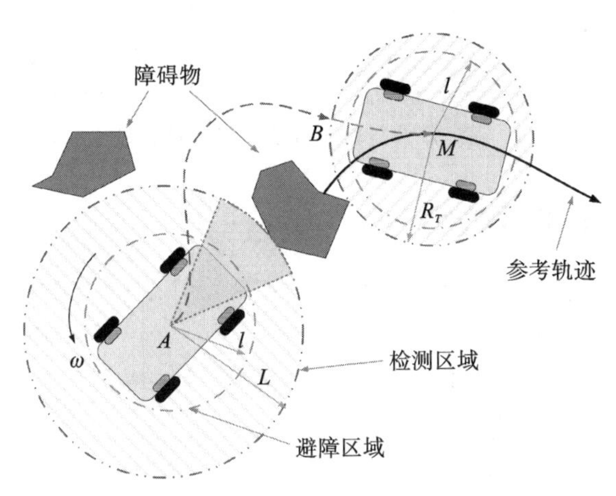

图 5.2 全向移动机器人的检测区域和避障区域

(1) 使用由 $\Delta t=2(l+R)/v$ 评估的有限时间轴 $\Delta t\in\mathbb{R}^+$ 预测新的子目标 M，其中，v 表示机器人当前速度，R 表示检测到的意外障碍物的最大半径；

(2) 在当前跟随的参考轨迹上设定跟踪子目标点 M；

(3) 一旦绕过障碍物并且移动机器人进入半径为 R_T 的过渡区，则返回正常轨迹跟踪，这不会导致相对于当前方向的 90°急转弯，如式(5.40)和式(5.41)所示。

在实际运行过程中，需根据移动机器人的轮廓特征以及环境信息对避障半径 R_T 进行设定，并且当 Δt 足够大时，跟踪子目标点 M 可以超出意外障碍物的位置，从而实现避障操作。图 5.3 展示了本小节所提的兼顾避障的分数阶轨迹跟踪控制方案。为了进一步提高正常轨迹跟踪和避障之间过渡的平滑度，采用 Takagi-Sugeno 类型的模糊规则来制定适当的加权系数 $0\leqslant\tau_1,\tau_2\leqslant 1$。然后，对轨迹跟踪和避障的推断动作进行加权以计算线速度参考值 v_f 和角速度参考值 ω_f：$v_f=\tau_1 v_r+(1-\tau_1)v'_r$，$\omega_f=\tau_2\omega_r+(1-\tau_2)\omega'_r$。其中，$v'_r$和$\omega'_r$分别表示从无碰撞参考轨迹式(5.39)得出的线速度和角速度。图 5.4 展示了分数阶自主避障跟踪的流程。

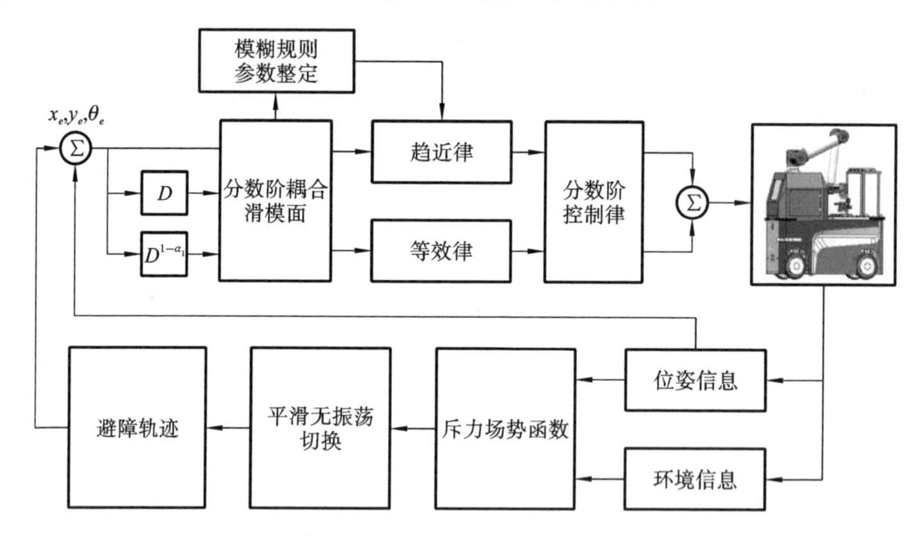

图 5.3 基于耦合分数阶滑模控制的避障跟踪方案

5.3.2 稳定性和收敛性证明

定理 5.1 由式(5.29)建立的移动机器人误差状态模型是渐近稳定的，并且可以在有限时间内获得滑模面。

证明 通过证明所提出的滑模面的到达条件，即可得出在有限时间内到达滑模面的结论。分两个步骤证明该定理。

步骤 1：验证可以满足到达条件。

基于性质 5.1，为了将耦合系统驱动到期望状态 $s_{i=1,2}=0$，取其时间导数 $\dot{s}_{i=1,2}$ 并得

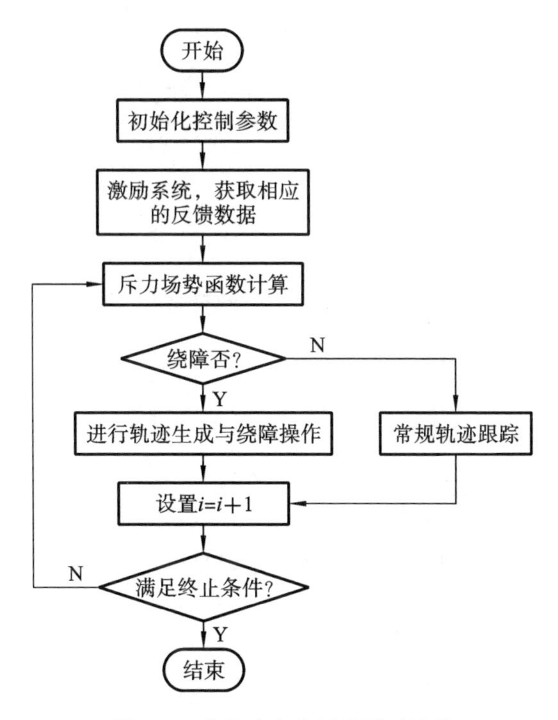

图 5.4　分数阶自主避障跟踪流程

$$\begin{aligned}\dot{s}_1 &= \frac{\mathrm{d}}{\mathrm{d}t}(\sigma_1 x_e(t) + D^{1-\alpha_1} x_e(t)) \\ &= \sigma_1 \dot{x}_e(t) + D^{2-\alpha_1} x_e(t) \\ &= \sigma_1 (\omega_r y_e - v_r + v\cos\theta_e + \delta_1) + D^{2-\alpha_1} x_e(t)\end{aligned} \tag{5.42}$$

$$\begin{aligned}\dot{s}_2 &= \frac{\mathrm{d}}{\mathrm{d}t}(D^{1-\alpha_2} y_e(t)) + \frac{\mathrm{d}}{\mathrm{d}t}(\sigma_2 y_e(t)) + \sigma_3 \left(\frac{\mathrm{d}(\mathrm{sign}(y_e))}{\mathrm{d}t} |\theta_e| + \mathrm{sign}(y_e) \frac{\mathrm{d}|\theta_e|}{\mathrm{d}t}\right) \\ &= D^{2-\alpha_2} y_e + \sigma_2 \dot{y}_e + \sigma_3 |\theta_e| \frac{\mathrm{d}(\mathrm{sign}(y_e))}{\mathrm{d}t} + \sigma_3 \mathrm{sign}(y_e) \frac{\mathrm{d}|\theta_e|}{\mathrm{d}t}\end{aligned} \tag{5.43}$$

结合 $\mathrm{d}(\mathrm{sign}(y_e))/\mathrm{d}t=0$，式(5.43) 可改为

$$\dot{s}_2 = D^{2-\alpha_2} y_e + \sigma_2 (v\sin\theta_e - \omega_r x_e + \delta_2) + \sigma_3 \mathrm{sign}(y_e) \mathrm{sign}(\theta_e)(\omega - \omega_r + \delta_3) \tag{5.44}$$

根据式(5.32)～式(5.34)，利用所提出的控制律 $\omega = \omega_c$ 和 $v = v_c$，可以将式(5.42)和式(5.44)表示如下：

$$\begin{aligned}\dot{s}_1 &= \sigma_1 \left(-\frac{\xi_1 s_1 + \xi'_1 \mathrm{sign}(s_1) + D^{2-\alpha_1} x_e - \sigma_1 v_r + \sigma_1 y_e \omega_r}{\sigma_1 \cos\theta_e} \cos\theta_e + \omega_r y_e - v_r + \delta_1\right) \\ &\quad + D^{2-\alpha_1} x_e \\ &= -\xi_1 s_1 - \xi'_1 \mathrm{sign}(s_1) + \sigma_1 \delta_1\end{aligned} \tag{5.45}$$

$$\begin{aligned}\dot{s}_2 &= D^{2-\alpha_2} y_e + \sigma_2 (v_c \sin\theta_e - \omega_r x_e + \delta_2) + \sigma_3 \mathrm{sign}(y_e)\mathrm{sign}(\theta_e) \\ &\quad \times \left(\omega_r - \frac{\xi_2 s_2 + \xi_2 \mathrm{sign}(s_2) + \sigma_2 (v_c \sin\theta_e - \omega_r x_e) + D^{2-\alpha_2} y_e}{\sigma_3 \mathrm{sign}(y_e)\mathrm{sign}(\theta_e)} - \omega_r + \delta_3\right) \\ &= -\xi_2 s_2 - \xi'_2 \mathrm{sign}(s_2) + \sigma_2 \delta_2 + \sigma_3 \mathrm{sign}(y_e)\mathrm{sign}(\theta_e)\delta_3\end{aligned} \tag{5.46}$$

考虑 Lyapunov 函数候选如下：

$$V = \frac{\boldsymbol{s}^{\mathrm{T}} \boldsymbol{s}}{2} \tag{5.47}$$

结合式(5.45)和式(5.46)，计算式(5.47)的推导结果为

$$\begin{aligned}\dot{V} &= s_1 \times \dot{s}_1 + s_2 \times \dot{s}_2 \\ &= s_1 \times (-\xi_1 s_1 - \xi'_1 \mathrm{sign}(s_1) + \sigma_1 \delta_1) + s_2 \times (-\xi_2 s_2 - \xi'_2 \mathrm{sign}(s_2) \\ &\quad + \sigma_2 \delta_2 + \sigma_3 \mathrm{sign}(y_e)\mathrm{sign}(\theta_e)\delta_3) \\ &= -\xi'_1 |s_1| + \sigma_1 \delta_1 s_1 - \xi_1 s_1^2 - \xi'_2 |s_2| + \sigma_2 \delta_2 s_2 - \xi_2 s_2^2 + s_2 \sigma_3 \mathrm{sign}(y_e \theta_e)\delta_3\end{aligned} \tag{5.48}$$

然后分以下三种情况计算式(5.48)。

情况 1：若 $y_e\theta_e > 0$，可以得到 $\mathrm{sign}(y_e)\mathrm{sign}(\theta_e) = \mathrm{sign}(y_e\theta_e) = 1$ 。那么，由式(5.48)可知：

$$\dot{V} = -\xi'_1 |s_1| + \sigma_1 \delta_1 s_1 - \xi_1 s_1^2 - \xi'_2 |s_2| + (\sigma_2 \delta_2 + \sigma_3 \delta_3) s_2 - \xi_2 s_2^2 \tag{5.49}$$

假设 5.1 成立，可以得出结论：

$$\xi'_1 > \sigma_1 |\delta_1^d| \Rightarrow \xi'_1/\sigma_1 > |\delta_1^d| \tag{5.50}$$

$$\xi'_2 > |\sigma_2 \delta_2^d| + |\sigma_3 \delta_3^d| \geqslant |\sigma_2 \delta_2^d + \sigma_3 \delta_3^d| \Rightarrow \xi'_2 > \sigma_2 |\delta_2^d| + \sigma_3 |\delta_3^d| \tag{5.51}$$

因此，由式(5.49)～式(5.51)，可得出

$$\dot{V} \leqslant -(\xi'_1 - \sigma_1 \delta_1^d) |s_1| - (\xi'_2 - \sigma_2 \delta_2^d - \sigma_3 \delta_3^d) |s_2| \tag{5.52}$$

情况 2：若 $y_e\theta_e < 0$ ，有 $\mathrm{sign}(y_e\theta_e) = -1$ ，可以将式(5.48)改写为

$$\dot{V} = -\xi'_1 |s_1| + \sigma_1 \delta_1 s_1 - \xi_1 s_1^2 - \xi'_2 |s_2| + (\sigma_2 \delta_2 - \sigma_3 \delta_3) s_2 - \xi_2 s_2^2 \tag{5.53}$$

如果以下不等式成立

$$\xi'_2 > |\sigma_2 \delta_2^d| + |\sigma_3 \delta_3^d| \geqslant |\sigma_2 \delta_2^d - \sigma_3 \delta_3^d| \Rightarrow \xi'_2 > \sigma_2 |\delta_2^d| + \sigma_3 |\delta_3^d| \tag{5.54}$$

那么，可以推导出式(5.52)仍然成立。

情况 3：如果 $y_e\theta_e = 0$，在满足式(5.35)的条件下，可以很容易地推导出

$$\begin{aligned}\dot{V} &\leqslant -(\xi'_1 - \sigma_1 \delta_1^d) |s_1| - (\xi'_2 - \sigma_2 \delta_2^d) |s_2| \\ &\leqslant -(\xi'_1 - \sigma_1 \delta_1^d) |s_1| - (\xi'_2 - \sigma_2 \delta_2^d - \sigma_3 \delta_3^d) |s_2|\end{aligned} \tag{5.55}$$

以上分析确保了在设计的基于耦合分数阶滑模控制(CFSMC)定律的情况下 $\dot{V} < 0$，滑模面的到达条件是有保证的。

步骤 2：证明所提的基于耦合分数阶滑模控制(CFSMC)定律的式(5.32)～式(5.34)，将合成轨迹强制执行到滑模面，并在任何初始状态下保证收敛。

定义 $V_1 = s_1^2/2$，由式(5.52)和式(5.55)可知，V_1 的导数满足

$$\dot{V}_1 \leqslant -(\xi'_1 - \sigma_1 \delta_1^d) |s_1| \tag{5.56}$$

根据分数阶导数和积分运算，取式(5.56)分数阶阶次 $\alpha \in (0,1)$，有

$$D^{1-\alpha}V_1(t_1^r)-\frac{V_1(0)\,(t_1^r)^{\alpha-1}}{\Gamma(\alpha)}\leqslant-(\xi'_1-\sigma_1\delta_1^d)D^{-\alpha}|s_1| \tag{5.57}$$

式中,t_1^r 表示到达时间。

通过调用引理 5.1,得到 $D^{-\alpha}|s_1|\geqslant L_1$,其中 L_1 表示一个正常数。那么,考虑到 $V_1(t_1^r)=0$,以下不等式恒成立:

$$-\frac{V_1(0)\,(t_1^r)^{\alpha-1}}{\Gamma(\alpha)}\leqslant-(\xi'_1-\sigma_1\delta_1^d)L_1 \tag{5.58}$$

经过简单的计算,有

$$(t_1^r)^{\alpha-1}\geqslant\frac{\Gamma(\alpha)(\xi'_1-\sigma_1\delta_1^d)L_1}{V_1(0)} \tag{5.59}$$

因此可得

$$t_1^r\leqslant\left[\frac{V_1(0)}{\Gamma(\alpha)(\xi'_1-\sigma_1\delta_1^d)L_1}\right]^{\frac{1}{1-\alpha}} \tag{5.60}$$

同样,假设 $V_2=s_2^2/2$,可以得到类似的结果:

$$t_2^r\leqslant\left[\frac{V_2(0)}{\Gamma(\alpha)(\xi'_2-\sigma_2\delta_2^d-\sigma_3\delta_3^d)L_2}\right]^{\frac{1}{1-\alpha}} \tag{5.61}$$

式中,t_2^r 为期望到达时间;$L_2\in\mathbb{R}^+$,表示正数。

由式(5.60)和式(5.61)可知,受控移动机器人系统将在任何初始条件下,在有限时间内滑动到滑模面。从这个意义上说,一旦达到所需的状态,移动机器人就会触发切换操作。到此完成定理 5.1 的证明。

定理 5.2 基于定理 5.1,一旦到达滑模面,系统响应逐渐收敛到设计参考值,即耦合跟踪误差将在有限时间内到达平衡点。也就是说,$x_e(t)$,$y_e(t)$ 和 $\theta_e(t)$ 保证有限收敛。

证明 当滑模面 $s_1=0$ 时,有以下两种情况。

情况 1:对于 $\alpha_1\in(0,1)$,$0<\tilde{\alpha}_1\triangleq(1-\alpha_1)<1$,得到

$$D^{\tilde{\alpha}_1}x_e(t)=-\sigma_1x_e(t) \tag{5.62}$$

选择一个 Lipschitz 函数候选 $V=|x_e(t)|$,并取有阶的分数阶导数 $\tilde{\alpha}_1$,有

$$D^{\tilde{\alpha}_1}V=D^{\tilde{\alpha}_1}|x_e(t)| \tag{5.63}$$

基于引理 5.2,对于任何 $\tilde{\alpha}_1\in(0,1)$,给出以下不等式:

$$D^{\tilde{\alpha}_1}|x_e(t)|\leqslant\mathrm{sign}(x_e(t))D^{\tilde{\alpha}_1}x_e(t) \tag{5.64}$$

将式(5.62)代入式(5.64),得到

$$D^{\tilde{\alpha}_1}|x_e(t)|\leqslant-\sigma_1\mathrm{sign}(x_e(t))x_e(t)=-\sigma_1|x_e(t)| \tag{5.65}$$

情况 2:如果 $\alpha_1\in(1,2)$,$1-\alpha_1<0$,在性质 5.1 的条件下,使用分数阶阶次 $0<\tilde{\alpha}_1\triangleq(\alpha_1-1)<1$ 对式(5.62) 进行分数阶求导。

$$\begin{aligned}D^{\tilde{\alpha}_1}D^{1-\alpha_1}x_e(t)&=D^{\tilde{\alpha}_1+1-\alpha_1}x_e(t)\\&=D^{\tilde{\alpha}_1}(-\sigma_1x_e(t))\end{aligned} \tag{5.66}$$

特别地，当 $\alpha=0$ 时，可以推导出 $D^{\alpha}x_e(t)=x_e(t)$。使用性质5.2，将式(5.66)重构为

$$D^{\widetilde{\alpha}_1}x_e(t)=-\sigma_1^{-1}x_e(t) \tag{5.67}$$

同样地，利用式(5.63)～式(5.65)，可以很容易地推导得出下面的方程：

$$D^{\widetilde{\alpha}_1}|x_e(t)|\leqslant-\sigma_1^{-1}\operatorname{sign}(x_e(t))x_e(t)=-\sigma_1^{-1}|x_e(t)| \tag{5.68}$$

基于式(5.65)和式(5.68)，采用引理5.2，可知 $|x_e(t)|$ 是全局Mittag-Leffler稳定的。结果，当 $t\to\infty$，得到 $x_e(t)$ 向零衰减，即 $\mathbb{P}[\lim\limits_{t\to\infty}x_e(t)=0]=1$。因此，$x_e(t)$ 像 $t^{-\widetilde{\alpha}_1}$ 一样向零衰减。

类似地，关于到达滑模面 $s_2=0$，由式(5.31)可以得出，式(5.69)成立时有 $s_2=0$，$0<\widetilde{\alpha}_2\triangleq1-\alpha_2<1$。

$$D^{\widetilde{\alpha}_2}y_e(t)=-\sigma_2y_e(t)-\sigma_3\operatorname{sign}(y_e(t))\,|\,\theta_e(t)\,| \tag{5.69}$$

当 $y_e(t)\geqslant0$，$\operatorname{sign}(y_e(t))\geqslant0$，可证明

$$D^{\widetilde{\alpha}_2}y_e(t)\leqslant-\sigma_2y_e(t) \tag{5.70}$$

即 $D^{\widetilde{\alpha}_2}|y_e(t)|\leqslant-\sigma_2|y_e(t)|$。否则，当 $y_e(t)<0$，$\operatorname{sign}(y_e(t))=-1$，有

$$D^{\widetilde{\alpha}_2}y_e(t)=-\sigma_2y_e(t)+\sigma_3\,|\,\theta_e(t)\,| \tag{5.71}$$

通过定义 $\widetilde{y}_e(t)\triangleq-y_e(t)>0$，可以使用性质5.2重构式(5.71)：

$$\begin{aligned}D^{\widetilde{\alpha}_2}\widetilde{y}_e(t)&=-\sigma_2\widetilde{y}_e(t)-\sigma_3\,|\,\theta_e(t)\,|\\&\leqslant-\sigma_2\widetilde{y}_e(t)\end{aligned} \tag{5.72}$$

也就是说，$D^{\widetilde{\alpha}_2}|\widetilde{y}_e(t)|\leqslant-\sigma_2|\widetilde{y}_e(t)|$。

让 $\upsilon_1=\upsilon_2=1$，在引理5.3中应用它们，式(5.70)和式(5.72)意味着 $|\,y_e(t)\,|$ 是Mittag-Leffler稳定的，因此，$|\,y_e(t)\,|$ 渐近收敛到原点。此外，充分考虑引理5.4以及关于 $|\,x_e(t)\,|$ 和 $|\,y_e(t)\,|$ 的不等式[即式(5.65)、式(5.68)、式(5.70)和式(5.72)]，可以得出如下结论：$|x_e(t)|\leqslant|x_e(0)|E_{\widetilde{\alpha}_1}(-\sigma_1t^{\widetilde{\alpha}_1})(\alpha_1\in(0,1))$ 或 $|x_e(t)|\leqslant|x_e(0)|E_{\widetilde{\alpha}_1}(-\sigma_1^{-1}t^{\widetilde{\alpha}_1})(\alpha_1\in(1,2))$ 和 $|y_e(t)|\leqslant|y_e(0)|E_{\widetilde{\alpha}_2}(-\sigma_2t^{\widetilde{\alpha}_2})$。

此外，根据式(5.31)，结合 $\mathbb{P}[\lim\limits_{t\to\infty}y_e(t)=0]=1$，可以推导出 $|\,\theta_e(t)\,|\to0(t\to+\infty)$。因此，输出信号渐近地跟踪参考信号，这意味着 $\boldsymbol{x}_e$ 根据公式(5.28)将在有限时间内收敛到零。定理5.2的证明完毕。

应该提出的是，所考虑的移动机器人可以根据 $\delta_{\mathrm{f}}=f(\delta_{\mathrm{r}})$ 的规则在不同的模式下运行，其中 $f(\cdot)$ 表示一个预定义的函数。运动学分析用于建立 δ_{f} 和 δ_{r} 之间的对称约束。在本章中，$f(\delta_{\mathrm{f}})=-\delta_{\mathrm{r}}$，利用四轮转向/驱动特性，开发的移动机器人的实际转弯半径可以减小65%。

为了处理车轮侧滑角 δ_{fs} 和 δ_{rs}，可以推导出 $\delta_{\mathrm{fs}}=\tan^{-1}[(v_{YV}+\widetilde{\omega}L_{\mathrm{f}})v_{XV}]-\delta_{\mathrm{f}}$，$\delta_{\mathrm{rs}}=\tan^{-1}[(v_{YV}+\widetilde{\omega}L_{\mathrm{r}})v_{XV}]-\delta_{\mathrm{r}}$，其中 $\widetilde{\omega}$ 表示机器人偏航角速度，v_{XV} 和 v_{YV} 分别表示纵向速度和横向速度。然后，可以前馈方式进行迭代补偿 δ_{fs} 和 δ_{rs} 来抑制滑动效应。

5.4　效果分析

图 5.4 节彩图（图 5.5 至图 5.12）

实验中，适当调整初始参数可以获得更快的收敛速度和更好的性能。对于所提的基于模糊规则的自适应调度增益(CFSMC)方法，通过反复实验进行参数调整。CFSMC 的参数确定如下：$\alpha_1 = 0.1$，$\alpha_2 = 0.1$，$\sigma_1 = 0.25$，$\sigma_2 = 10$，$\sigma_3 = 0.15$。趋近律的初始值确定如下：$\xi_1 = \xi'_1 = 1$，$\xi_2 = \xi'_2 = 0.45$。使用所提出的 CFSMC 方法完成轨迹跟踪，采样周期为 0.1 ms。

采用以下控制器来与所提方法进行对比实验，如常用的标准比例加积分（PI）控制器（$k_p = 2$，$k_i = 0.6$）、整数阶 SMC（ISMC）方案、没有在线增益自调节的 FSMC 方法，其中，ISMC 和分数阶滑模（FO）解决方案的其他相关参数完全相同。在动态环境中，采用本章文献[13]中提出的势垒函数来验证所提出的避障方案的优势。在相同的工作条件下进行了三组对比实验，这些实验考虑了不理想的地面条件，包括工业制造车间环境中不平的地面和带有碎屑的油性地面。

案例 1：防滑地面场景。

在该案例下，要求平台能够在不打滑的情况下连续运行。图 5.5 和图 5.6 分别为案例 1 的跟踪响应和滑模面。通过比较发现，所提出的方法在跟踪误差消除和有限时间收敛方面具有显著的优势。尽管实际过程存在不确定性、外部干扰和机器人运动方向的变化，例如在 30 s、60 s 时，但该方法仍保持良好的动态跟踪。如图 5.6 所示，三种方法的滑模面均趋近于零，而 CFSMC 方法可以快速驱动滑模面到达可接受水平范围内。具体地，ISMC、FSMC 和 CFSMC 滑模面达到零的收敛时间分别为 6.3 s、5 s 和1 s，验证了新型分数阶(FO)滑模面和到达增益的自适应调节规则的优势。

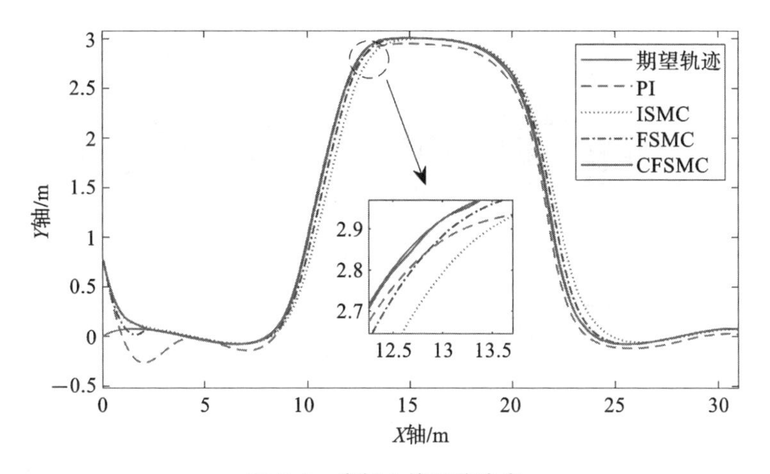

图 5.5　案例 1 的跟踪响应

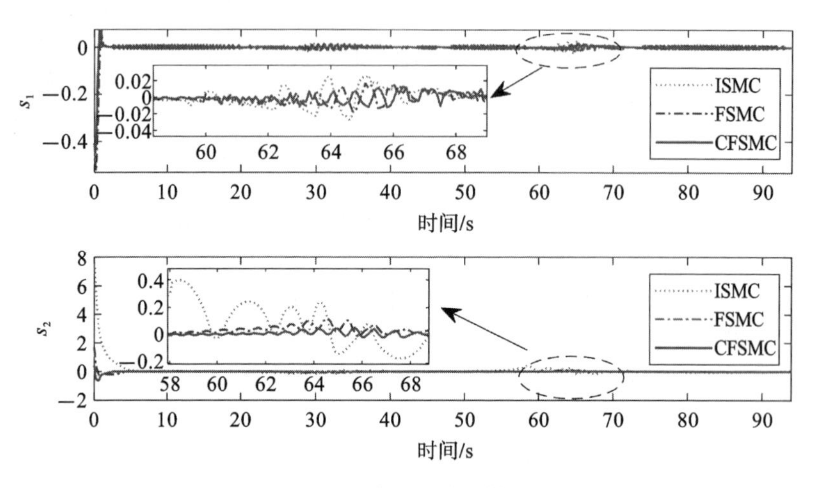

图 5.6　案例 1 的滑模面

此外,从图 5.7 可以看出,所提出的 CFSMC 方法可以达到令人满意的性能,同时跟踪误差收敛到原点的邻域,初始误差出现在开始状态 $\boldsymbol{x}_0=[0,-0.8,0.8]^{\mathrm{T}}$。与三种 SMC 方法不同,传统的 PI 控制器将导致不可忽略的超调,其 x_e,y_e,θ_e 幅值分别为 0.0915 m、0.3300 m、0.2380 rad,随后出现一些具有巨大振幅的振动变化。综上,所提出的 CFSMC 方法对未知干扰提供了更强的鲁棒性,跟踪性能良好。例如,有两个明显的峰值主要是由轨迹曲率的时变变化引起的,通过在线调度增益,与具有静态增益的 SMC 方法(即 ISMC 和 FSMC 方法)相比,所提出的 CFSMC 方法可以使跟踪误差不断收敛到零。

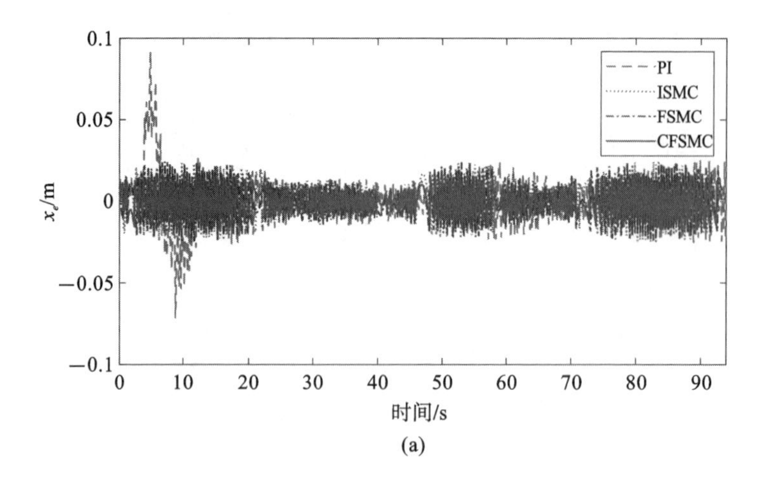

图 5.7　案例 1 的跟踪误差

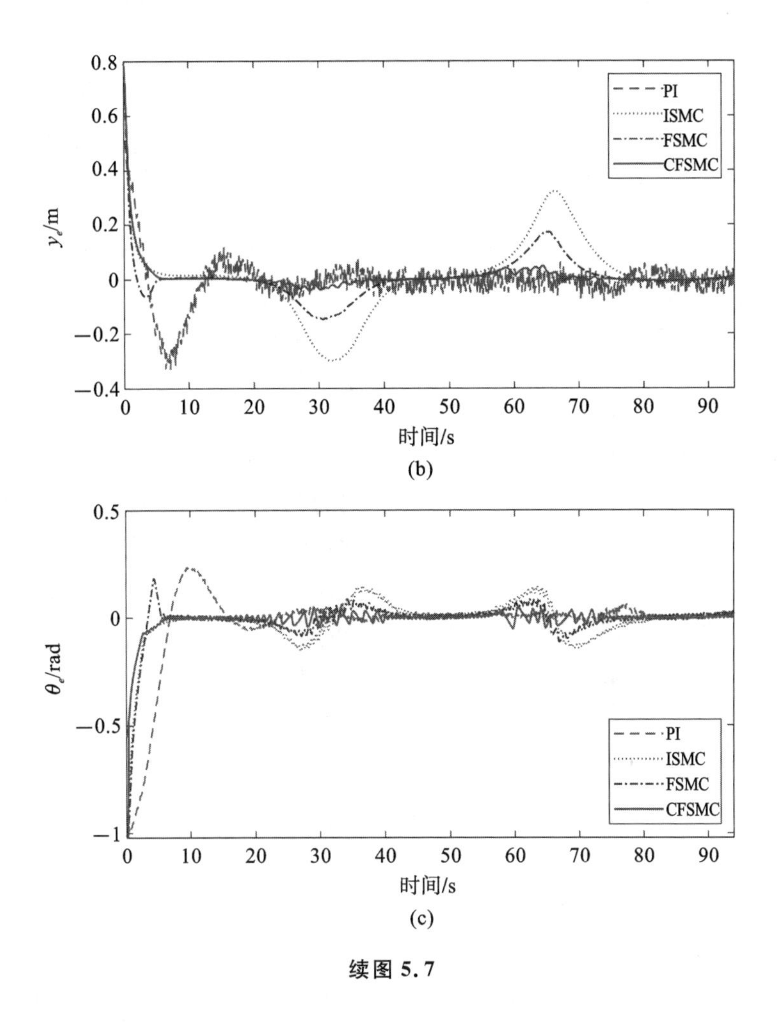

(b)

(c)

续图 5.7

为了清楚地说明性能对比情况，采用绝对跟踪误差的积分绝对误差（IAE）、积分平方误差(ISE)和标准偏差（STD)三个定量标准进行衡量。如表 5.1 所示，基于 SMC 的解决方案相比传统的 PI 控制器可以获得更稳定、更准确的跟踪，所提出的 CFSMC 方案在能力上得到了全面提升，这是由于其控制增益能自调整以适应集中的不确定性和时变波动。具体而言，以 ISE 标准进行评价，使用所提出的方法，其 x_e，y_e，θ_e 分别为 0.0063 m、0.3498 m、0.2637 rad，与传统方法相比，分别降低了 71.875%、52.2262%和 91.9496%。很明显，从统计的角度来看，CFSMC 控制方法达到了最小的性能标准，这表明本章所提出的 CFSMC 方法在跟踪任务中能够减小跟踪误差和提高鲁棒性。

表 5.1 案例 1 在不同控制方法下的跟踪误差性能指标

误差	PI			ISMC			FSMC			CFSMC		
	IAE	ISE	STD	IAE	ISE	STD	IAE	ISE	STD	IAE	ISE	STD
x_e	1.0641	0.0224	0.0154	0.8883	0.0120	0.0113	0.8676	0.0116	0.0111	0.5420	0.0063	0.0082
y_e	4.7330	0.7322	0.1346	6.7797	1.6910	0.0884	3.7387	0.5661	0.0793	1.7033	0.3498	0.0626
θ_e	6.5273	3.2756	0.1860	5.4285	1.1379	0.1110	3.8331	1.0661	0.1079	1.8024	0.2637	0.0536

案例 2:湿滑地面场景。

在该案例下,考虑地面部分被油和水覆盖而变得光滑的场景,以证明所提出的 CFSMC 方案的稳健性和可行性。参考轨迹为工业制造实际场景的规划路径和两个用于装载/卸载材料的目标站点。起始状态指定为 $\boldsymbol{x}_0=[0,-0.5,0.5]^{\mathrm{T}}$。与案例 1 类似,选择 PI 控制器、ISMC 方法和具有静态增益的 FSMC 方法与所提方法进行比较。从图 5.8 可以看出,所提出的 CFSMC 方法展现出较好的收敛特性和轨迹跟踪性能。此外,从图 5.9 可以看出,与传统 PI 控制器的渐近稳定性相比,所设计的 SMC 方法(即 ISMC、FSMC 和 CFSMC 方法)的有限时间收敛特性确保了更快速的响应。由于滑模面可在线调整,CFSMC 方法可以在较小的振动范围内将构造的滑模面趋近为零。因此,它可以适当地减轻颤动现象。此外,利用所提的 CFSMC 方法可增强收敛性,特别是与 ISMC(31.7 s)和 FSMC(12.4 s)方法相比,它能够在更短的时间(2.6 s)内收敛到零。

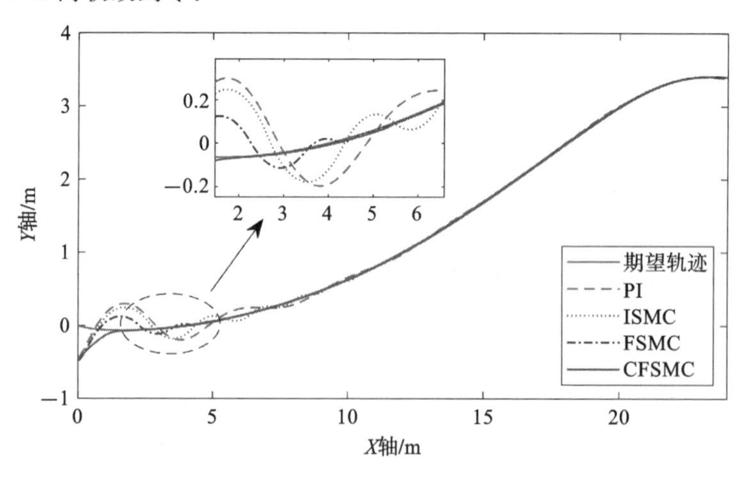

图 5.8 案例 2 的跟踪响应

图 5.10 展示了相应的跟踪误差。在这些控制器中,所提出的控制方案在该案例下仍然保持最高的跟踪精度。如图 5.10 (a) 所示,对于 x_e,使用三种 SMC 方法的跟随误差保持在相对较小的水平,而使用传统的 PI 方法在开始时会导致较大的超调和振动。如图 5.10 (b)和(c)所示,对于 y_e 和 θ_e,CFSMC 系统保证了较小的稳态误差,可以较短的收敛时间到达滑模面,并在此后保持不变。

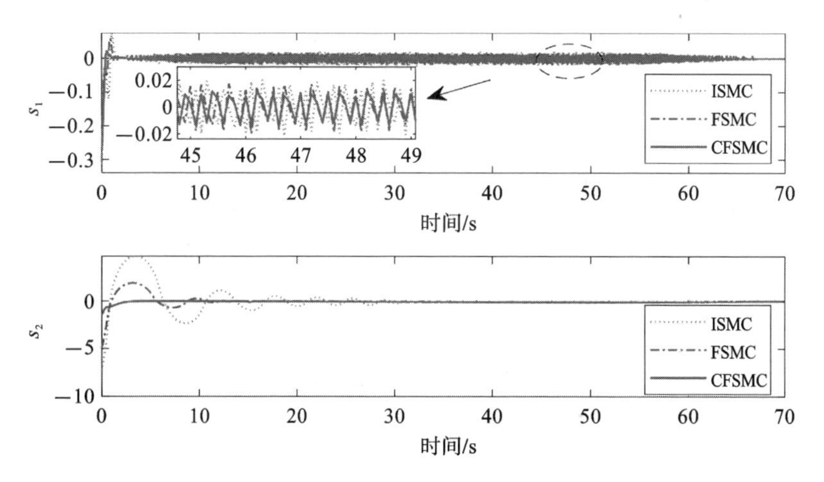

图 5.9 案例 2 的滑模面

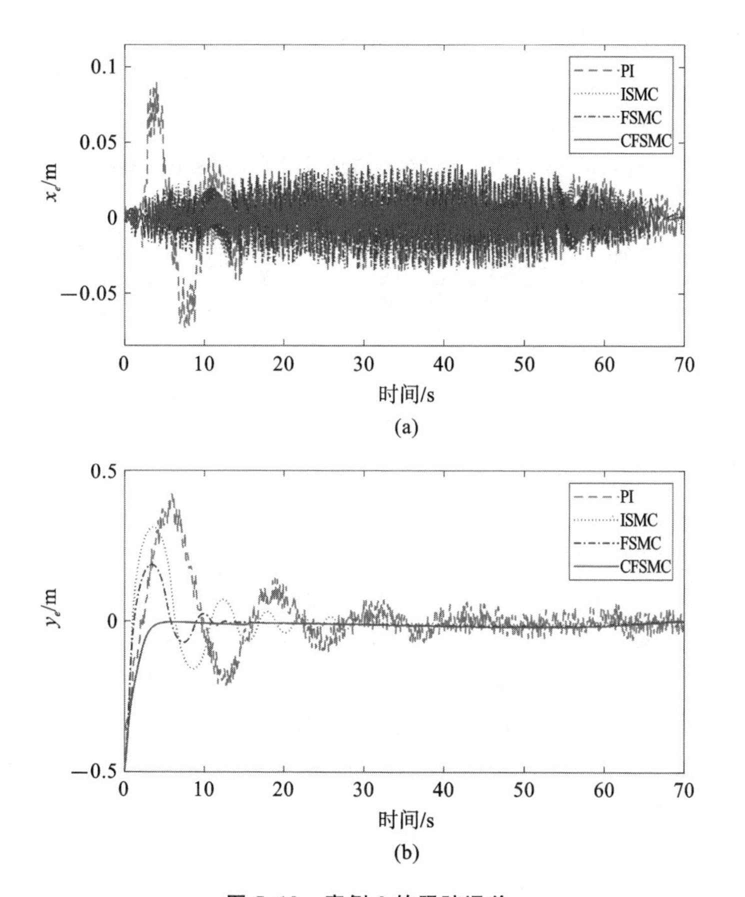

图 5.10 案例 2 的跟踪误差

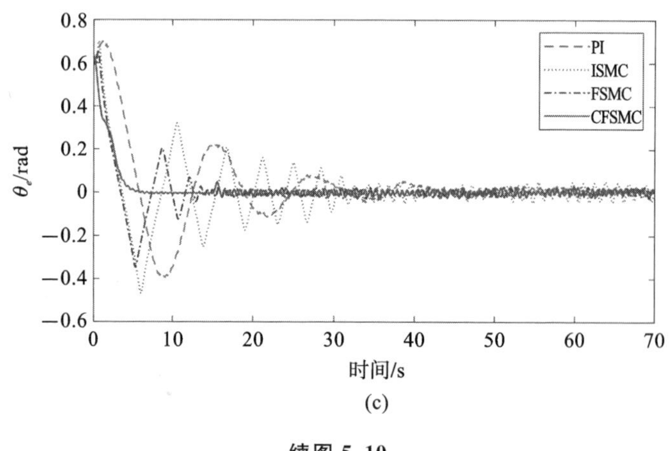

(c)

续图 5.10

如表 5.2 所示，所提的 CFSMC 方法在湿滑地面环境中表现得更好，并且在绝对跟踪误差的 IAE、ISE 和 STD 指标方面表现卓越。对表 5.2 中的数据进行定量分析，发现使用 SMC 框架可将三态误差至少降低 50%，并且在应用所提的 CFSMC 方法时，它们进一步显著降低。

表 5.2　案例 2 在不同控制方法下的跟踪误差性能指标

误差	PI			ISMC			FSMC			CFSMC		
	IAE	ISE	STD	IAE	ISE	STD	IAE	ISE	STD	IAE	ISE	STD
x_e	1.3182	0.0411	0.0243	0.9994	0.0204	0.0171	0.9874	0.0203	0.0170	0.6087	0.0079	0.0107
y_e	4.6018	0.8111	0.1076	2.7871	0.5096	0.0854	1.6900	0.2207	0.0558	1.3832	0.1918	0.0484
θ_e	6.5474	2.2341	0.1763	5.5167	1.3747	0.1400	2.9013	0.7868	0.1056	1.5164	0.3447	0.0780

案例 3：避障性能。

安全导航是轨迹跟踪的先决条件之一，本案例的目的是测试机器人在有限空间内同时避开静止障碍物和移动障碍物的速度和敏捷性。图 5.11 和图 5.12 分别显示了机器人避障时的运动轨迹和状态。避障区域的半径设置为 1 m。从这些结果可以看出，机器人绕过障碍物并继续跟踪参考路径。使用所提的时间最优势函数，实际轨迹与参考路径非常接近，可以更好地进行障碍物避让。如图 5.11 所示，在狭窄的环境中，改进的势函数可以提供更合适的安全间隙来完成所需的运动。如图 5.12 所示，使用所提出的方法时，到达子目标的时间为 13.2620 s，所得轨迹的长度为 5.6785 m，这意味着平均速度为 0.4282 m/s。相比之下，传统方法下的路径长度和成本时间分别为 7.7915 m 和 46.5560 s，得出平均速度为 0.1674 m/s。总体而言，相较于传统方法，使用所提方法时避障长度、成本时间降低了 27.1193% 和 71.5139%，而平均速度却提高了 155.7945%。由于势函数的存在，移动机器人选择移动方向来平衡到达子目标和避开障碍物。然而，传统方法在尝试处理潜在碰撞时将生成的前一个值作为下一个轨迹，从而导致航向搜索时耗费较多时间。总而言之，实验结果验证了所提出的 CFSMC 方法可以保证更快的避障收敛和更短的跟踪距离。

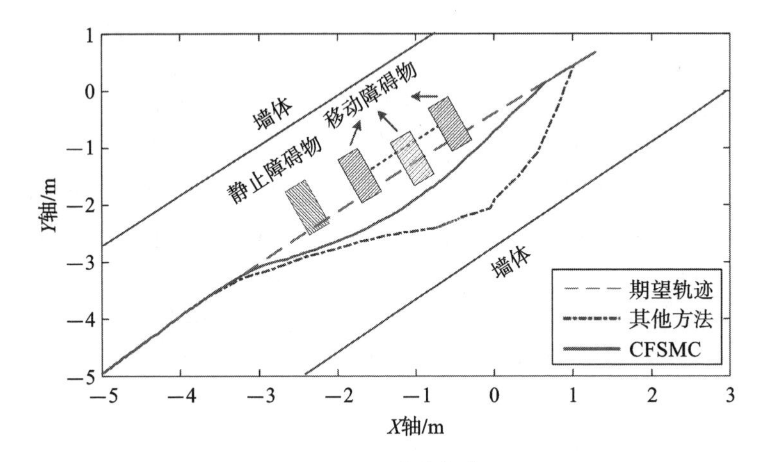

图 5.11 避障轨迹

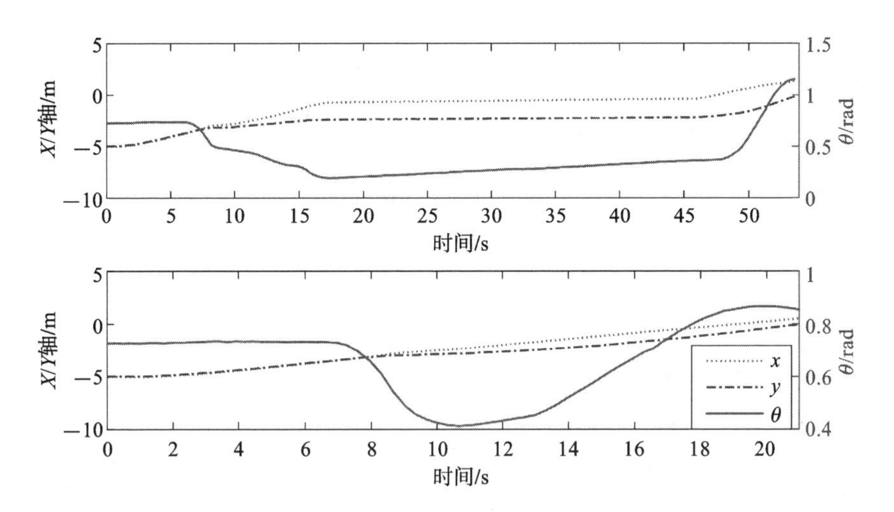

图 5.12 移动机器人避开障碍物时的状态

参 考 文 献

[1] LI Y, CHEN Y Q, PODLUBNY I. Stability of fractional-order nonlinear dynamic systems: Lyapunov direct method and generalized Mittag-Leffler stability [J]. Computers Mathematics with Applications, 2010, 59(5): 1810-1821.

[2] PODLUBNY I. Fractional differential equations [M]. New York: Academic

Press,1999.

[3] WANG J,SHAO C F,CHEN Y Q. Fractional order sliding mode control via disturbance observer for a class of fractional order systems with mismatched disturbance[J]. Mechatronics,2018,53:8-19.

[4] PRATAP A,RAJA R,CAO J D,et al. Stability and synchronization criteria for fractional order competitive neural networks with time delays: an asymptotic expansion of Mittag Leffler function[J]. Journal of the Franklin Institute,2019,356(4):2221-2239.

[5] MARTÍNEZ-FUENTES O, MARTÍNEZ-GUERRA R. A novel Mittag-Leffler stable estimator for nonlinear fractional-order systems: a linear quadratic regulator approach[J]. Nonlinear Dynamics,2018,94(3):1973-1986.

[6] LI Y, CHEN Y Q, PODLUBNY I. Mittag-Leffler stability of fractional order nonlinear dynamic systems[J]. Automatica,2009,45(8):1965-1969.

[7] LI Z J, DENG J,LU R Q,et al. Trajectory-tracking control of mobile robot systems incorporating neural-dynamic optimized model predictive approach [J]. IEEE Transactions on Systems,Man,and Cybernetics:Systems,2016,46(6):740-749.

[8] CHEN M,WU Q X,CUI R X. Terminal sliding mode tracking control for a class of SISO uncertain nonlinear systems[J]. ISA Transactions,2013,52(2):198-206.

[9] VAN M, DO X P, MAVROVOUNIOTIS M. Self-tuning fuzzy PID-nonsingular fast terminal sliding mode control for robust fault tolerant control of robot manipulators[J]. ISA Transactions,2020,96:60-68.

[10] MUÑOZ-VÁZQUEZ A, PARRA-VEGA V, SÁNCHEZ-ORTA A. Fractional integral sliding modes for robust tracking of nonlinear systems[J]. Nonlinear Dynamics,2017,87:895-901.

[11] LI P, ZHU G L. Robust internal model control of servo motor based on sliding mode control approach[J]. ISA Transactions,2019,93:199-208.

[12] PASHAEI S,BADAMCHIZADEH M. A new fractional-order sliding mode controller via a nonlinear disturbance observer for a class of dynamical systems with mismatched disturbances[J]. ISA Transactions, 2016, 63:39-48.

[13] YANG H J,FAN X Z, SHI P,et al. Nonlinear control for tracking and obstacle avoidance of a wheeled mobile robot with nonholonomic constraint [J]. IEEE Transactions on Control Systems Technology, 2016, 24(2):741-746.

6 增益自调整鲁棒控制

6.1 问题描述

四舵轮移动机器人在工业场景下通常面临着自动充电、滚筒对接甚至协同作业等任务，这对其运行的精度提出了要求。然而，移动机器人在运行过程中通常会受到时变扰动，如系统不确定性和外部干扰等，导致系统的控制性能降低。为提高任务的完成率，对运行过程中的扰动进行抑制是一种可行的方案。基于控制器的分层设计，提出一种有限时间稳定的增益自适应控制方法，以保证在严重时变扰动场景下系统的稳定性。首先，利用改进的分数阶超螺旋耦合滑模控制律，在四舵轮移动机器人系统时变扰动未知的情况下，保证动态跟踪和抗干扰的鲁棒性，并对传统不连续控制律中出现的抖振现象进行抑制；其次，采用集成非线性模型预测控制(nonlinear model predictive control，NMPC)方案，缓解四舵轮移动机器人的超调并消除跟踪过程的稳态误差；然后，推导变增益控制稳定的充分条件，以保证四舵轮移动机器人跟踪过程的有限时间收敛性和实际稳定性；最后，通过仿真验证所提方法的优越性。

6.2 超螺旋耦合滑模控制器设计

6.2.1 考虑时变扰动的复合滑模面构建

定义滑模面 $s = s(x,t)$，由四舵轮移动机器人的运行状态构成。在任何初始条件下，如果能在有限时间内使得滑动变量 s 和相应的导数 $\dot{s}$ 到达零点附近，则表明四舵轮移动机器人设计的控制器能够稳定运行，相应的跟踪误差也会收敛到零。为了处理有界扰动、不确定性和未知扰动，做以下假设：

假设 6.1 存在滑模面 $s = s(x,t)$ 使得四舵轮移动机器人的系统接近期望的等效状态，此时满足 $s(x,t) = 0$。

基于上述假设，在存在未知扰动的情况下，根据四舵轮移动机器人运行状态构造的滑模面 s 的动态导数可以定义为

$$\dot{s} = \boldsymbol{G}_P(x)\Big(\underbrace{\frac{\partial s}{\partial t} + \frac{\partial s}{\partial x}\mathcal{A}(x) + \frac{\partial s}{\partial x}f(x,t)}_{\Xi(x,t)} + \underbrace{\frac{\partial s}{\partial x}\mathcal{B}(x)}_{\Psi(x,t)}\tilde{u}(t)\Big) \tag{6.1}$$
$$= \boldsymbol{G}_P(x)(\Xi(x,t) + \Psi(x,t)\tilde{u}(t))$$

式中：$\boldsymbol{G}_P(x)$ 为设计的投影矩阵；$\tilde{u}(t)$ 为名义控制器计算所得控制律；$\Xi(x,t)$ 表示复杂扰动，并给出以下假设。

假设 6.2 复杂的不确定函数 $\Xi(x,t)$ 可以改写为 $\Xi(x,t) = \Xi_1(x,t) + \Xi_2(x,t)$，其中 $|\Xi_1(x,t)| \leqslant \xi_1$，$|\dot{\Xi}_2(x,t)| \leqslant \xi_2$，并且 $\xi_{i=1,2} > 0$ 存在但是未知。

假设 6.3 定义函数 $\Psi(\boldsymbol{x},t) = \Psi_0(\boldsymbol{x},t) + \Delta\Psi(\boldsymbol{x},t)$，其中 $\Psi_0(\boldsymbol{x},t)$ 为正定部分，$\Delta\Psi(\boldsymbol{x},t)$ 为有限的扰动，则有 $|\Delta\Psi(\boldsymbol{x},t)|/\Psi_0(\boldsymbol{x},t) \leqslant \xi_3 < 1$，$\forall \boldsymbol{x} \in \mathbb{R}^n$ 和 $t \in [0,\infty)$，其中 ξ_3 为未知的边界。

因此，式(6.1)的滑模变量可以改写为

$$\dot{s} = \boldsymbol{G}_P(x)[\Xi(x,t) + \underbrace{(1 + \Delta\Psi(\boldsymbol{x},t)/\Psi_0(\boldsymbol{x},t))}_{\Psi_1(\boldsymbol{x},t)}\Psi_0(\boldsymbol{x},t)\tilde{u}(t)] \tag{6.2}$$

$$1 - \xi_3 \leqslant \Psi_1(\boldsymbol{x},t) \leqslant 1 + \xi_3 \tag{6.3}$$

6.2.2 变增益超螺旋滑模控制器设计

对四舵轮移动机器人抗扰动的控制律进行设计时，受传统超螺旋方法的启发，构造变增益滑模控制律为

$$v(t) = -\eta_1\phi_1(s) - \eta_2\phi_2(s) \tag{6.4}$$

$$\phi_1(s) = \varrho_1[\![s]\!]^{\alpha} + \varrho_2 s \tag{6.5}$$

$$\dot{\phi}_2(s) = \dot{\phi}_1(s)\phi_1(s) = \varrho_1^2\alpha[\![s]\!]^{2\alpha-1} + (1+\alpha)\varrho_1\varrho_2[\![s]\!]^{\alpha} + \varrho_2^2 s \tag{6.6}$$

式中：$\varrho_{i=1,2} \in \mathbb{R}^+$，为正常数；$\alpha \in (0,1)$，为指定的分数阶阶次；$\eta_{i=1,2}(s,\dot{s}) \in \mathbb{R}^+$，为自适应增益。

将式(6.4)代入式(6.2)有

$$\dot{s} = -\Psi_1(x)\eta_1\phi_1(s) + \underbrace{\Xi_1(x)}_{g_1(x)} + \mathcal{Z} \tag{6.7}$$

$$\dot{\mathcal{Z}} = -\Psi_1(x)\eta_2\phi_2(s) + \underbrace{\dot{\Xi}_2(x) + \eta_2\dot{\Psi}_1(x)\phi_2(s)}_{\dot{g}_2(x)} \tag{6.8}$$

其中，$\eta_2\dot{\Psi}_1(x)\phi_2(s)$ 会受到未知干扰的限制，其边界定义为 ξ_4，则有

$$|\eta_2\dot{\Psi}_1(x)\phi_2(s)| \leqslant |\eta_2\dot{\Psi}_1(x)|\int_0^t \dot{\phi}_2(s)\mathrm{d}\tau \leqslant \xi_4 \tag{6.9}$$

考虑到自适应增益 $\eta_2 = \eta_2(s,\dot{s})$ 有界，设定增益调节的条件满足 $|\eta_2| \leqslant \eta_2^*$。根据式(6.3)、式(6.6)、式(6.9)，可以得到

$$|\eta_2\dot{\Psi}_1(x)\phi_2(s)| \leqslant \eta_2^*(1+\xi_3)\int_0^t[\varrho_1^2\alpha[\![s]\!]^{2\alpha-1} + (1+\alpha)\varrho_1\varrho_2[\![s]\!]^{\alpha} + \varrho_2^2 s]\mathrm{d}\tau \tag{6.10}$$

在未知边界 $\xi_{i=1,2,3,4}$ 的作用下，四舵轮移动机器人在扰动环境下的跟踪控制问题被转化为求解式(6.4)～式(6.6)在有限时间内将 s 和 $\dot{s}$ 渐进趋近到零点附近的确定解问题。在控制求解过程中，减小控制增益 η_1 和 η_2 可以在一定程度上减轻机器人运行时的抖振，然而这一调节方式可能会增加稳定运行的收敛时间。

定理 6.1 在控制律式(6.4)作用下，存在一个自适应的增益调整范围，使得在任意初始条件下可以将四舵轮移动机器人的运行趋于稳定，即保证滑模面 s 和 $\dot{s}$ 在有限时间内收敛到平衡点附近。具体满足的条件如下。

(1) 存在正定的常数 $\kappa_{i=1,2,\cdots,8}$，增益 $\eta_{i=1,2}(s,\dot{s},t)$ 调整规则满足：

$$\eta_1 \geqslant \kappa_3 + \frac{2\kappa_1(\xi_1+1)+\kappa_2^2(2\xi_1+1)+2\kappa_2\xi_2+\kappa_2+\kappa_2(\xi_1+\xi_2)^2}{2\kappa_1+4\kappa_2^2-2\kappa_2} \tag{6.11}$$

$$\dot{\eta}_1 = \begin{cases} \kappa_5\sqrt{\omega_1/2}\,\mathrm{sign}(|s|-\kappa_4), & \eta_1 > \kappa_8 \\ \kappa_7, & \eta_1 \leqslant \kappa_8 \end{cases} \tag{6.12}$$

$$\eta_2 = (\kappa_1 + 2\kappa_2^2 + \kappa_2\eta_1)/\kappa_2 \tag{6.13}$$

(2) 存在对称正定矩阵 ${}_g\boldsymbol{P}$，使其满足：

$$\begin{bmatrix} \widetilde{\boldsymbol{\mathcal{A}}}^{\mathrm{T}}{}_g\boldsymbol{P} + {}_g\boldsymbol{P}\widetilde{\boldsymbol{\mathcal{A}}} + {}_g\boldsymbol{R} & {}_g\boldsymbol{P}\widetilde{\boldsymbol{\mathcal{B}}} + {}_g\boldsymbol{\Omega}^{\mathrm{T}} \\ \widetilde{\boldsymbol{\mathcal{B}}}^{\mathrm{T}}{}_g\boldsymbol{P} + {}_g\boldsymbol{\Omega} & -{}_g\boldsymbol{\Theta} \end{bmatrix} \leqslant \boldsymbol{0} \tag{6.14}$$

其中，矩阵 $\widetilde{\boldsymbol{\mathcal{A}}}$ 和 $\widetilde{\boldsymbol{\mathcal{B}}}$ 在公式(6.26)中定义，${}_g\boldsymbol{\Theta}$ 和 ${}_g\boldsymbol{\Omega}$ 为正定值，${}_g\boldsymbol{R}$ 为负定值。

证明 定理 6.1 可以分 4 个步骤来证明。

步骤 1：四舵轮移动机器人跟踪控制过程的受扰边界分析。

定义如下变量：

$$\boldsymbol{\varsigma}^{\mathrm{T}} \triangleq [\varsigma_1,\varsigma_2] \triangleq [\phi_1(s),\mathcal{Z}] \triangleq [\varrho_1[\![s]\!]^{\alpha}+\varrho_2 s,\mathcal{Z}] \tag{6.15}$$

分析可得

$$\begin{aligned} \dot{\boldsymbol{\varsigma}} &= \dot{\phi}_1(s)[\mathcal{Z}+g_1(x)-\eta_1\phi_1(s),g_2(x)/\phi_1(s)-\eta_2\phi_2(s)]^{\mathrm{T}} \\ &= \dot{\phi}_1(s)\left(\begin{bmatrix} -\eta_1 & 1 \\ -\eta_2 & 0 \end{bmatrix}\boldsymbol{\varsigma} + \begin{bmatrix} 1 & 0 \\ 0 & 1 \end{bmatrix}\widetilde{\boldsymbol{\rho}}\right) \end{aligned} \tag{6.16}$$

其中，$\widetilde{\boldsymbol{\rho}}(t,\boldsymbol{\varsigma}) = [g_1(x),g_2(x)\,|s|^{1-\alpha}/(\mu_1\alpha+\mu_2\,|s|^{1-\alpha})]^{\mathrm{T}}$，并且 $\widetilde{\boldsymbol{\rho}}(t,\boldsymbol{\varsigma})$ 满足：

$$\begin{aligned} \omega_i(\widetilde{\boldsymbol{\rho}}_i,\boldsymbol{\varsigma}) &= [\widetilde{\boldsymbol{\rho}}_i(k,\boldsymbol{\varsigma}) - \boldsymbol{\mathcal{L}}_{i1}^{\mathrm{T}}\boldsymbol{\varsigma}][\boldsymbol{\mathcal{L}}_{i2}^{\mathrm{T}}\boldsymbol{\varsigma} - \widetilde{\boldsymbol{\rho}}_i(k,\boldsymbol{\varsigma})] \\ &= \begin{bmatrix} \widetilde{\boldsymbol{\rho}}_i \\ \boldsymbol{\varsigma} \end{bmatrix}^{\mathrm{T}} \begin{bmatrix} -1 & \bigstar \\ 0.5(\boldsymbol{\mathcal{L}}_{i1}^{\mathrm{T}}+\boldsymbol{\mathcal{L}}_{i2}^{\mathrm{T}}) & -0.5(\boldsymbol{\mathcal{L}}_{i2}\boldsymbol{\mathcal{L}}_{i1}^{\mathrm{T}}+\boldsymbol{\mathcal{L}}_{i1}\boldsymbol{\mathcal{L}}_{i2}^{\mathrm{T}}) \end{bmatrix} \begin{bmatrix} \widetilde{\boldsymbol{\rho}}_i \\ \boldsymbol{\varsigma} \end{bmatrix} \end{aligned} \tag{6.17}$$

式(6.17)中，$\forall\,\boldsymbol{\mathcal{L}}_{i1} \in \mathbb{R}^2,\boldsymbol{\mathcal{L}}_{i2} \in \mathbb{R}^2$。当 $i=1,2$ 时，可以计算出

$$\omega(\widetilde{\boldsymbol{\rho}},\boldsymbol{\varsigma}) = \theta_1\omega_1(\widetilde{\boldsymbol{\rho}}_1,\boldsymbol{\varsigma}) + \theta_2\omega_2(\widetilde{\boldsymbol{\rho}}_2,\boldsymbol{\varsigma}) \geqslant 0, \quad \forall\,\theta_i \geqslant 0, i=1,2 \tag{6.18}$$

其中，$\theta_{i=1,2}>0$，为正定常数，公式(6.18)可以改写为

$$\omega(\widetilde{\boldsymbol{\rho}},\boldsymbol{\varsigma}) = \begin{bmatrix} \widetilde{\boldsymbol{\rho}}(t,\boldsymbol{\varsigma}) \\ \boldsymbol{\varsigma} \end{bmatrix}^{\mathrm{T}} \begin{bmatrix} -{}_g\boldsymbol{\Theta} & {}_g\boldsymbol{\Omega} \\ {}_g\boldsymbol{\Omega}^{\mathrm{T}} & {}_g\boldsymbol{R} \end{bmatrix} \begin{bmatrix} \widetilde{\boldsymbol{\rho}}(t,\boldsymbol{\varsigma}) \\ \boldsymbol{\varsigma} \end{bmatrix} \geqslant 0 \tag{6.19}$$

矩阵展开有

$$_g\boldsymbol{\Theta}=\begin{bmatrix}\theta_1 & 0\\ 0 & \theta_2\end{bmatrix}$$

$$_g\boldsymbol{R}=-0.5\sum_{i=1}^{2}\theta_i(\boldsymbol{\mathcal{L}}_{i2}\boldsymbol{\mathcal{L}}_{i1}^{\mathrm{T}}+\boldsymbol{\mathcal{L}}_{i1}\boldsymbol{\mathcal{L}}_{i2}^{\mathrm{T}})$$

$$_g\boldsymbol{\Omega}=0.5_g\boldsymbol{\Theta}\left[\boldsymbol{\mathcal{L}}_{11}^{\mathrm{T}}+\boldsymbol{\mathcal{L}}_{12}^{\mathrm{T}},\quad \boldsymbol{\mathcal{L}}_{21}^{\mathrm{T}}+\boldsymbol{\mathcal{L}}_{22}^{\mathrm{T}}\right]^{\mathrm{T}}$$

定义 $\boldsymbol{\mathcal{L}}_{i2}^{\mathrm{T}}=-\boldsymbol{\mathcal{L}}_{i1}^{\mathrm{T}}=\tilde{g}_i[1,0]$，$\tilde{g}_i>0$，当 $\omega_1(\tilde{\boldsymbol{\rho}}_1,\boldsymbol{\varsigma})=-\tilde{\boldsymbol{\rho}}_1(t,\boldsymbol{\varsigma})+\tilde{g}_1^2\boldsymbol{\varsigma}_1^2\geqslant 0$ 时，有 $|\tilde{\boldsymbol{\rho}}_1(k,\boldsymbol{\varsigma})|\leqslant\tilde{g}_1|\boldsymbol{\varsigma}_1|$，代入上式可得

$$|g_1(x)|\leqslant\tilde{g}_1|\varrho_1[\![s]\!]^{\alpha}+\varrho_2|s||\leqslant\tilde{g}_1(\varrho_1+\varrho_2|s|^{1-\alpha})|s|^{\alpha}\tag{6.20}$$

因此，存在 $\xi_1\geqslant\tilde{g}_1(\varrho_1+\varrho_2|s|^{1-\alpha})$，并且保证了 $|\Xi_1(x,t)|=|g_1(t,x)|\leqslant\xi_1$。进一步分析可得，$g_1(t,x)$ 由 $\pm\tilde{g}_1(\varrho_1[\![s]\!]^{\alpha}+\varrho_2[\![s]\!])$ 进行了边界条件设定。推导可得

$$\omega_2(\tilde{\rho}_2,\boldsymbol{\varsigma})=-\tilde{\rho}_2^2(t,\boldsymbol{\varsigma})+\tilde{g}_2^2\boldsymbol{\varsigma}_1^2\geqslant 0\tag{6.21}$$

由上式计算可得 $|\tilde{\rho}_2(t,\boldsymbol{\varsigma})|\leqslant\tilde{g}_2|\boldsymbol{\varsigma}_1|$，进一步计算有

$$[(\varrho_1\alpha)^{-1}|s|^{1-\alpha}+\varrho_2^{-1}]|g_2(x,t)|\leqslant\tilde{g}_2|\varrho_1[\![s]\!]^{\alpha}+\varrho_2|s||\tag{6.22}$$

$$|g_2(x,t)|\leqslant\tilde{g}_2|\dot{\phi}_2(s)|=\tilde{g}_2[\varrho_1^2\alpha/|s|^{1-2\alpha}+(1+\alpha)\varrho_1\varrho_2|s|^{\alpha}+\varrho_2^2|s|]\tag{6.23}$$

对上述方程的分析表明非线性项 $g_2(x)$ 的边界为 $\tilde{g}_2/2$。对于线性场景，当变量 $\varrho_1=0$，$\varrho_2=1$，$\boldsymbol{\mathcal{L}}_{i2}^{\mathrm{T}}=-\boldsymbol{\mathcal{L}}_{i1}^{\mathrm{T}}=\tilde{g}_i[1,\quad 0]$ 并且满足 $\tilde{g}_i>0$ 和 $\omega_i(\tilde{\rho}_i,\boldsymbol{\varsigma})=\omega_i(\rho_i,x)=\tilde{g}_i^2s^2-\tilde{\rho}_i^2(t,x)\geqslant 0$ 时，有 $|\rho_i(t,x)|\leqslant\tilde{g}_i|s|$，得到 $\rho_i(k,x)$ 的边界值为 $|\tilde{g}_is|$。当变量 $\varrho_1=1$，$\varrho_2=0$，$\boldsymbol{\varsigma}^{\mathrm{T}}=[[\![s]\!]^{\alpha},\mathcal{Z}]$ 时，有

$$\tilde{\boldsymbol{\rho}}(t,\boldsymbol{\varsigma})=\begin{bmatrix}\rho_1(t,s,\mathcal{Z})\\ \dfrac{|s|^{1-\alpha}\rho_2(t,s,\mathcal{Z})}{\alpha}\end{bmatrix}=\begin{bmatrix}\rho_1(t,[\![\phi_1(s)]\!]^2,\boldsymbol{\varsigma}_2)\\ \dfrac{|s|^{1-\alpha}\rho_2(t,[\![\phi_1(s)]\!]^2,\boldsymbol{\varsigma}_2)}{\alpha}\end{bmatrix}\tag{6.24}$$

例如，当 $\boldsymbol{\mathcal{L}}_{i2}^{\mathrm{T}}=-\boldsymbol{\mathcal{L}}_{i1}^{\mathrm{T}}=\tilde{g}_i[1,\quad 0]$，$\tilde{g}_i>0$ 时，由 $\omega_1(\tilde{\rho}_1,\boldsymbol{\varsigma})=\tilde{g}_1^2s^2-\tilde{\rho}_1^2(t,\boldsymbol{\varsigma})\geqslant 0$ 计算可得不等式 $|\tilde{\rho}_1(t,x)|\leqslant\tilde{g}_1|\phi_1(s)|$，分析可得 $g_1(t,x)$ 的边界值为 $\tilde{g}_1(|s|^{\alpha})$。进一步分析可得 $\omega_2(\tilde{\rho}_2,\boldsymbol{\varsigma})=\tilde{g}_2^2s^2-\tilde{\rho}_2^2(t,\boldsymbol{\varsigma})\geqslant 0$，经过计算可知 $|g_2(t,x)|\leqslant\tilde{g}_2/2$，表明 $g_2(t,x)$ 的边界值为 $\tilde{g}_2/2$。

步骤 2：四舵轮移动机器人变增益控制的稳定性证明。

根据公式(6.7)和公式(6.8)，选用二次正定的 Lyapunov 函数：

$$_g\boldsymbol{V}_1(s,\mathcal{Z})=\boldsymbol{\zeta}^{\mathrm{T}}{}_g\boldsymbol{P}\,\boldsymbol{\varsigma}\tag{6.25}$$

其中，$_g\boldsymbol{P}=\begin{bmatrix}p_1 & p_3\\ p_3 & p_2\end{bmatrix}$，为对称的正定矩阵。经过计算可以得到如下方程：

$$\dot{\boldsymbol{\varsigma}}=\begin{bmatrix}\dot{\phi}_1(s)\{-\eta_1\phi_1(s)+\mathcal{Z}+g_1(x)\}\\ g_2(x)-\eta_2\dot{\phi}_1(s)\phi_1(s)\end{bmatrix}$$

$$= \dot{\phi}_1(s)\underbrace{\begin{bmatrix} -\eta_1 & 1 \\ -\eta_2 & 0 \end{bmatrix}}_{\widetilde{\mathcal{A}}}\begin{bmatrix} \phi_1(s) \\ \mathcal{Z} \end{bmatrix} + \dot{\phi}_1(s)\underbrace{\begin{bmatrix} 1 & 0 \\ 0 & 1 \end{bmatrix}}_{\widetilde{\mathcal{B}}}\underbrace{\begin{bmatrix} g_1(x) \\ g_2(x) \end{bmatrix}}_{\widetilde{\rho}} \tag{6.26}$$

定义 $|\mathcal{D}_1(x)| \leqslant \widetilde{g}_1$ 和 $|\mathcal{D}_2(x)| \leqslant \widetilde{g}_2$，推导 $\widetilde{g}_1, \widetilde{g}_2$ 的边界值为

$$g_1(x) = \mathcal{D}_1(x)\phi_1(s), g_2(x) = \mathcal{D}_2(x)\dot{\phi}_2(s) \tag{6.27}$$

结合式(6.27)和 $\phi_2(s) = \dot{\phi}_1(s)\phi_1(s)$，计算得到

$$\dot{\boldsymbol{\varsigma}} = \dot{\phi}_1(s)\underbrace{\begin{bmatrix} -(\eta_1 - \mathcal{D}_1(x)) & 1 \\ -(\eta_2 - \mathcal{D}_2(x)) & 0 \end{bmatrix}}_{{}_g\boldsymbol{\Lambda}}\begin{bmatrix} \phi_1(s) \\ \mathcal{Z} \end{bmatrix} = \dot{\phi}_1(s)\,{}_g\boldsymbol{\Lambda}\boldsymbol{\varsigma} \tag{6.28}$$

定义对称矩阵 ${}_g\boldsymbol{Q} = -{}_g\boldsymbol{\Lambda}^{\mathrm{T}}\,{}_g\boldsymbol{P} - {}_g\boldsymbol{P}\,{}_g\boldsymbol{\Lambda}$ 和正定对称矩阵 ${}_g\boldsymbol{P} = \begin{bmatrix} \kappa_1 + 2\kappa_2^2 & -\kappa_2 \\ -\kappa_2 & \kappa_2 \end{bmatrix}$，由式(6.28)可得

$${}_g\boldsymbol{Q} = \begin{bmatrix} 2(\eta_1 - \mathcal{D}_1)(\kappa_1 + 2\kappa_2^2) - 2\kappa_2(\eta_2 - \mathcal{D}_2) & \bigstar \\ (\eta_2 - \mathcal{D}_2)\kappa_2 - \kappa_2(\eta_1 - \mathcal{D}_1) - \kappa_1 - 2\kappa_2^2 & 2\kappa_2 \end{bmatrix} \tag{6.29}$$

由于 $\eta_2 = (\kappa_1 + \kappa_2^2 + \kappa_2\eta_1)/\kappa_2$，可得

$$\begin{aligned} {}_g\boldsymbol{Q} - \begin{bmatrix} \kappa_2 & 0 \\ 0 & \kappa_2 \end{bmatrix} &= \begin{bmatrix} 2\eta_1\kappa_1 - 2\mathcal{D}_1\kappa_1 + 4\eta_1\kappa_2^2 - 4\mathcal{D}_1\kappa_2^2 - 2\kappa_2\eta_2 + 2\kappa_2\mathcal{D}_2 - \kappa_2 & \bigstar \\ -\kappa_2\eta_1 + \kappa_2\mathcal{D}_1 + \kappa_2\eta_2 - \kappa_2\mathcal{D}_2 - \kappa_1 - \kappa_2^2 & \kappa_2 \end{bmatrix} \\ &= \begin{bmatrix} \underbrace{\eta_1(2\kappa_1 + 4\kappa_2^2 - 2\kappa_2) - 2\kappa_1(\mathcal{D}_1 + 1) - 2\kappa_2^2(2\mathcal{D}_1 + 1) + 2\kappa_2\mathcal{D}_2 - \kappa_2}_{E} & \bigstar \\ \kappa_2(\mathcal{D}_1 - \mathcal{D}_2) & \kappa_2 \end{bmatrix} \end{aligned} \tag{6.30}$$

为满足 ${}_g\boldsymbol{Q} - \mathrm{diag}(\kappa_2, \kappa_2) \geqslant 0$，根据代数 Riccati 不等式，得到

$$E - \kappa_2(\mathcal{D}_1 - \mathcal{D}_2)\kappa_2^{-1}\kappa_2(\mathcal{D}_1 - \mathcal{D}_2) \geqslant 0 \tag{6.31}$$

式(6.31)保证了矩阵 ${}_g\boldsymbol{Q}$ 的正定性，并且满足 $\lambda_{\min}({}_gQ) \geqslant \kappa_2$。经过计算有

$$\begin{aligned} {}_g\dot{\boldsymbol{V}}_1(s, \mathcal{Z}) &= \dot{\boldsymbol{\varsigma}}^{\mathrm{T}}\,{}_g\boldsymbol{P}\boldsymbol{\varsigma} + \boldsymbol{\varsigma}^{\mathrm{T}}\,{}_g\boldsymbol{P}\dot{\boldsymbol{\varsigma}} \\ &= \dot{\phi}_1(s)\boldsymbol{\varsigma}^{\mathrm{T}}({}_g\boldsymbol{\Lambda}^{\mathrm{T}}\,{}_g\boldsymbol{P} + {}_g\boldsymbol{P}\,{}_g\boldsymbol{\Lambda})\boldsymbol{\varsigma} = -\dot{\phi}_1(s)\boldsymbol{\varsigma}^{\mathrm{T}}\,{}_g\boldsymbol{Q}\boldsymbol{\varsigma} \end{aligned} \tag{6.32}$$

根据式(6.26)，定义正常数 $\theta_{i=1,2}$ 并且考虑时变扰动的边界，选择 $\mathcal{L}_{i2}^{\mathrm{T}} = -\mathcal{L}_{i1}^{\mathrm{T}} = \widetilde{g}_i[1,0]$，可以得到如下代数 Riccati 不等式：

$$\widetilde{\mathcal{A}}^{\mathrm{T}}\,{}_g\boldsymbol{P} + {}_g\boldsymbol{P}\widetilde{\mathcal{A}} + \kappa_2\,{}_g\boldsymbol{P} + {}_g\boldsymbol{R} + ({}_g\boldsymbol{P}\widetilde{\mathcal{B}} + {}_g\boldsymbol{\Omega}^{\mathrm{T}})\,{}_g\boldsymbol{\Theta}^{-1}(\widetilde{\mathcal{B}}^{\mathrm{T}}\,{}_g\boldsymbol{P} + {}_g\boldsymbol{\Omega}) \geqslant \mathrm{diag}\{\kappa_2, \kappa_2\} \tag{6.33}$$

上式可以改写为

$$\begin{bmatrix} \widetilde{\mathcal{A}}^{\mathrm{T}}\,{}_g\boldsymbol{P} + {}_g\boldsymbol{P}\widetilde{\mathcal{A}} + {}_g\boldsymbol{R} & {}_g\boldsymbol{P}\widetilde{\mathcal{B}} + {}_g\boldsymbol{\Omega}^{\mathrm{T}} \\ \widetilde{\mathcal{B}}^{\mathrm{T}}\,{}_g\boldsymbol{P} + {}_g\boldsymbol{\Omega} & -{}_g\boldsymbol{\Theta} \end{bmatrix} \leqslant \boldsymbol{0} \tag{6.34}$$

进一步地，函数 ${}_g\boldsymbol{V}_1(s,\mathcal{Z})$ 的导数为

$$
\begin{aligned}
{}_g\dot{\boldsymbol{V}}_1 &= \dot{\phi}_1(s)\{\boldsymbol{\varsigma}^{\mathrm{T}}(\widetilde{\boldsymbol{\mathcal{A}}}^{\mathrm{T}}{}_g\boldsymbol{P}+\boldsymbol{P}\widetilde{\boldsymbol{\mathcal{A}}})\boldsymbol{\varsigma}+\tilde{\boldsymbol{\rho}}^{\mathrm{T}}\widetilde{\boldsymbol{\mathcal{B}}}{}_g\boldsymbol{P}\boldsymbol{\varsigma}+\boldsymbol{\varsigma}{}_g\boldsymbol{P}\widetilde{\boldsymbol{\mathcal{B}}}\tilde{\boldsymbol{\rho}}\} \\
&= \dot{\phi}_1(s)\begin{bmatrix}\boldsymbol{\varsigma}\\ \tilde{\boldsymbol{\rho}}\end{bmatrix}^{\mathrm{T}}\begin{bmatrix}\widetilde{\boldsymbol{\mathcal{A}}}^{\mathrm{T}}{}_g\boldsymbol{P}+{}_g\boldsymbol{P}\widetilde{\boldsymbol{\mathcal{A}}} & {}_g\boldsymbol{P}\widetilde{\boldsymbol{\mathcal{B}}}\\ \widetilde{\boldsymbol{\mathcal{B}}}^{\mathrm{T}}{}_g\boldsymbol{P} & \boldsymbol{0}\end{bmatrix}\begin{bmatrix}\boldsymbol{\varsigma}\\ \tilde{\boldsymbol{\rho}}\end{bmatrix} \\
&\leqslant \dot{\phi}_1(s)\left\{\begin{bmatrix}\boldsymbol{\varsigma}\\ \tilde{\boldsymbol{\rho}}\end{bmatrix}^{\mathrm{T}}\begin{bmatrix}\widetilde{\boldsymbol{\mathcal{A}}}^{\mathrm{T}}{}_g\boldsymbol{P}+{}_g\boldsymbol{P}\widetilde{\boldsymbol{\mathcal{A}}} & {}_g\boldsymbol{P}\widetilde{\boldsymbol{\mathcal{B}}}\\ \widetilde{\boldsymbol{\mathcal{B}}}^{\mathrm{T}}\boldsymbol{P} & \boldsymbol{0}\end{bmatrix}\begin{bmatrix}\boldsymbol{\varsigma}\\ \tilde{\boldsymbol{\rho}}\end{bmatrix}+\boldsymbol{\omega}(\tilde{\boldsymbol{\rho}},\boldsymbol{\varsigma})\right\} \\
&= \dot{\phi}_1(s)\begin{bmatrix}\boldsymbol{\varsigma}\\ \tilde{\boldsymbol{\rho}}\end{bmatrix}^{\mathrm{T}}\begin{bmatrix}\widetilde{\boldsymbol{\mathcal{A}}}^{\mathrm{T}}{}_g\boldsymbol{P}+{}_g\boldsymbol{P}\widetilde{\boldsymbol{\mathcal{A}}}+{}_g\boldsymbol{R} & {}_g\boldsymbol{P}\widetilde{\boldsymbol{\mathcal{B}}}+\boldsymbol{S}^{\mathrm{T}}\\ \widetilde{\boldsymbol{\mathcal{B}}}^{\mathrm{T}}{}_g\boldsymbol{P}+\boldsymbol{S} & -\boldsymbol{\Theta}\end{bmatrix}\begin{bmatrix}\boldsymbol{\varsigma}\\ \tilde{\boldsymbol{\rho}}\end{bmatrix}
\end{aligned}
\tag{6.35}
$$

考虑到 ${}_g\boldsymbol{P}^{\mathrm{T}}={}_g\boldsymbol{P}$ 和公式(6.34)，可以得到

$$
{}_g\dot{\boldsymbol{V}}_1=-\dot{\phi}_1(s)\boldsymbol{\varsigma}^{\mathrm{T}}{}_g\boldsymbol{Q}(k,x)\boldsymbol{\varsigma}\leqslant-\varepsilon\dot{\phi}_1(s)\boldsymbol{\varsigma}^{\mathrm{T}}\boldsymbol{\varsigma}\leqslant\boldsymbol{0} \tag{6.36}
$$

结合 $\dot{\phi}_1(s)=(\alpha\mu_1+\mu_2|s|^{1-\alpha})/|s|^{1-\alpha}\geqslant 0$，保证了 ${}_g\dot{\boldsymbol{V}}_1(s,\mathcal{Z})$ 的负定特性，从而使得控制系统稳定。

步骤 3：四舵轮移动机器人控制过程有限时间的收敛性证明。

考虑下列不等式：

$$
\lambda_{\min}\{{}_g\boldsymbol{P}\}\ \|\boldsymbol{\varsigma}\|_2^2\leqslant\boldsymbol{\varsigma}^{\mathrm{T}}{}_g\boldsymbol{P}\boldsymbol{\varsigma}\leqslant\lambda_{\max}\{{}_g\boldsymbol{P}\}\ \|\boldsymbol{\varsigma}\|_2^2 \tag{6.37}
$$

其中，$\|\boldsymbol{\varsigma}\|_2^2=\varrho_1^2|s|^{2\alpha}+2\varrho_1\varrho_2|s|^{\alpha+1}+\varrho_2^2s^2+\mathcal{Z}^2$，$\|\boldsymbol{\varsigma}\|$ 为欧几里得范数，推导有

$$
\mu_2|s|^{1-\alpha}\leqslant\|\boldsymbol{\varsigma}\|_2\leqslant\frac{{}_g\boldsymbol{V}_1^{1/2}(s,\mathcal{Z})}{\lambda_{\min}^{1/2}\{{}_g\boldsymbol{P}\}},\ \|\boldsymbol{\varsigma}\|_2\geqslant\frac{{}_g\boldsymbol{V}_1^{1/2}(s,\mathcal{Z})}{\lambda_{\max}\{{}_g\boldsymbol{P}\}}
$$

式(6.35)可以表示为

$$
\begin{aligned}
{}_g\dot{\boldsymbol{V}}_1 &\leqslant-\kappa_2[(\alpha\varrho_1+\varrho_2|s|^{1-\alpha})/|s|^{1-\alpha}]\ \|\boldsymbol{\varsigma}\|_2^2 \\
&\leqslant-\kappa_2[\alpha\varrho_1\varrho_2/(\varrho_2|s|^{1-\alpha})+\mu_2]\ \|\boldsymbol{\varsigma}\|_2^2 \\
&\leqslant-\underbrace{\frac{\alpha\kappa_2\varrho_1\varrho_2\lambda_{\min}\{{}_g\boldsymbol{P}\}^{1/2}}{\lambda_{\max}\{{}_g\boldsymbol{P}\}}}_{\gamma_1(\varrho_1)}{}_g\boldsymbol{V}_1^{1/2}(s,\mathcal{Z})-\underbrace{\frac{\kappa_2\varrho_2}{\lambda_{\max}\{{}_g\boldsymbol{P}\}}}_{\gamma_2(\varrho_2)}{}_g\boldsymbol{V}_1(s,\mathcal{Z})
\end{aligned}
\tag{6.38}
$$

定义方程：

$$
\dot{\mathcal{Y}}=-\gamma_1(\varrho_1)\mathcal{Y}^{1/2}-\gamma_2(\varrho_2)\mathcal{Y},\quad \mathcal{Y}(0)=\mathcal{Y}_0>0 \tag{6.39}
$$

由上式可以推导出：

$$
\mathcal{Y}(t)=\exp[-\gamma_2(\varrho_2)t]\left\{\mathcal{Y}_0^{1/2}+\frac{\gamma_1(\varrho_1)}{\gamma_2(\varrho_2)}\left[1-\exp\left(\frac{\gamma_2(\varrho_2)}{2}t\right)\right]\right\}^2 \tag{6.40}
$$

结合式(6.38)和 $V_1(t)\leqslant\mathcal{Y}(t)$，$s$ 和 $\dot{s}$ 收敛到原点的时间可以计算为

$$
T=\frac{2}{\gamma_2(\varrho_2)}\ln\left(\frac{\gamma_2(\varrho_2)}{\gamma_1(\varrho_1)}{}_gV_1^{1/2}(s_0,\mathcal{Z}_0)+1\right) \tag{6.41}
$$

步骤 4：四舵轮移动机器人跟踪过程的控制增益 $\eta_{i=1,2}(s,\dot{s},t)$ 调节。

构造如下的 Lyapunov 函数：

$${}_g\mathbf{V}(\varsigma_{i=1,2},\eta_1,\eta_2)={}_g\mathbf{V}_1+(\eta_1-\eta_1^*)^2/(2\omega_1)+(\eta_2-\eta_2^*)^2/(2\omega_2) \tag{6.42}$$

其中，$\eta_1^*>0,\eta_2^*>0$ 且为正常数。

定义 $\kappa_{\eta_1}=\eta_1-\eta_1^*,\kappa_{\eta_2}=\eta_2-\eta_2^*$ 和 $r=\gamma_2(\varrho_2)/\gamma_1(\varrho_1)$，经过计算可得

$$\begin{aligned}{}_g\dot{\mathbf{V}}(\varsigma_{i=1,2},\eta_1,\eta_2)&=\boldsymbol{\varsigma}^{\mathrm{T}}\boldsymbol{P}\boldsymbol{\varsigma}+\kappa_{\eta_1}\dot{\eta}_1/\omega_1+\kappa_{\eta_2}\dot{\eta}_2/\omega_2\\&\leqslant-r\,{}_g\mathbf{V}_1^{1/2}(\varsigma)+\kappa_{\eta_1}\dot{\eta}_1/\omega_1+\kappa_{\eta_2}\dot{\eta}_2/\omega_2\\&=-r\,{}_g\mathbf{V}_1^{1/2}(\varsigma)-\kappa_5|\kappa_{\eta_1}|/\sqrt{2\omega_1}-\kappa_6|\kappa_{\eta_2}|/\sqrt{2\omega_2}\\&\quad+\kappa_{\eta_1}\dot{\eta}_1/\omega_1+\kappa_{\eta_2}\dot{\eta}_2/\omega_2+\kappa_5|\kappa_{\eta_1}|/\sqrt{2\omega_1}+\kappa_6|\kappa_{\eta_2}|/\sqrt{2\omega_2}\end{aligned} \tag{6.43}$$

考虑到 $(x^2+y^2+z^2)^{1/2}\leqslant|x|+|y|+|z|$ 和 $\eta_0\triangleq\min(r,\kappa_5,\kappa_6)$，有

$$-r\,{}_g\mathbf{V}_1^{1/2}(\varsigma)-\kappa_5|\kappa_{\eta_1}|/\sqrt{2\omega_1}-\kappa_6|\kappa_{\eta_2}|/\sqrt{2\omega_2}\leqslant-\eta_0\sqrt{{}_g\mathbf{V}(\varsigma_{i=1,2},\eta_1,\eta_2)} \tag{6.44}$$

结合式(6.44)，可以将式(6.43)改写为

$$\begin{aligned}{}_g\dot{\mathbf{V}}(\varsigma_{i=1,2},\eta_1,\eta_2)&\leqslant-\eta_0\sqrt{{}_g\mathbf{V}(\varsigma_{i=1,2},\eta_1,\eta_2)}+\kappa_{\eta_1}\dot{\eta}_1/\omega_1\\&\quad+\kappa_{\eta_2}\dot{\eta}_2/\omega_2+\kappa_5|\kappa_{\eta_1}|/\sqrt{2\omega_1}+\kappa_6|\kappa_{\eta_2}|/\sqrt{2\omega_2}\end{aligned} \tag{6.45}$$

对于 $\forall t>0$，存在 $\eta_1^*>0$ 和 $\eta_2^*>0$，满足 $\eta_1-\eta_1^*<0$ 和 $\eta_2-\eta_2^*<0$，计算可得

$$\begin{aligned}{}_g\dot{\mathbf{V}}(\varsigma_{i=1,2},\eta_1,\eta_2)&\leqslant\underbrace{-|\kappa_{\eta_1}|(\dot{\eta}_1/\omega_1-\kappa_5/\sqrt{2\omega_1})-|\kappa_{\eta_2}|(\dot{\eta}_2/\omega_2-\kappa_6/\sqrt{2\omega_2})}_{\Gamma}\\&\quad-\eta_0\sqrt{{}_g\mathbf{V}(\varsigma_{i=1,2},\eta_1,\eta_2)}\end{aligned} \tag{6.46}$$

因此根据增益和滑模值的不同，可以分如下两种情况进行介绍。

情况 1：对于 $|s|>\kappa_4$，增益调整量为

$$\dot{\eta}_1=\kappa_5\sqrt{\omega_1/2},\quad \Gamma=-|\kappa_{\eta_2}|(\dot{\eta}_2/\omega_2-\kappa_6/\sqrt{2\omega_2}) \tag{6.47}$$

选择参数 $\kappa_5=\kappa_6$，可得

$$\eta_2=\kappa_1/\kappa_2+2\kappa_2+\eta_1,\quad \dot{\eta}_2=\dot{\eta}_1=\kappa_5\sqrt{\omega_1/2},\quad \dot{\kappa}_1=\kappa_6\sqrt{\omega_2/2} \tag{6.48}$$

结合式(6.46)和式(6.47)，可推导出：

$${}_g\dot{\mathbf{V}}(\varsigma_{i=1,2},\eta_1,\eta_2)\leqslant-\eta_0\sqrt{{}_g\mathbf{V}(\varsigma_{i=1,2},\eta_1,\eta_2)} \tag{6.49}$$

由步骤 2 可知，控制增益 η_1 需满足式(6.11)确定的条件，此时可以保证四舵轮移动机器人在有限时间内收敛。式(6.48)表明，该情况下增益 η_1 增加直到满足公式(6.11)。这一规则保证了 ${}_g\boldsymbol{Q}$ 的正定性和 ${}_g\dot{\mathbf{V}}(\varsigma_{i=1,2},\eta_1,\eta_2)$ 的负定性，进一步保证跟踪过程的稳定。

情况 2：对于 $|s|\leqslant\kappa_4$，则有

$$\Gamma=\begin{cases}2\left|\eta_1-\eta_1^*\right|\kappa_5/\sqrt{2\omega_1}, & \eta_1>\kappa_8\\-\left|\kappa_8-\eta_1^*+\kappa_7 t\right|\left(\kappa_7/\omega_1-\kappa_5/\sqrt{2\omega_1}\right), & \eta_1\leqslant\kappa_8\end{cases}\tag{6.50}$$

控制增益可以定义为

$$\dot{\eta}_1=\begin{cases}-\kappa_5\sqrt{\omega_1/2}, & \eta_1>\kappa_8\\\kappa_7, & \eta_1\leqslant\kappa_8\end{cases}\tag{6.51}$$

式(6.50)中,第二个公式只在 $\eta_1\leqslant\kappa_8$ 的有限时间范围内成立,此时根据式(6.51)可知控制增益 η_1 增加,表达式为 $\dot{\eta}_1=\kappa_7$,这表明了 Γ 的正定性。因此,当 $|s|$ 增加且达到 $|s|>\kappa_4$ 时,会执行情况 1 的流程。然后 s 将会在有限时间范围内重新趋于满足 $|s|\leqslant\kappa_4$ 条件,触发控制增益的自适应调节,保证跟踪控制的收敛性。证明完毕。

符号函数 sign 经常在超螺旋控制律的构造中使用,使系统能够收敛并跟踪期望值。然而,在滑模面附近,符号函数导致的频繁切换会引起控制律的波动,降低控制性能。为了减轻控制方法本身引起的颤振,可以通过如下方式改进趋近律:使用如饱和(sat)/双曲正切(tanh)等平滑函数代替符号函数来缓解振荡;采用比例或积分项的功能,这使得传统滑模控制律中的不连续项成为光滑连续函数,从而能有效抑制抖振。

分数阶超螺旋滑模算法变增益调节方式可以保证四舵轮移动机器人系统在有限时间内趋于稳定。因此,可以得出在有限时间内 s 和 $\dot{s}$ 趋于平衡域 $X=\{s,\dot{s}:|s|\leqslant\mathcal{J}_1,|\dot{s}|\leqslant\mathcal{J}_2,\mathcal{J}_1>\kappa_4\}$ 中,$\mathcal{J}_{i=1,2}$ 为控制边界。进一步地,通过对式(6.46)进行积分,收敛时间可以估计为 $t_r=2\,{}_g\boldsymbol{V}^{1/2}(t_0)/\eta_0$ 。

6.2.3　变增益超螺旋滑模控制器抗扰分析

定理 6.2　对于四舵轮移动机器人系统,超螺旋的滑模控制方案可以实现集中扰动(包括反馈状态与实际状态的差值)的抑制。

证明　超螺旋滑模控制器的稳定性在定理 6.1 中已证明。设置方程 $\partial s/\partial x=h(x)$,并且定义 $h(x)\neq 0$,则滑模面可以改写为

$$\dot{s}=\boldsymbol{G}_P(x)h(x)(\boldsymbol{A}(x)+f(x,t)+\boldsymbol{B}(x)u_{\mathrm{NMPC}})\tag{6.52}$$

定义 $g(x)$ 为无扰动状态下四舵轮移动机器人所需跟踪的期望参考轨迹。通过使用辅助变量 $s_a(u)$,并且定义 $s_a(u)=s(x)+g(x)$,可得如下方程:

$$g(x)=-\boldsymbol{G}_P(x)h(x)(\boldsymbol{A}(x)+\boldsymbol{B}(x)u)\tag{6.53}$$

定义 $g(0)=0$,有

$$\begin{aligned}\dot{s}_a(u)&=\dot{s}(x)+g(x)\\&=\boldsymbol{G}_P(x)h(x)(\boldsymbol{A}(x)+f(x,t)+\boldsymbol{B}(x)u_{\mathrm{NMPC}})-\boldsymbol{G}_P(x)h(x)(\boldsymbol{A}(x)+\boldsymbol{B}(x)u)\end{aligned}\tag{6.54}$$

定义分层控制律:

$$u(t)=u_{\mathrm{NMPC}}(t)+v(t) \tag{6.55}$$

式中：$u_{\mathrm{NMPC}}(t)$为采用 NMPC 方法生成的控制律；$v(t)$为附加的抗不确定性/扰动超螺旋切换调节律。

由公式(6.55)和$\boldsymbol{G}_P(x)=h^{-1}(x)$，计算可得

$$v(t)=\boldsymbol{B}^{-1}(x)f(x,t) \tag{6.56}$$

由式(6.55)的分层控制律可以得出，若四舵轮移动机器人在一个未受干扰的环境中运行，则跟踪控制律 $u=u_{\mathrm{NMPC}}$ 。这意味着利用所设计的超螺旋滑模控制律可以很好地消除扰动/不确定性。证明完毕。

6.3 非线性模型预测的控制器设计

本节将设计一种 NMPC 算法来推导连续时间控制律 $u_{\mathrm{NMPC}}(t)$，以保证四舵轮移动机器人在无干扰状态下的跟踪。在初始状态 $x(0)=x_0$ 和不确定扰动 $f(t)$ 的影响下，NMPC 方案通过优化以下代价函数来获取合适的控制输入 $\overline{u}_{[t_k,t_{k+N_c-1}|t_k]}$：

$$\mathcal{J}(x,\overline{u}_{[t_k,t_{k+N_c-1}|t_k]},N_c,N_p)=\int_{t_k}^{t_{k+N_p}}(|\boldsymbol{x}(\tau)|^2_{{}_g\mathcal{T}}+|\boldsymbol{u}(\tau)|^2_{{}_g\mathcal{Q}})\mathrm{d}\tau+\mathcal{V}_f(x(t_{k+N_p})) \tag{6.57}$$

$$\overline{u}_{[t_k,t_{k+N_c-1}|t_k]}=[u_0(t_k),u_1(t_k),\cdots,u_{N_c-1}(t_k)] \tag{6.58}$$

$$|\boldsymbol{x}(\tau)|^2_{{}_g\mathcal{T}}=\boldsymbol{x}(\tau)^{\mathrm{T}}{}_g\mathcal{T}x(\tau),\ |\boldsymbol{u}(\tau)|^2_{{}_g\mathcal{Q}}=\boldsymbol{x}(\tau)^{\mathrm{T}}{}_g\mathcal{Q}\,x(\tau) \tag{6.59}$$

考虑到四舵轮移动机器人的控制和模型约束，定义约束集合为

$$x(t)\in\chi_s,\quad x(t_{k+N_p})\in\chi_V,\quad |u(t)|\leqslant u_{i_{\max}}-v_{i_{\max}},\quad t\in[t_k,t_{k+N_p}) \tag{6.60}$$

其中：t_k 为时间常量；${}_g\boldsymbol{\mathcal{T}}$和${}_g\boldsymbol{\mathcal{Q}}$表示正定的权值矩阵；$N_c\geqslant1$ 和 $N_p\geqslant N_c$，分别表示控制和预测范围；χ_s 为状态约束集；$u_{i_{\max}}$ 和 $v_{i_{\max}}$ 分别表示控制变量的限制和切换律；$\mathcal{V}_f(x)=|x|^2_{{}_g\mathcal{W}}$为终端惩罚项，${}_g\boldsymbol{\mathcal{W}}$为对称正定矩阵；$\chi_V$ 是将原点作为内集点的集合且满足以下条件：

$$\chi_V=\{x\,|\,|x|^2_{{}_g\mathcal{W}}\leqslant k_f\},\quad \chi_V\subseteq\chi_s \tag{6.61}$$

其中，k_f 为正常数。为导出终端约束集合，设计控制律 $\mathcal{U}_f$ 为

$$\mathcal{U}_f(e_i(t_k))=\boldsymbol{\mathcal{K}}_g(\hat{x}(t_k)-x(t_k)) \tag{6.62}$$

其中：$\boldsymbol{\mathcal{K}}_g$ 为具有相同代价函数的控制增益；$\hat{x}(t_k)$ 为参考信号。结合式(6.60)和式(6.61)，通过计算可得

$$x(t_k)\in\chi_V,\quad |\mathcal{U}_f(e_i(t_k))|\leqslant u_{i_{\max}}-v_{i_{\max}},\quad \forall\,x(t_{k-1})\in\chi_V \tag{6.63}$$

变量 $\mathcal{V}_f(x)$ 的范围不等式为

$$\mathcal{V}_f(x(t_{k+1}))-\mathcal{V}_f(x(t_k))+\|x(t_k)\|^2_{{}_g\mathcal{T}}+\|\mathcal{U}_f\|^2_{{}_g\mathcal{Q}}\leqslant0 \tag{6.64}$$

其中，${}_g\boldsymbol{\mathcal{T}}$，${}_g\boldsymbol{\mathcal{Q}}$和${}_g\boldsymbol{\mathcal{W}}$为代数 Riccati 方程的正定矩阵，且满足：

$$\| \mathcal{A}(x(t_k)) - \mathcal{B}(x(t_k))k_g \|_{g\mathcal{W}}^2 - {}_g\mathcal{W} + {}_g\mathcal{Q} + \| \mathcal{K}_g \|_{g\mathcal{T}}^2 = 0 \tag{6.65}$$

采用滚动优化策略，可以得到 NMPC 优化控制序列 $\overline{u}^{OP}_{[t_k, t_{k+N_c-1}|t_k]}$，在时间区间 $t \in [t_k, t_{k+1})$ 内，NMPC 的控制律为

$$u_{\mathrm{NMPC}}(t) = \overline{u}^{\mathrm{OP}}_{[t_k, t_{k+N_c-1}|t_k]} \tag{6.66}$$

其中，$\overline{u}^{\mathrm{OP}}_{[t_k, t_{k+N_c-1}|t_k]}$ 为在时间区间 $t \in [t_k, t_{k+1})$ 内优化序列的第一个元素。

6.4 分层控制器设计

6.4.1 集成控制器设计

所研究的四舵轮移动机器人是一个在横向运动控制框架下状态相互关联的系统。同时，在时变负载和外部扰动的作用下，四舵轮移动机器人很难被当作传统的线性模型进行处理，它在跟踪过程中表现出非常强的非线性特性。因此，需要设计控制器，使受扰的非线性四舵轮移动机器人跟踪误差状态收敛到零或原点附近的较小区域。

现有的二阶滑模控制方案通常需要四舵轮移动机器人运行过程中的扰动边界值来求解鲁棒跟踪过程中的抗干扰控制问题。一方面，该控制方案没有对控制器的增益进行较好的处理。原则上，应使用较大的控制增益以使得四舵轮移动机器人的抗扰动性能更好，但过高的固定增益会导致不稳定的控制响应。另一方面，扰动的边界或相关导数信息在四舵轮移动机器人系统的应用中难以得到。因此，为了设计符合实际场景的控制器，提高四舵轮移动机器人的控制性能，本小节制定了如下的控制目标：在扰动边界信息未知的情况下，设计一个可行的控制方案，使四舵轮移动机器人系统在有限时间内到达平衡点；同时，为了扩大控制增益的适应范围，在控制方案中加入自适应增益调整规则，使其可以缓解增益过大造成的系统颤振，利于衰减控制过程中的抖振；然后，利用集成 NMPC 控制器可以消除四舵轮移动机器人系统的稳态误差和减少超调。

为了提高控制性能，设计的分层控制框架如图 6.1 所示。首先采用 NMPC 方法生成控制律 $u_{\mathrm{NMPC}}(t)$，保证四舵轮移动机器人在无外部干扰的状态下能够稳定运行。同时，设计能在有限时间稳定的增益自适应控制器，推导抗干扰的控制响应，使得四舵轮移动机器人的运行状态收敛。在此基础上，所提出的增益自适应控制器(FRFTC)应用超螺旋的控制律来减小未知扰动。针对四舵轮移动机器人设计的控制律为

$$u(t) = u_{\mathrm{NMPC}}(t) + v(t)$$

利用所提出的连续时间 NMPC 方法和附加的抗不确定性/扰动超螺旋切换控制

律，实现了控制过程的优化。分析结果表明，集成的控制方案可以提高四舵轮移动机器人运行过程的精度。

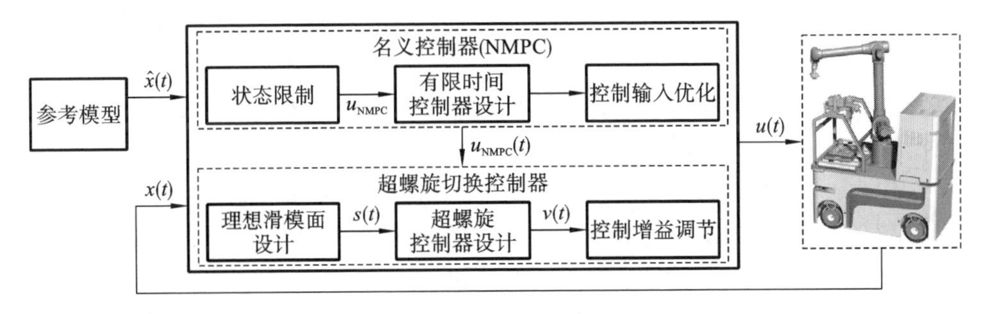

图 6.1 系统控制框架

6.4.2 控制参数选择

下面分析四舵轮移动机器人系统中的可调控制参数的选择与具体实施。

(1) 在实际应用中，如果忽略自适应增益调节，通常考虑较大的固定控制增益值，以保证系统的鲁棒性和抗干扰能力，但这通常伴随着动态跟踪性能的损失。为了提高控制的灵活性，通过式(6.11)～式(6.13)，提出了一种自适应调节机制，具体如下：如果系统满足 $|s|>\kappa_4$，则可以得到 $\eta_1=\eta_1(0)+\kappa_5\sqrt{\omega_1/2}t$，$\eta_1(0)$ 为系统的初始状态并且 $t\leqslant\tilde{t}$，$\tilde{t}$ 为有限的到达时间；如果 $|s|\leqslant\kappa_4$，增益值 η_1 和 η_2 将会减小；$\eta_2=(\kappa_1+2\kappa_2^2+\kappa_2\eta_1)/\kappa_2$，表明 η_1 和 η_2 有相同的调整趋势。通过调整自适应步长 κ_7，$\kappa_5\sqrt{\omega_1/2}$ 和最小增益值 κ_8，该控制方法能在干扰抑制和控制跟踪性能之间取得平衡。该方案不仅提高了控制方法的抗干扰能力，而且避免了增益值过高引起的系统振荡。

(2) 根据所提出的控制器方程(6.5)和方程(6.6)，分数阶阶次 α 在(0.5,1.5)的范围内。具体讨论时划分情况如下：当 $\alpha\in(1,1.5)$ 时，为积分控制项；当 $\alpha\in(0.5,1)$ 时，为微分控制项；当 $\alpha=1$ 时，为整数阶控制方案。在应用中，分数阶阶次 α 可以灵活选择，通过在线调整获得合适的分数阶参数是一种可行的方法，但此时计算量会显著增加。实验发现，四舵轮移动机器人系统的特性决定了合适的分数阶参数值通常在小范围内变化，通过优化算法获得的分数阶参数值可以大大减少系统的工作量，这一方法也确保了控制效率并减少了计算量。

(3) N_c 和 N_p 分别表示用于捕获未来控制变量序列的个数和用于预测未来状态变量的样本个数。通常，N_c 和 N_p 范围大将带来大量的高维矩阵，并且计算量将大幅增加。适当的控制和预测范围可以大大提高跟踪性能。同时，应注意的是，控制范围 N_c 不应大于预测范围 N_p。本章中相关参数(N_c 和 N_p)需要进行预调，以提高系统的跟踪性能。

6.5 效果分析

6.5节彩图
(图6.2至图6.8)

为了验证所提出的FRFTC方案的可行性，所提控制方法的参数设定如下：$\varrho_1=\varrho_2=1,\omega_1=1.1,\kappa_2=0.01,\beta=1.1,\delta=0.03,\mu=0.012,\eta_m=0.3,N_c=N_p=10$和$\alpha=0.9$。所考虑的系统可能受到各种干扰，如未建模动态、有效载荷变化以及路面状况。在这种情况下，使用比例-积分-微分方法（又称PID方法）、不考虑抗干扰机制的NMPC方法、固定增益的FRFTC方法（又称Fixed-gain方法）和所提的自适应增益FRFTC方法进行比较分析。采用人工蜂群的自然启发优化算法获取PID的稳定控制参数。固定增益应该考虑跟踪性能和干扰抑制的权衡，通过权重函数预调来获得固定控制增益（即$\boldsymbol{\eta}_2=[0.36,0.45,0.23]$）。在实验中，计算跟踪性能评价的适应性权值并取值如下：$\boldsymbol{\rho}_1=[9.5\times10^{-4},2.34\times10^{-4}]^{\mathrm{T}},\boldsymbol{\rho}_2=[2.2\times10^{-2},7.16\times10^{-3}]^{\mathrm{T}},\boldsymbol{\rho}_3=[2.7\times10^{-5},6.6\times10^{-6}]^{\mathrm{T}},\boldsymbol{\rho}_4=[0.979,0.99684]^{\mathrm{T}}$。

图6.2和图6.3分别给出了侧偏角跟踪响应曲线和侧偏角跟踪响应误差曲线。如图6.2所示，所有的方法都可以实现稳定的跟踪。由图6.3可知，PID控制方案在模型、参数等不确定情况下导致系统误差有较大的波动。对比发现，所提出的控制策略（FRFTC方法）可以获得更高的精度和更平滑的状态。如表6.1所示，侧偏角的误差峰值可从0.0338 rad（采用PID方法）、0.0083 rad（采用NMPC方法）或0.0268 rad（采用fixed-gain方法）稳定下降至约0.0031 rad（采用所提的FRFTC方法）。自适应的FRFTC方案可以缓解这些不期望的超调，在整个控制过程中产生令人满意的侧偏角跟踪性能。如图6.4和图6.5所示，与上类似的结果可以在横摆角速度跟踪响应和跟踪响应误差中找到。与所提的FRFTC方法相比，Fixed-gain方法、PID方法和NMPC方法导致不可忽略的超调。经对比发现，传统PID控制系统的跟踪响应出现了大量的波动变化，并出现极大的峰值。本章提出的自适应FRFTC方案提

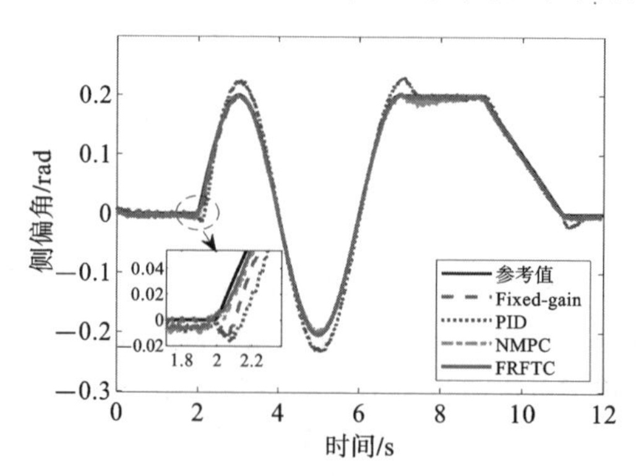

图6.2　侧偏角跟踪响应

供了更高的动态鲁棒性，以实现接近参考轨迹的合成轨迹。对比 Fixed-gain 方法、PID 方法、NMPC 方法的综合性能，采用所提的 FRFTC 方法获得的侧偏角，分别提高了 64.68%、88.42%和 32.36%，极大地提高了跟踪精度。

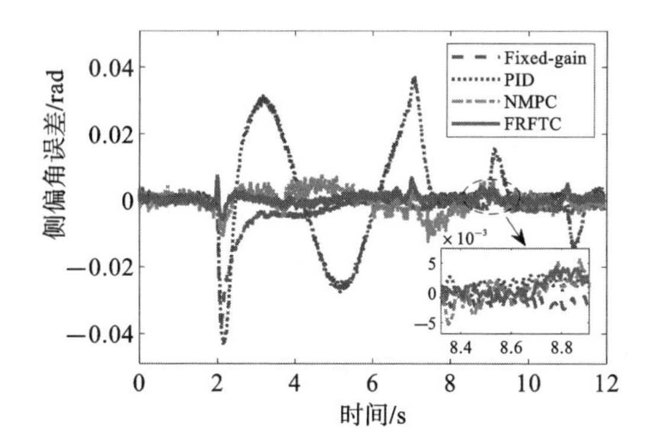

图 6.3　侧偏角跟踪响应误差

表 6.1　不同控制器下跟踪误差的性能

状态	所用方法	标准(×10⁻⁶)				
		IAE	ISE	O_p	SCF	E_c
横摆角速度	Fixed-gain	100	2.34	3800	0.223	0.4481
	PID	230	9.79	8200	0.217	0.8674
	NMPC	220	6.20	5500	0.201	0.6903
	FRFTC	41	1.51	1600	0.191	0.3022
侧偏角	Fixed-gain	300	27.80	26800	0.223	0.6671
	PID	950	191.98	33800	0.217	2.0346
	NMPC	190	6.86	8300	0.201	0.3483
	FRFTC	76	0.99	3100	0.191	0.2356

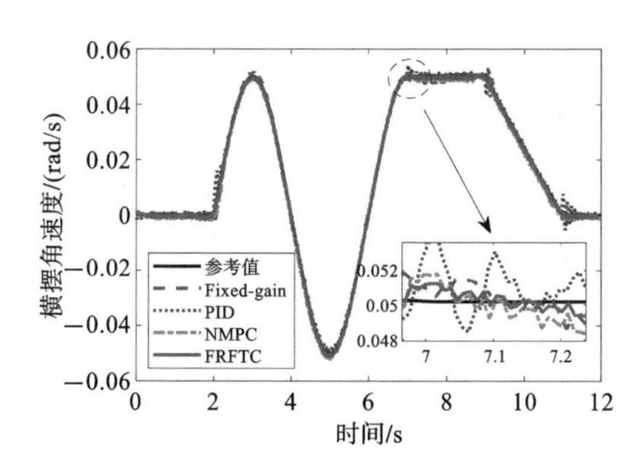

图 6.4　横摆角速度跟踪响应

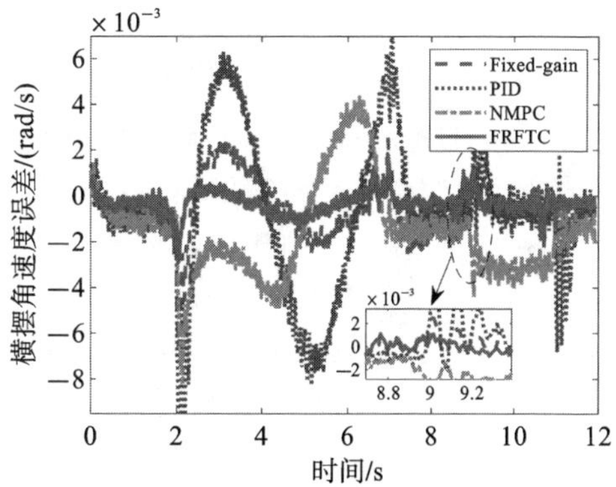

图 6.5　横摆角速度跟踪响应误差

图 6.6 至图 6.8 给出了不同控制方法下的转向角和横摆力矩输入，以及所提方法的控制增益调节信号。从图中可以注意到，采用可变增益可有效抑制集中干扰。因此，该方法可以应用于自适应调节控制器增益，以适应跟踪过程中的变化场景。

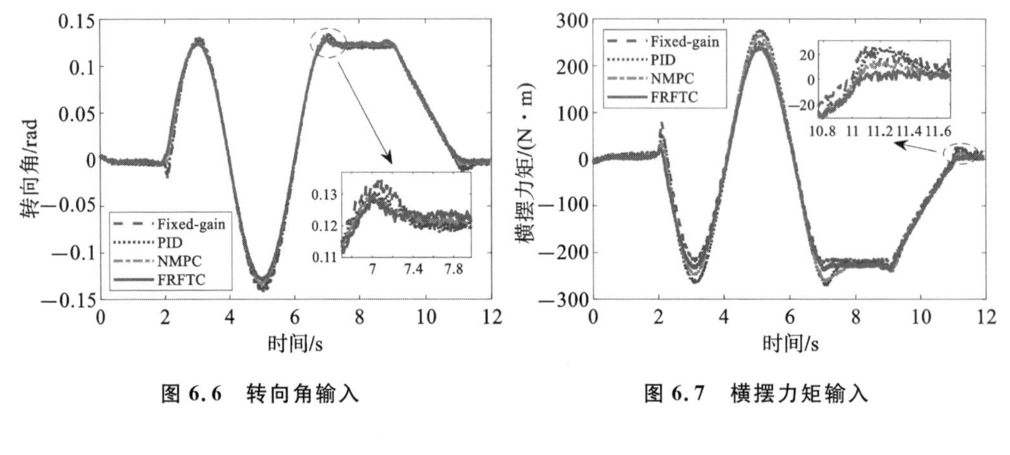

图 6.6　转向角输入

图 6.7　横摆力矩输入

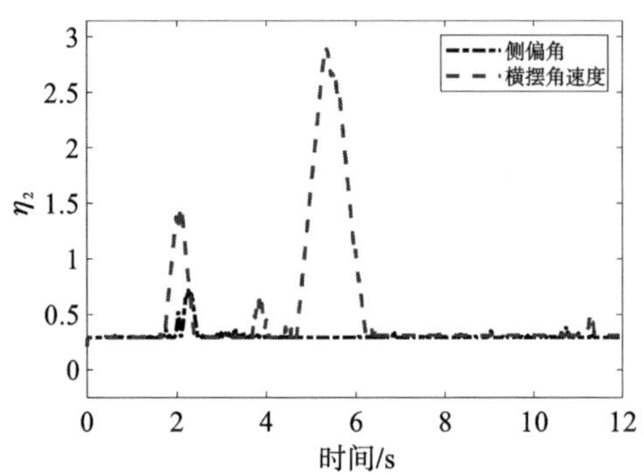

图 6.8　FRFTC 方法的控制增益调节信号

从实验结果来看，很明显不确定性干扰会降低控制器系统的性能。与其他控制方法相比，所提出的自适应 FRFTC 方案能够在减少超调的情况下实现更快速的响应和更小的跟踪误差，从而显著提高所开发四舵轮移动机器人的横向运动控制性能。具体地说，变增益超螺旋滑模控制方案可以在干扰抑制和控制跟踪性能之间进行权衡。在仿真过程中，由于不需要考虑扰动的上边界或相关导数，因此其实现过程比其他控制方法更加简单。同时，本次实验也验证了所提出的集成非线性鲁棒自适应控制器的性能，有效提高了四舵轮移动机器人的操纵稳定性。直观地看，该控制方案的控制输入曲线比传统控制器的更平滑，进一步提高了跟踪过程中的控制性能。

综上，所设计的控制器是可行且有效的。该方法可以提高四舵轮移动机器人的跟踪精度，保证运行的稳定性。

参考文献

[1] 刘畅,杨锁昌,汪连栋,等.基于快速自适应超螺旋算法的制导律[J].北京航空航天大学学报,2019,45(7):1388-1397.

[2] MORENO J A, OSORIO M. Strict Lyapunov functions for the super-twisting algorithm[J]. IEEE Transactions on Automatic Control, 2012, 57(4): 1035-1040.

[3] 刘向杰,韩耀振.多输入多输出非线性不确定系统连续高阶滑模控制[J].控制理论与应用,2016,33(9):1236-1244.

[4] HUANGFU Y,GUO L,MA R,et al. An advanced robust noise suppression control of bidirectional DC-DC converter for fuel cell electric vehicle[J]. IEEE Transactions on Transportation Electrification,2019,5(4):1268-1278.

[5] MOZAYAN S M,SAAD M,VAHEDI H,et al. Sliding mode control of PMSG wind turbine based on enhanced exponential reaching law[J]. IEEE Transactions on Industrial Electronics,2016,63(10):6148-6159.

[6] MAGNI L, SCATTOLINI R. Model predictive control of continuous-time nonlinear systems with piecewise constant control[J]. IEEE Transactions on Automatic Control,2004,49(6):900-906.

[7] COLE D J, PICK A J, ODHAMS A M C. Predictive and linear quadratic methods for potential application to modelling driver steering control[J]. Vehicle System Dynamics,2006,44(3):259-284.

[8] ZHANG J Y, SHEN T L. Real-time fuel economy optimization with nonlinear MPC for PHEVs[J]. IEEE Transactions on Control Systems Technology,2016,24(6):2167-2175.

[9] RUBAGOTTI M, RAIMONDO D M, FERRARA A, et al. Robust model predictive control with integral sliding mode in continuous-time sampled-data nonlinear systems[J]. IEEE Transactions on Automatic Control,2011,56(3):556-570.

[10] KIRAN M S, HAKLI H,GUNDUZ M,et al. Artificial bee colony algorithm with variable search strategy for continuous optimization[J]. Information Sciences,2015,300:140-157.

[11] SINGH P, AGRAWAL P, KARKI H, et al. Vision-based guidance and switching-based sliding mode controller for a mobile robot in the cyber physical framework[J]. IEEE Transactions on Industrial Informatics,2019,15(4):1985-1997.

[12] ZHAO Y K,ZHANG F,HUANG P F,et al. Impulsive super-twisting sliding mode control for space debris capturing via tethered space net robot[J]. IEEE Transactions on Industrial Electronics,2020,67(8):6874-6882.

[13] WANG A M, WEI S J. Sliding mode control for permanent magnet synchronous motor drive based on an improved exponential reaching law[J]. IEEE Access,2019,7:146866-146875.

[14] SHUAI Z B, ZHANG H, WANG J M, et al. Combined AFS and DYC control of four-wheel-independent-drive electric vehicles over CAN network with time-varying delays[J]. IEEE Transactions on Vehicular Technology, 2014,63(2):591-602.

[15] NAGESH I, EDWARDS C. A multivariable super-twisting sliding mode approach[J]. Automatica,2014,50(3):984-988.

[16] GONZALEZ T,MORENO J A,FRIDMAN L. Variable gain super-twisting sliding mode control[J]. IEEE Transactions on Automatic Control,2012,57(8):2100-2105.

[17] LIAO K,XU Y. A robust load frequency control scheme for power systems based on second-order sliding mode and extended disturbance observer[J]. IEEE Transactions on Industrial Informatics,2018,14(7):3076-3086.

7 扰动自补偿解耦控制

7.1 问题描述

四舵轮移动机器人是一个非线性的强耦合系统，其在工业场景下的使用使得跟踪控制过程更加复杂。为保证跟踪过程的稳定，需要实现精准的状态变量调节，并进一步抑制运行过程中的扰动。本章针对四舵轮移动机器人系统提出一种基于逆系统解耦的扰动自补偿控制方法，以实现非线性模型的解耦，并处理横向运动控制和实现扰动自补偿。首先，提出一种基于逆系统的解耦方法，将四舵轮移动机器人系统分解为多个单输入单输出系统，以便于控制器设计和稳定性分析。其次，提出一种改进的分数阶超螺旋控制方案，以确保四舵轮移动机器人跟踪过程的稳定性并使得构造的滑模面能够收敛，很好地解决了解耦后建模精度不足的问题。再次，根据解耦后系统的特点，设计一种多层模糊神经网络(multi-layer fuzzy neural network, MFNN)扰动观测器，通过权值的动态调整，实现四舵轮移动机器人跟踪过程中对所受扰动的自适应估计。然后，将估计的干扰值直接用于控制律的设计中，以改善四舵轮移动机器人的主动干扰抑制性能，提高跟踪过程的稳定性。最后，结合 Lyapunov 理论，计算四舵轮移动机器人系统在保证渐近收敛和闭环稳定下的解耦参数、扰动估计权值参数，推导控制增益参数调整的充分条件，并通过仿真实验验证所提方案的优越性。

7.2 动力学模型解耦

7.2.1 逆系统解耦的存在性条件

如图 7.1 所示，系统通过状态映射可以将原非线性系统转化为多个单输入单输出系统，实现系统模型的解耦。

逆系统的存在性需要通过系统的导数阶来推导。对于一般的多输入多输出系统，可通过如下状态方程表示：

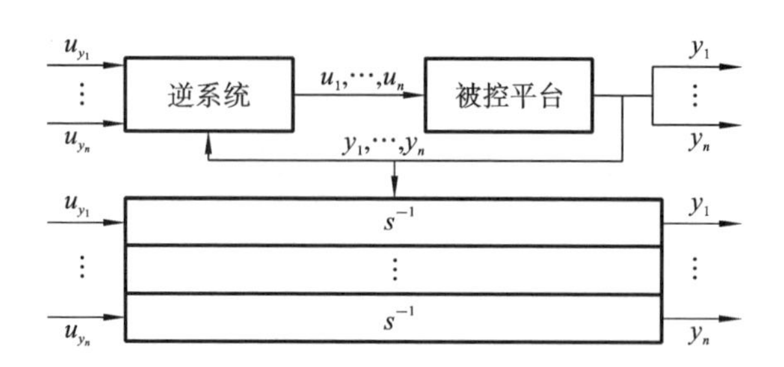

图 7.1　逆系统解耦模型

$$\begin{cases} \dot{x}_1 = f_1(\boldsymbol{x},\boldsymbol{u}) \\ \dot{x}_2 = f_2(\boldsymbol{x},\boldsymbol{u}) \\ \cdots \\ \dot{x}_n = f_n(\boldsymbol{x},\boldsymbol{u}) \end{cases} \tag{7.1}$$

系统状态方程的简化模型可以写成 $\dot{x} = f(\boldsymbol{x},\boldsymbol{u})$，系统的输出方程如下：

$$\begin{cases} \dot{y}_1 = h_1(\boldsymbol{x},\boldsymbol{u}) \\ \dot{y}_2 = h_2(\boldsymbol{x},\boldsymbol{u}) \\ \cdots \\ \dot{y}_g = h_g(\boldsymbol{x},\boldsymbol{u}) \end{cases} \tag{7.2}$$

多输入多输出系统可以表示为

$$\begin{aligned} \dot{\boldsymbol{x}} &= f(\boldsymbol{x},\boldsymbol{u}), \quad \boldsymbol{x}(t_0) = x_0 \\ \dot{\boldsymbol{y}} &= h(\boldsymbol{x},\boldsymbol{u}) \end{aligned} \tag{7.3}$$

其中：$\boldsymbol{x}$ 为系统的状态向量，且 $\boldsymbol{x} = (x_1, x_2, \cdots, x_{n_1})^{\mathrm{T}} \in \mathbb{R}^{n_1}$，$n_1$ 是状态向量的维数；$\boldsymbol{u}$ 是系统的输入向量，且 $\boldsymbol{u} = (u_1, u_2, \cdots, u_{n_2})^{\mathrm{T}} \in \mathbb{R}^{n_2}$，$n_2$ 是系统控制输入变量的个数；$\boldsymbol{y}$ 是系统的输出向量，$\boldsymbol{y} = (y_1, y_2, \cdots, y_{n_3})^{\mathrm{T}} \in \mathbb{R}^{n_3}$，$n_3$ 是系统输出变量的个数。

为了说明四舵轮移动机器人的可解耦特性，给出基于逆系统的解耦过程，具体如下。

步骤 1：求系统输出向量 $\boldsymbol{y}$ 的导数：

$$\boldsymbol{y}^{(\boldsymbol{\alpha})} = \begin{bmatrix} y_1^{(\alpha_1)}(\boldsymbol{x},\boldsymbol{u}) \\ y_2^{(\alpha_2)}(\boldsymbol{x},\boldsymbol{u}) \\ \vdots \\ y_n^{(\alpha_n)}(\boldsymbol{x},\boldsymbol{u}) \end{bmatrix} \tag{7.4}$$

其中，$y^{(\alpha)}$ 是 $\boldsymbol{y}$ 对输入 $\boldsymbol{u}$ 的 $\boldsymbol{\alpha}$ 阶导数，$\boldsymbol{\alpha} = [\alpha_1, \alpha_2, \cdots, \alpha_n]^{\mathrm{T}}$ 。$\boldsymbol{y}$ 连续地对控制变量 $\boldsymbol{u}$ 求导，直到控制变量和 y 呈现线性关系，即可以通过 $\boldsymbol{u}$ 线性表达 $\boldsymbol{y}$。但是如果无论 $\boldsymbol{y}$ 对控制变量 $\boldsymbol{u}$ 求导多少次，都不能将 $\boldsymbol{u}$ 显性表达，这样整个解耦过程就会以异常结束，原系统模型不能采用基于逆系统的方式进行解耦。

步骤 2：对逆系统解耦的存在性进行判断。具体为利用在步骤 1 中获取的显性

控制变量的阶导数 $\boldsymbol{\alpha}$，根据隐函数的存在性原理，系统变量的阶导数向量 $\boldsymbol{\alpha}=[\alpha_1,\alpha_2,\cdots,\alpha_n]^{\mathrm{T}}$ 应满足以下条件：

$$\sum\boldsymbol{\alpha}=\sum_{i=1}^{g}\alpha_i\leqslant n \tag{7.5}$$

通过上述步骤，如果输入控制变量 $\boldsymbol{u}$ 能够以 $\boldsymbol{\alpha}$ 阶次的导数表达输出变量 $\boldsymbol{y}$，并且阶导数 $\boldsymbol{\alpha}$ 满足式(7.5)，则可以基于逆系统对耦合的系统模型进行解耦。

7.2.2　四舵轮移动机器人横向动力学模型逆系统解耦

四舵轮移动机器人横向动力学模型为多变量系统，状态变量 $\boldsymbol{x}=[\beta,\gamma]^{\mathrm{T}}$，输入控制变量 $\boldsymbol{u}=[\delta,M_\omega]^{\mathrm{T}}$，输出状态变量 $\boldsymbol{y}=[\beta,\gamma]^{\mathrm{T}}$。耦合四舵轮移动机器人系统模型可以改写为

$$\begin{cases}\boldsymbol{x}=A\boldsymbol{x}+B\boldsymbol{u}, & \boldsymbol{x}(t_0)=x_0\\ \boldsymbol{y}=C\boldsymbol{x}\end{cases} \tag{7.6}$$

利用上一小节所提的逆系统解耦的存在性条件式(7.5)导出用输入变量 $\boldsymbol{u}$ 线性表达的输出变量 $\boldsymbol{y}$，得到两个输出变量的一阶导数：

$$\boldsymbol{y}^{(\boldsymbol{\alpha})}=\begin{bmatrix}\beta^{(\alpha_1)}\\ \gamma^{(\alpha_2)}\end{bmatrix}=\begin{bmatrix}\dot{\beta}\\ \dot{\gamma}\end{bmatrix}=\begin{bmatrix}\dfrac{F_{\mathrm{yf}}+F_{\mathrm{yr}}}{mV}-\gamma\\ \dfrac{1}{I_z}(L_fF_{\mathrm{yf}}-L_rF_{\mathrm{yr}})+\dfrac{M_z}{I_z}\end{bmatrix}$$
$$=\begin{bmatrix}\dfrac{2(k_{\mathrm{f}}+kk_{\mathrm{r}})}{mV} & 0\\ 2\dfrac{k_{\mathrm{f}}L_f-kk_{\mathrm{r}}L_r}{I_z} & \dfrac{1}{I_z}\end{bmatrix}\begin{bmatrix}\delta\\ M_\omega\end{bmatrix}+{}_d\boldsymbol{\Lambda}_1+\boldsymbol{d} \tag{7.7}$$

其中

$${}_d\boldsymbol{\Lambda}_1=\begin{bmatrix}-2\dfrac{k_{\mathrm{f}}+kk_{\mathrm{r}}}{mV}\beta+\dfrac{2k_{\mathrm{r}}L_r-2k_{\mathrm{f}}L_f}{mV^2}\gamma\\ -2\dfrac{k_{\mathrm{f}}L_f-k_{\mathrm{r}}L_r}{I_z}\beta-2\dfrac{k_{\mathrm{f}}L_f^2+k_{\mathrm{r}}L_r^2}{I_zV}\gamma\end{bmatrix}$$

其中：$\boldsymbol{d}$ 为四舵轮移动机器人运行过程中所受的干扰；k_{f}，k_{r} 分别表示前、后轮刚度系数；k 定义为模型相关的时变参数，以保证建模的统一性，$k\in[-1,1]$。通过对变量 $\boldsymbol{y}$ 求一阶导数，由式(7.7)可知，状态变量的导数可以由控制变量线性表达，该过程满足了逆系统解耦时步骤 1 的条件。根据逆系统解耦时步骤 2 的要求，需要进一步判断解耦的存在性。公式(7.7)中的导数向量 $\boldsymbol{\alpha}$ 满足 $\boldsymbol{\alpha}=[\alpha_1,\alpha_2]=[1,1]$。为验证四舵轮移动机器人逆系统解耦的存在性，矩阵 $\boldsymbol{y}^{(\boldsymbol{\alpha})}=[y^{(\alpha_1)},y^{(\alpha_2)}]$ 的秩可以表示为

$$M=\mathrm{rank}\left[\frac{\partial\boldsymbol{y}}{\partial\boldsymbol{u}^{\mathrm{T}}}\right]=\mathrm{rank}\begin{bmatrix}\dfrac{\partial\beta^{\alpha_1}}{\partial\delta} & \dfrac{\partial\beta^{\alpha_1}}{\partial M_\omega}\\ \dfrac{\partial\gamma^{\alpha_2}}{\partial\delta} & \dfrac{\partial\gamma^{\alpha_2}}{\partial M_\omega}\end{bmatrix}=2 \tag{7.8}$$
$$\sum\boldsymbol{\alpha}=\alpha_1+\alpha_2=2$$

由上式可知，$\partial \boldsymbol{y}/\partial \boldsymbol{u}^{\mathrm{T}}$ 的秩等于导数阶次 $\sum \boldsymbol{\alpha}$。因此，四舵轮移动机器人的横向动力学模型可以采用逆系统解耦。根据隐函数和逆系统方程 $u=\vartheta(x,y)$ 的存在性定理，控制变量 $\boldsymbol{u}$ 可用状态变量 $\boldsymbol{y}$ 的函数表达。四舵轮移动机器人采用逆系统解耦的方程表示为

$$\boldsymbol{u}=\begin{bmatrix} u_1 \\ u_2 \end{bmatrix}=\begin{bmatrix} \dfrac{2(k_{\mathrm{f}}+kk_{\mathrm{r}})}{mV} & 0 \\ 2\,\dfrac{k_{\mathrm{f}}L_f-kk_{\mathrm{r}}L_r}{I_z} & \dfrac{1}{I_z} \end{bmatrix}\begin{bmatrix} \dot{y}_1 \\ \dot{y}_2 \end{bmatrix}+{}_d\Psi+\boldsymbol{d} \tag{7.9}$$

利用上述逆系统解耦方法，对四舵轮移动机器人的输入变量和状态变量进行了变换，输出状态值为 $\boldsymbol{Y}$，$\boldsymbol{Y}=[u_1,u_2]$，控制变量为 $\boldsymbol{U}$，$\boldsymbol{U}=[\dot{y}_1,\dot{y}_2]=[\dot{\beta},\dot{\gamma}]$，具体解耦过程如图 7.2 所示，得到了伪线性化的映射关系，以便于控制器的设计。

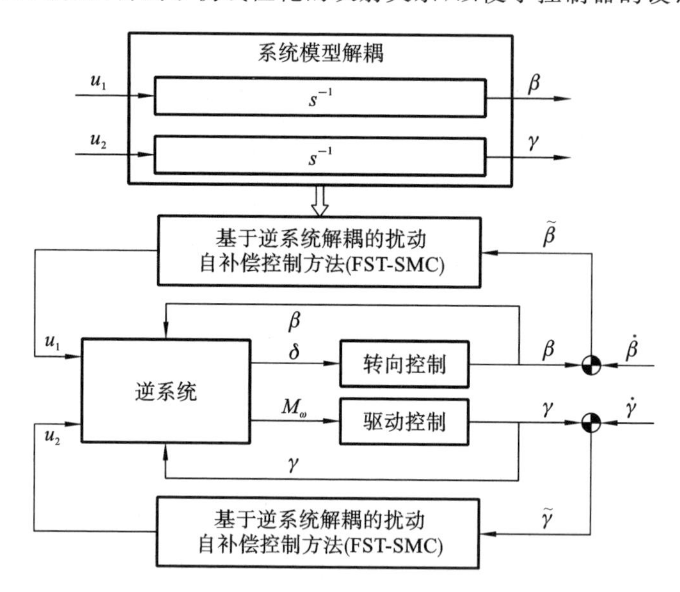

图 7.2 四舵轮移动机器人横向动力学模型解耦过程

上述控制算法解决了四舵轮移动机器人的非线性强耦合问题，得到了不考虑系统误差的输入输出线性映射关系。进一步地，可以转化为状态空间形式，具体如下：

$$\dot{\boldsymbol{x}}=\overline{\boldsymbol{A}}\boldsymbol{x}+\boldsymbol{B}\boldsymbol{u}+\boldsymbol{d} \tag{7.10}$$

逆系统的解耦方法高度依赖四舵轮移动机器人的建模精度，但是，装配误差和轮胎磨损等都会造成建模误差，同时外部扰动也会引起跟踪过程的振荡。因此，设计分数阶超螺旋的扰动自补偿控制方法来解决跟踪控制问题。考虑到四舵轮移动机器人的建模参数等的不确定性，在扰动场景下，模型式(7.10)可以写为

$$\dot{\boldsymbol{x}}=(\boldsymbol{A}+\Delta\boldsymbol{A})\boldsymbol{x}+(\boldsymbol{B}+\Delta\boldsymbol{B})\boldsymbol{u}+\boldsymbol{d} \tag{7.11}$$

式中，$\boldsymbol{A}$ 和 $\boldsymbol{B}$ 为解耦后的系统矩阵。此时取模型参数值 $k_{\mathrm{f}}=k_{\mathrm{f0}}$ 和 $k_{\mathrm{r}}=k_{\mathrm{r0}}$，$\Delta\boldsymbol{A}$ 和 $\Delta\boldsymbol{B}$ 为建模误差。定义解耦后四舵轮移动机器人受到的扰动 $\boldsymbol{g}_d(x,t)$ 为

$$\boldsymbol{g}_d(x,t) = \Delta \boldsymbol{A}\boldsymbol{x} + \Delta \boldsymbol{B}\boldsymbol{u} + \boldsymbol{d} \tag{7.12}$$

因此,状态方程可以改写为

$$\dot{\boldsymbol{x}} = \boldsymbol{A}\boldsymbol{x} + \boldsymbol{B}\boldsymbol{u} + \boldsymbol{g}_d \tag{7.13}$$

7.3 多层模糊神经网络的扰动估计

本节构造了一种多层模糊神经网络,对四舵轮移动机器人受到的外部时变干扰进行动态无偏估计,具体流程如图 7.3 所示。动态调整学习的参数权值,使得估计的数据更接近时变扰动,扰动估计方程表示为

$$\hat{\mathcal{G}} = \hat{\boldsymbol{w}}^{\mathrm{T}}\hat{\boldsymbol{r}}(\boldsymbol{e},\hat{\boldsymbol{\varpi}}_1,\hat{\boldsymbol{\varpi}}_2,\hat{\boldsymbol{\varpi}}_3,\hat{\boldsymbol{\varpi}}_4,\hat{\boldsymbol{\varpi}}_5) \tag{7.14}$$

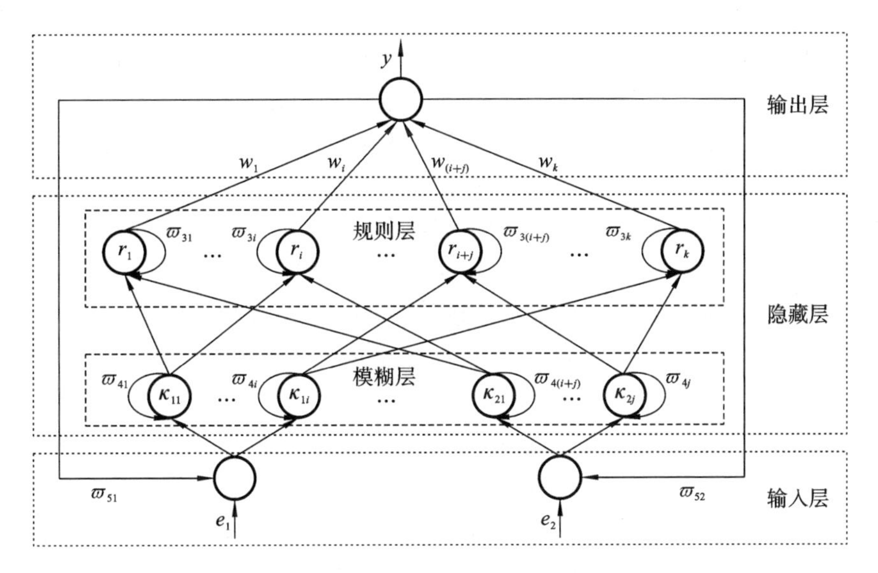

图 7.3 多层模糊神经网络的扰动估计

其中:$\hat{\boldsymbol{w}}$ 为权值;$\hat{\boldsymbol{r}}$ 表示模糊规则的输出;$\hat{\boldsymbol{\varpi}}_{i=1,2,\cdots,5}$ 表示 MFNN 框架中在线调整的自适应参数,$\hat{\boldsymbol{\varpi}}_1$ 表示基础宽度,$\hat{\boldsymbol{\varpi}}_2$ 为中心向量,$\hat{\boldsymbol{\varpi}}_3$ 和 $\hat{\boldsymbol{\varpi}}_4$ 为内层反馈增益,$\hat{\boldsymbol{\varpi}}_5$ 为外层反馈增益;$\boldsymbol{e}$ 为四舵轮移动机器人的跟踪误差向量,此处作为扰动估计器的输入。

定义 $\hat{\mathcal{G}} = \boldsymbol{w}^{*\mathrm{T}}\boldsymbol{r}^* + \boldsymbol{\iota}$,$\boldsymbol{\iota}$ 为映射误差,$\boldsymbol{r}^* = r^*(\boldsymbol{e},\boldsymbol{\varpi}_1^*,\boldsymbol{\varpi}_2^*,\boldsymbol{\varpi}_3^*,\boldsymbol{\varpi}_4^*,\boldsymbol{\varpi}_5^*)$。其中 $\boldsymbol{w}^*$ 和 $\boldsymbol{\varpi}_{i=1,2,\cdots,5}^*$ 为相关的优化参数。计算得到估计误差为

$$\begin{aligned}\mathcal{G} - \hat{\mathcal{G}} &= \boldsymbol{w}^{*\mathrm{T}}\boldsymbol{r}^* + \boldsymbol{\iota} - \hat{\boldsymbol{w}}^{\mathrm{T}}\hat{\boldsymbol{r}} = \boldsymbol{w}^{*\mathrm{T}}(\hat{\boldsymbol{r}} + \tilde{\boldsymbol{r}}) + \boldsymbol{\iota} - \hat{\boldsymbol{w}}^{\mathrm{T}}\hat{\boldsymbol{r}} \\ &= \tilde{\boldsymbol{w}}^{\mathrm{T}}\hat{\boldsymbol{r}} + \tilde{\boldsymbol{w}}^{\mathrm{T}}\tilde{\boldsymbol{r}} + \hat{\boldsymbol{w}}^{\mathrm{T}}\tilde{\boldsymbol{r}} + \boldsymbol{\iota} = \tilde{\boldsymbol{w}}^{\mathrm{T}}\hat{\boldsymbol{r}} + \tilde{\boldsymbol{w}}^{\mathrm{T}}\tilde{\boldsymbol{r}} + \boldsymbol{\iota}_0\end{aligned} \tag{7.15}$$

其中,$\boldsymbol{\iota}_0 = \hat{\boldsymbol{w}}^{\mathrm{T}}\tilde{\boldsymbol{r}} + \boldsymbol{\iota}$,为近似误差。定义 $\tilde{\boldsymbol{\varpi}} = \boldsymbol{\varpi}^{*\mathrm{T}} - \hat{\boldsymbol{\varpi}}^{\mathrm{T}}$ 和 $\tilde{\boldsymbol{r}} = \boldsymbol{r}^{*\mathrm{T}} - \hat{\boldsymbol{r}}^{\mathrm{T}}$。

利用 $\boldsymbol{r}_k$ 梯度向量的变化可以计算得到自适应参数的调整方向。$\tilde{\boldsymbol{r}}$ 通过 Taylor 展开可以表达为

$$\tilde{\boldsymbol{r}} = \sum_{i=1}^{5} \frac{\partial \tilde{\boldsymbol{r}}}{\partial \boldsymbol{\varpi}_i}\Big|_{\varpi_i=\hat{\varpi}_i}(\boldsymbol{\varpi}_i^* - \hat{\boldsymbol{\varpi}}_i) + \boldsymbol{\iota}_h = \sum_{i=1}^{5} \mathrm{d}\boldsymbol{r}_{\varpi_i}\tilde{\boldsymbol{\varpi}}_j + \boldsymbol{\iota}_h \tag{7.16}$$

其中，$\boldsymbol{\iota}_h$ 为 Taylor 展开的高阶项，$\mathrm{d}\boldsymbol{r}_{\hat{\omega}_{i=1,\cdots,5}}$ 为梯度的系数矩阵向量，表示为

$$\mathrm{d}\boldsymbol{r}_{\varpi_i} = \left[\frac{\partial \tilde{\boldsymbol{r}}_1}{\partial \boldsymbol{\varpi}_i}^{\mathrm{T}}, \frac{\partial \tilde{\boldsymbol{r}}_2}{\partial \boldsymbol{\varpi}_i}^{\mathrm{T}}, \cdots, \frac{\partial \tilde{\boldsymbol{r}}_k}{\partial \boldsymbol{\varpi}_i}^{\mathrm{T}}\right]^{\mathrm{T}}\Bigg|_{\varpi_i=\tilde{\varpi}_i} \tag{7.17}$$

结合式(7.15)和式(7.16)，有

$$\boldsymbol{\mathcal{G}} - \hat{\boldsymbol{\mathcal{G}}} = \tilde{\boldsymbol{w}}^{\mathrm{T}}\hat{\boldsymbol{r}} + \hat{\boldsymbol{w}}^{\mathrm{T}}\sum_{i=1}^{5}\partial \boldsymbol{r}_{\hat{\omega}_i} \cdot \tilde{\boldsymbol{\varpi}}_i + \boldsymbol{\iota}_m \tag{7.18}$$

其中，$\boldsymbol{\iota}_m = \hat{\boldsymbol{w}}^{\mathrm{T}}\boldsymbol{\iota}_h + \boldsymbol{\iota}_0$，为近似误差之和，其导数由给定的正常数进行边界限定，即 $|\boldsymbol{i}_m| \leqslant \iota_d$ 。

如图 7.3 所示，所构造的 MFNN 框架框架包含输入层、隐藏层和输出层。隐藏层实现模糊化和估计规则的制定。网络同时存在两个内反馈环和一个外反馈环，以提高误差估计的精度。输入层、隐藏层和输出层的功能和调整方式阐述如下。

(1) 输入层。该层用于输入四舵轮移动机器人的跟踪误差，并从输出层获得状态估计的调整信息。神经网络的权值 $\boldsymbol{\varpi}_5$ 用于组合输入层和输出层。基于输入向量 $\boldsymbol{e}$（具体为 e_1 和 e_2），输入层的输出信息表示为

$$\varepsilon_l = \boldsymbol{\varpi}_5 y_l + e_l, \quad l = 1,2 \tag{7.19}$$

(2) 隐藏层。通过对输入层信息的整合，可以得到这一层的输出 $r_k(N)$：

$$r_k(N) = (1 - w_{\Pi}(N))\exp[-\theta_j^2(N)/2]\Pi_j(\theta_j(N)) + \boldsymbol{\Psi}_k(N)r_k(N-1) \tag{7.20}$$

其中，权值 $w_{\Pi}(N) \in (0,1)$，$\Pi_j(\theta_j)$ 和 $\theta_j(N)$ 为

$$\Pi_n(\theta_j) = \begin{cases} 1, & n = 1 \\ 2\theta_j, & n = 2 \\ 2\theta_j\Pi_{n-1}(\theta_j) - 2(n-1)\Pi_{n-2}(\theta_j), & n \geqslant 3 \end{cases} \tag{7.21}$$

$$\theta_j(N) = \kappa_{1i}(N) \cdot \kappa_{2j}(N) \tag{7.22}$$

其中，κ_{1i} 和 κ_{2j} 为模糊化过程的输出，$i = 1,2,\cdots,5$，$j = 1,2,\cdots,5$，可以定义为

$$\kappa_{1i}(N) = c_{1i}\exp[-(\varepsilon_1 + \boldsymbol{\varpi}_{3i}\kappa_{1i}(N-1) - a_{1i}^2)^2 \mid b_{1i}\mid^{-1}] \tag{7.23}$$

$$\kappa_{2j}(N) = c_{2j}\exp[-(\varepsilon_2 + \boldsymbol{\varpi}_{4j}\kappa_{2j}(N-1) - a_{2j}^2)^2 \mid b_{2j}\mid^{-1}] \tag{7.24}$$

其中：$\boldsymbol{\varpi}_{3i}$ 和 $\boldsymbol{\varpi}_{4j}$ 表示内部反馈的权值增益；c_{1i} 和 c_{2j} 是正权值常数。

(3) 输出层。这一层对四舵轮移动机器人所受的外部扰动进行估计和计算。由神经网络估计的扰动输出可以通过构造的外部环路反馈到输入层。权值 w_k 用于连接输出层和隐藏层中的各个单元。具体地，输出 $y(N)$ 可以定义为

$$y(N) = \sum_{k=1}^{25} w_k(N)r_k(N) = w_1(N)r_1(N) + \cdots + w_k(N)r_k(N) \tag{7.25}$$

其中：N 为迭代次数；w_k 为隐藏层与输出层的权值。

MFNN 扰动估计的重要特征如下：多个回路（即两个内环回路和一个外反馈回路）的动态调整，可以存储更多信息，提高对未知扰动的渐进逼近性能；与固定基础宽度和中心向量的传统扰动估计器相比，所提出的这些参数可以在线调整以获得最优权值；多层状态反馈调整，可以防止由于估计扰动的剧烈变化而引起系统振荡，增强了系统的动态平滑性和稳定性。因此，扰动的动态补偿，使得四舵轮移动机器人系统可以跟踪期望的轨迹，保证运行过程的精度。

7.4　自补偿扰动控制器设计

7.4.1　分数阶滑模面构建

为提高解耦后四舵轮移动机器人的控制性能，设计了如下的滑模面：

$$\boldsymbol{s} = \boldsymbol{e} + \boldsymbol{\vartheta}_1 \boldsymbol{e}^{p/q} + \boldsymbol{\vartheta}_1 D^{o-1} \boldsymbol{e} \tag{7.26}$$

其中，$\boldsymbol{s} = [s_1, s_2]^{\mathrm{T}} \in \mathbb{R}^2$，为设计的滑模面；$p$ 和 q 为正奇数且满足 $1 < p/q < 2$，$\boldsymbol{\vartheta}_{i=1,2} \in \mathbb{R}^{2\times 2}$，为正定矩阵；$\boldsymbol{e}^{p/q} = [e_1^{p/q}, e_2^{p/q}]^{\mathrm{T}}$，为状态误差矩阵，$e_1$ 和 e_2 为状态误差；D 为分数阶算子；o 为预先设置的分数阶阶次。为实现四舵轮移动机器人扰动自补偿跟踪控制器的设计，提出如下定理。

7.4.2　超螺旋滑模控制器设计

定理 7.1　对于解耦的四舵轮移动机器人系统，计算等效律 $\mathcal{U}_{\mathrm{eq}}$ 和设计超螺旋的趋近律 $\mathcal{U}_{\mathrm{sw}}$，如果系统采用如下分数阶控制律 $\mathcal{U}_{\mathrm{FSMC}}$：

$$\mathcal{U}_{\mathrm{FSMC}} = \mathcal{U}_{\mathrm{eq}} + \mathcal{U}_{\mathrm{sw}} \tag{7.27}$$

$$\mathcal{U}_{\mathrm{eq}} = \mathcal{B}^{-1}[-(1 + \boldsymbol{\vartheta}_1 pq^{-1} \boldsymbol{e}^{p/q-1})^{-1} \boldsymbol{\vartheta}_2 D^{o} \boldsymbol{e} - \mathcal{A}\mathcal{X} + \dot{\mathcal{X}}_{\mathrm{r}}] \tag{7.28}$$

$$\mathcal{U}_{\mathrm{sw}} = (\mathcal{B} + \mathcal{B}\boldsymbol{\vartheta}_1 pq^{-1} \boldsymbol{e}^{p/q-1})^{-1}(-\eta_1 \Phi_1 - \eta_2 \Phi_2) \tag{7.29}$$

$$\Phi_1({}_d\boldsymbol{s}) = \zeta_1 [\![{}_d\boldsymbol{s}]\!]^{\alpha} + \zeta_2 [\![{}_d\boldsymbol{s}]\!]^{0.5} \tag{7.30}$$

$$\begin{aligned}\dot{\Phi}_2(\boldsymbol{s}) &= \dot{\Phi}_1(\boldsymbol{s})\dot{\Phi}_1({}_d\boldsymbol{s}) \\ &= \zeta_1^2 \alpha [\![{}_d\boldsymbol{s}]\!]^{2\alpha-1} + (0.5+\alpha)\zeta_1\zeta_2 [\![{}_d\boldsymbol{s}]\!]^{\alpha-0.5} + 0.5\zeta_2^2 \operatorname{sign}({}_d\boldsymbol{s})\end{aligned} \tag{7.31}$$

其中，$\zeta_{i=1,2}$ 为正常数，$\mathcal{X}_{\mathrm{r}}$ 为参考状态，$\alpha \in (0,1)$ 为分数阶阶次，$\eta_{i=1,2} \in \mathbb{R}^{+}$，为调节的控制增益，则存在变量 η_1, η_2，将所设计的滑模变量在有限时间范围内收敛到零点附近，实现四舵轮移动机器人的稳定运行。

证明　滑模面 $\boldsymbol{s}$ 关于时间的导数为

$$\dot{\boldsymbol{s}} = \dot{\boldsymbol{e}} + \boldsymbol{\vartheta}_1 pq^{-1} \boldsymbol{e}^{p/q-1} \dot{\boldsymbol{e}} + \boldsymbol{\vartheta}_2 D^{o} \boldsymbol{e}, \quad \dot{\boldsymbol{e}} = \dot{\mathcal{X}} - \dot{\mathcal{X}}_{\mathrm{r}} \tag{7.32}$$

结合式(7.13)，对上式进行计算得到

$$\dot{\boldsymbol{s}} = \underbrace{(1 + \boldsymbol{\vartheta}_1 pq^{-1} \boldsymbol{e}^{p/q-1})}_{{}_d\Xi}(\mathcal{A}\mathcal{X} + \mathcal{B}\mathcal{U}_{\mathrm{FSMC}} - \dot{\mathcal{X}}_r) + \boldsymbol{\vartheta}_2 D^{o} \boldsymbol{e} \tag{7.33}$$

将未知干扰 $\mathcal{G}$用式(7.14)得到的无偏估量 $\hat{\mathcal{G}}$代替，结合式(7.27)～式(7.31)和式(7.33)可得

$$\dot{s} = {}_d\Xi(\mathcal{A}\mathcal{X} + \mathcal{B}(\mathcal{U}_{eq} + \mathcal{U}_{sw}) - \dot{\mathcal{X}}_r) + \boldsymbol{\vartheta}_2 D^{\sigma}\boldsymbol{e} = -\eta_1\Phi_1 - \eta_2\Phi_2 \tag{7.34}$$

定义状态向量 $\boldsymbol{\mathcal{M}} = [\mathcal{M}_{\eta_1}, \mathcal{M}_{\eta_2}]^{\mathrm{T}}$，其中 $\mathcal{M}_{\eta_1} = \Phi_1$ 和 $\mathcal{M}_{\eta_2} = \eta_2\Phi_2$，选择 Lyapunov 函数为

$$V_1 = \boldsymbol{\mathcal{M}}^{\mathrm{T}}{}_d\boldsymbol{P}\boldsymbol{\mathcal{M}} \tag{7.35}$$

其中，${}_d\boldsymbol{P} = \begin{bmatrix} \mathcal{P} + \mathcal{Q}^2 & -\mathcal{Q} \\ -\mathcal{Q} & 1 \end{bmatrix}$，且 $\mathcal{P} > 0$，$\mathcal{Q} > 0$，均为任意常量。

由 $\dot{\Phi}_2 = \dot{\Phi}_1\Phi_1$ 可以得到：

$$\dot{\boldsymbol{\mathcal{M}}} = \begin{bmatrix} \dot{\Phi}_1(-\eta_1\Phi_1 - \eta_2\Phi_2) \\ -\eta_2\Phi_2 \end{bmatrix} = \dot{\Phi}_1 \underbrace{\begin{bmatrix} -\eta_1 & 1 \\ -\eta_2 & 0 \end{bmatrix}}_{\mathcal{J}} \boldsymbol{\mathcal{M}} = \dot{\Phi}_1 \boldsymbol{\mathcal{J}}\boldsymbol{\mathcal{M}} \tag{7.36}$$

计算式(7.35)的导数为

$$\dot{V}_1 = \dot{\boldsymbol{\mathcal{M}}}^{\mathrm{T}}{}_d\boldsymbol{P}\boldsymbol{\mathcal{M}} + \boldsymbol{\mathcal{M}}^{\mathrm{T}}{}_d\boldsymbol{P}\dot{\boldsymbol{\mathcal{M}}} = \dot{\Phi}_1\boldsymbol{\mathcal{M}}^{\mathrm{T}}(\boldsymbol{\mathcal{J}}^{\mathrm{T}}{}_d\boldsymbol{P} + {}_d\boldsymbol{P}\boldsymbol{\mathcal{J}})\boldsymbol{\mathcal{M}} = -\dot{\Phi}_1\boldsymbol{\mathcal{M}}^{\mathrm{T}}{}_d\boldsymbol{Q}\boldsymbol{\mathcal{M}} \tag{7.37}$$

$${}_d\boldsymbol{Q} = \begin{bmatrix} 2\eta_1(\mathcal{P} + \mathcal{Q}^2) - 2\mathcal{Q}\eta_2 & \eta_2 - \mathcal{P} - \mathcal{Q}^2 - \mathcal{Q}\eta_1 \\ \eta_2 - \mathcal{P} - \mathcal{Q}^2 - \mathcal{Q}\eta_1 & 2\mathcal{Q} \end{bmatrix} \tag{7.38}$$

定义 $\eta_2 = \mathcal{P} + \mathcal{Q}^2 + \mathcal{Q}\eta_1$，则可得如下方程：

$${}_d\boldsymbol{Q} - \mathrm{diag}\{\mathcal{Q}, \mathcal{Q}\} = \begin{bmatrix} 2\eta_1(\mathcal{P} + \mathcal{Q}^2) - 2\mathcal{Q}\eta_2 - \mathcal{Q} & 0 \\ 0 & \mathcal{Q} \end{bmatrix} \tag{7.39}$$

利用代数 Riccati 不等式和定义一个小的正常数 m，可以得到如下不等式：

$$\eta_1 \geqslant m + (2\mathcal{P})^{-1}(2\mathcal{Q}\mathcal{P} + 2\mathcal{Q}^3 + \mathcal{Q}) \tag{7.40}$$

上式保证了 ${}_d\boldsymbol{Q} - \mathrm{diag}\{\mathcal{Q}, \mathcal{Q}\}$ 为正定矩阵并且满足：

$$\dot{V}_1 = -\dot{\Omega}_1\boldsymbol{\mathcal{M}}^{\mathrm{T}}{}_d\boldsymbol{Q}\boldsymbol{\mathcal{M}} \leqslant -\mathcal{Q}\left(\frac{\alpha\zeta_1}{|s|^{1-\alpha}} + \frac{\zeta_2}{2s^{0.5}}\right)\boldsymbol{\mathcal{M}}^{\mathrm{T}}\boldsymbol{\mathcal{M}} \tag{7.41}$$

矩阵 ${}_d\boldsymbol{P}$ 的特征值关系表明 $\lambda_{\min}\{{}_d\boldsymbol{P}\}\|\boldsymbol{\mathcal{M}}\|_2^2 \leqslant \boldsymbol{\mathcal{M}}^{\mathrm{T}}{}_d\boldsymbol{P}\boldsymbol{\mathcal{M}} \leqslant \lambda_{\max}\{{}_d\boldsymbol{P}\}\|\boldsymbol{\mathcal{M}}\|_2^2$，并且 $\|\boldsymbol{\mathcal{M}}\|_2^2 = \mathcal{M}_{\eta_1}^2 + \mathcal{M}_{\eta_2}^2 = \zeta_1^2|s|^{2\alpha} + 2\zeta_1\zeta_2|s|^{\alpha+0.5} + \zeta_2^2 s + \eta_2^2\Phi_2^2$ 和 $1-\alpha \in (0,1)$，分析得

$$\zeta_2|s|^{1-\alpha} \leqslant \|\boldsymbol{\mathcal{M}}\|_2 \leqslant V_1^{0.5}\lambda_{\min}^{-0.5}\{{}_d\boldsymbol{P}\}, \|\boldsymbol{\mathcal{M}}\|_2 \geqslant V_1^{0.5}\lambda_{\max}^{-0.5}\{{}_d\boldsymbol{P}\} \tag{7.42}$$

将式(7.41)代入式(7.42)有

$$\dot{V}_1 \leqslant -\mathcal{Q}\left(\frac{\alpha\zeta_1}{|s|^{1-\alpha}} + \frac{\zeta_2}{2s^{0.5}}\right)\|\boldsymbol{\mathcal{M}}\|_2^2 \leqslant -\frac{(\alpha\zeta_1\zeta_2 + 0.5\mathcal{Q})\lambda_{\min}^{0.5}\{{}_d\boldsymbol{P}\}}{\lambda_{\max}\{{}_d\boldsymbol{P}\}}V_1^{0.5} \tag{7.43}$$

分析上式可得 $\dot{V}_1 \leqslant 0$，这保证了四舵轮移动机器人系统的闭环稳定性。进一步分析有 $\Upsilon(\zeta_1,\zeta_2) \triangleq (\alpha\zeta_1\zeta_2 + 0.5\mathcal{Q})\lambda_{\min}^{0.5}\{{}_d\boldsymbol{P}\}\lambda_{\max}^{-1}\{{}_d\boldsymbol{P}\}$，定义解 $\dot{v} = -\Upsilon(\zeta_1,\zeta_2)v^{0.5}$，$v(0) = v_0 > 0$，定义 $v(t) = (v_0^{0.5} - 0.5\Upsilon t)^2$。当 $V(s_0) \leqslant v_0$ 时，有 $V_1 \leqslant v$，则有限的收敛时间为

$$T = 2\Upsilon^{-1}(\zeta_1, \zeta_2)V^{0.5}(s_0) \tag{7.44}$$

因此，使用合适的增益 η_1 和 η_2，可以将所构造的滑模面 s 及其导数 $\dot{s}$ 在有限的时间内收敛到零点附近，证明在所设计的控制律作用下，四舵轮移动机器人能够保证稳定运行。证明完毕。

7.4.3　扰动自补偿集成控制方案设计

通常四舵轮移动机器人在工业应用中所考虑的地形条件特征如下：不平整的地面，会扰乱驱动力或横向力矩，从而使得控制精度不足，甚至导致运行不稳；油渍地形，难以产生足够的横摆力矩，从而导致车轮打滑和横向摇摆。考虑到恶劣的地形条件会影响系统的跟踪性能，甚至导致系统动力学不稳定，本小节尝试对四舵轮移动机器人进行稳定、精确的解耦控制，从两方面保证其在恶劣地形条件下的鲁棒性：利用分数阶超螺旋滑模控制器，设计一种增强型 FST-SMC 控制器，保证系统跟踪性能，且能够抑制不必要的抖振；不同于传统解耦方法需要建模精度高，本小节设计一种基于 MFNN 的无偏模糊观测器来主动补偿系统总扰动，较好且全面地解决由外部或解耦线性化过程中产生的不确定性扰动，实现四舵轮移动机器人的稳定运行。

针对四舵轮移动机器人，设计了图 7.4 所示的基于解耦的扰动自补偿集成控制框架，包含分数阶超螺旋滑模控制律 $\mathcal{U}_{\mathrm{FSMC}}$ 和基于 MFNN 抗扰动估计所设计的控制律 $\mathcal{U}_{\mathrm{MFNN}}$，具体的集成控制律为

$$\mathcal{U} = \mathcal{U}_{\mathrm{FSMC}} + \mathcal{U}_{\mathrm{MFNN}}, \quad \mathcal{U}_{\mathrm{MFNN}} = -\mathcal{B}^{-1}\hat{\mathcal{G}} \tag{7.45}$$

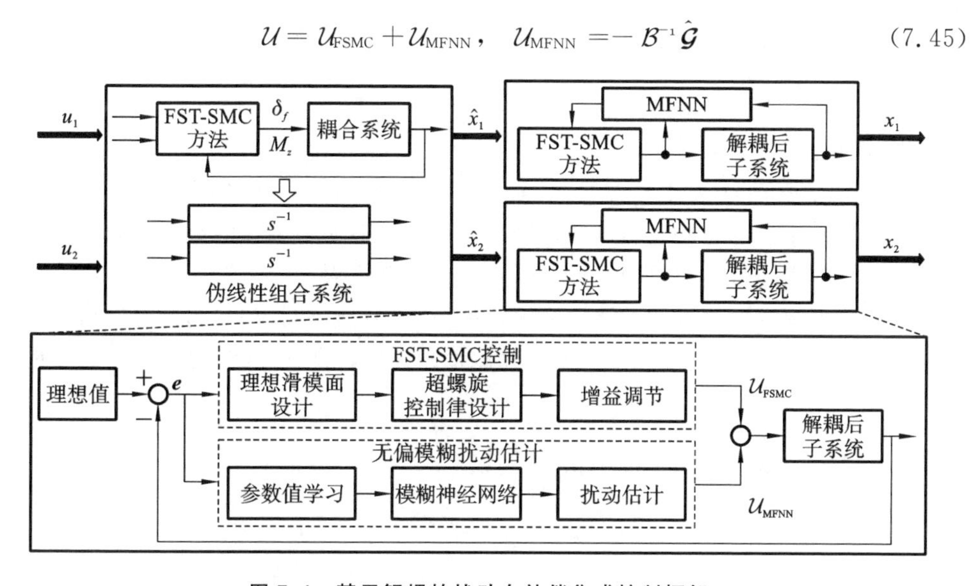

图 7.4　基于解耦的扰动自补偿集成控制框架

由于在实际运行中，难以对四舵轮移动机器人受到的扰动 $\mathcal{G}$ 进行准确测量。设计基于 MFNN 的扰动观测器，可以实现扰动的实时无偏估计，从而可以得到所设计的 FST-SMC 控制律。

7.5 节彩图

7.5 效果分析

仿真过程主要包括模型解耦、参数初始化、扰动估计、控制律（图 7.5 至图 7.13）计算和增益调节过程。具体的控制参数选择如下：$p=5, q=3$，$\alpha=o=0.9, \zeta_1=\zeta_2=1, \boldsymbol{\lambda}=\mathrm{diag}\{2,1\}, \boldsymbol{\sigma}_{\min}=0.18, 0.3^{\mathrm{T}}, \boldsymbol{\omega}_1=[0.0017, 0.002]^{\mathrm{T}}$，$\boldsymbol{\tau}=[1,1]^{\mathrm{T}}, \boldsymbol{\mu}_1=[0.01, 0.01]^{\mathrm{T}}, \tau_w=3\times10^5, \tau_{i=1,2,\cdots,5}=1\times10^4, \boldsymbol{w}=\mathrm{diag}\{0.1176, 0.1176\}$。在本章中，自定义参数需要进行预处理调整。自定义参数的调整规则如下：

(1) 积分滑模面可以通过指定 $\alpha, o\in(0,1)$ 来实现。调整参数，可以根据公式(7.43)和公式(7.44)灵活调节到达滑模面的时间。在实际应用中，α 和 o 的实时调节可以改善横向跟踪性能，但增加的计算负担不容忽视。同时，在微处理器计算中，分数阶微积分可以用分数阶差分和 n 步迭代来近似，适合实际四舵轮移动机器人的应用。对分数阶进行预调整，将 n 阶指定为 5，以权衡计算负担和控制效率。

(2) 在传统终端滑模控制器的设计中，分数阶项 $\boldsymbol{e}^{p/q-1}\dot{\boldsymbol{e}}$ 可能出现奇异性问题。这意味着当 $\boldsymbol{e}=0$ 且 $\dot{\boldsymbol{e}}\neq0$ 时，无法保证有界控制效果。为导出控制律，定义 p 和 q 为正奇数且满足 $1<p/q<2$。这样就可以完全克服传统终端滑模控制器的奇异性问题。

7.5.1 逆系统解耦测试

本小节将辨识所提渐近稳定方案的解耦特性。为此，利用脉冲信号对解耦后的系统进行激励。如图 7.5 所示，一个参考输入的突然变化对另一个输出的影响较小。具体为当激活 u_1 时，β 发生相应变化，但是 γ 有轻微的振动。同时，当添加 u_2 激励时，γ 会发生变化，而 β 没有发生明显的改变。这一实验表明逆系统的形式可以接近移动机器人系统的实际数学模型，但不可避免地存在建模误差、未建模动力学和外部干扰。这导致了变量之间有细微波动和解耦振荡。所设计的扰动观测器可以对扰动进行进一步处理，从而实现横摆角速度 γ 和侧偏角 β 的解耦，确保横向变量 β 和 γ 的独立控制。

7.5.2 自补偿扰动抑制仿真测试

本小节验证所提控制策略的横向跟踪性能和鲁棒性。自适应权值选择如下：$\boldsymbol{\rho}_1=[1.0\times10^{-3}, 1.4\times10^{-3}]^{\mathrm{T}}, \boldsymbol{\rho}_2=[4.8\times10^{-2}, 0.80]^{\mathrm{T}}, \boldsymbol{\rho}_3=[1.1\times10^{-3}, 2.3\times10^{-4}]^{\mathrm{T}}$，$\boldsymbol{\rho}_4=[0.94, 0.19]^{\mathrm{T}}$。选择传统的终端滑模控制(terminal SMC，TSMC)和不带模糊干扰估计器的解耦 TMSC(decoupling TSMC，DTSMC)方法与所提的 FST-SMC 方法进行比较。所有控制器均在无抖振设计方案下有相同的初始状态，四舵轮移动机器人控制参数均进行了优化预调整，且在相同的操作条件下进行实验，以确保公平。

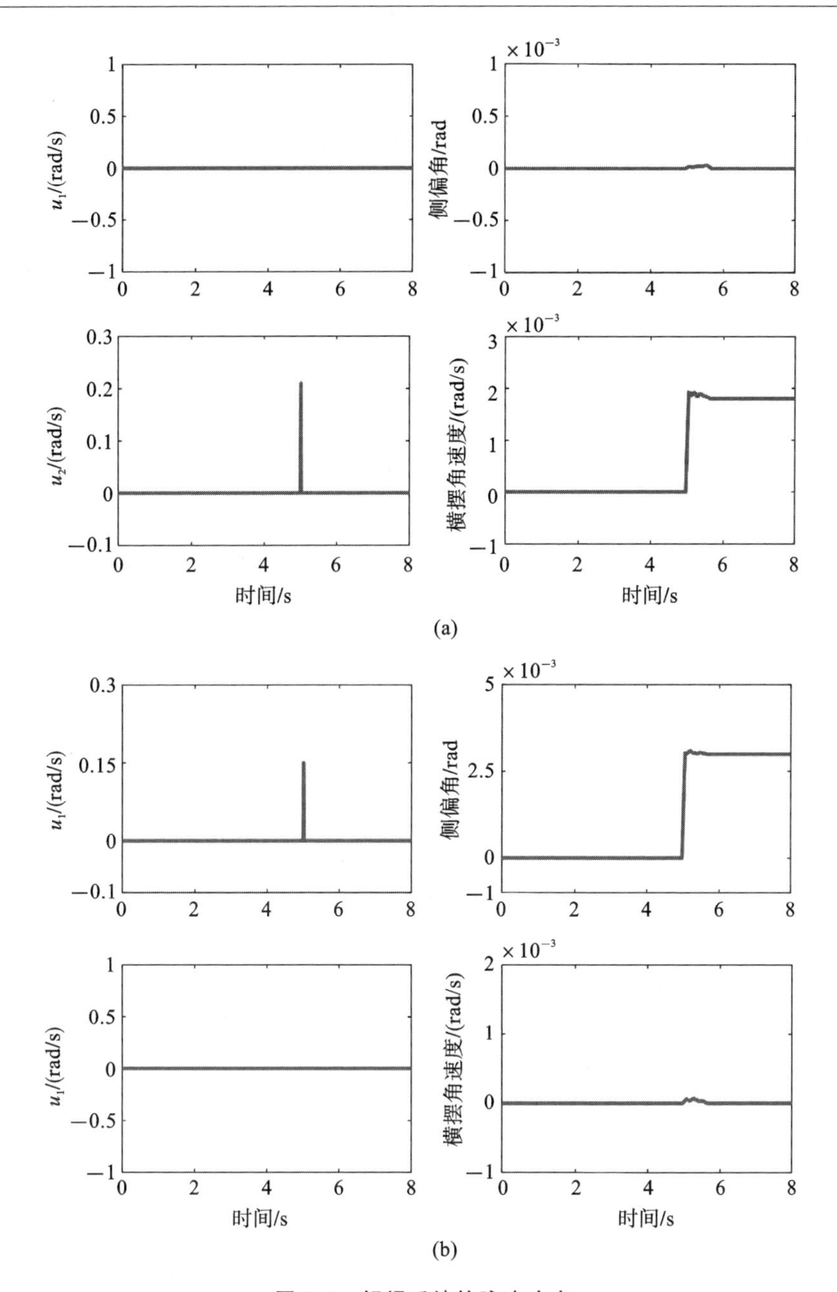

图 7.5 解耦系统的脉冲响应

本实验采用广泛使用的阿克曼模式。侧偏角跟踪响应和跟踪响应误差分别如图 7.6和图 7.7 所示。由图 7.6 可知,传统方法和所提出的 FST-SMC 方法均可以实现稳定的横向跟踪控制。由图 7.7 可知,在不确定性扰动的作用下,TSMC 控制方案的跟踪误差导致了更大的振动。相比之下,所提出的 FST-SMC 方法拥有更高的精度和更平滑的运行状态。例如,侧偏角的跟踪响应误差峰值从超过 0.006 rad(在

TSMC 方法下)、0.005 rad(在 DTSMC 方法下),稳定下降到约 0.002 rad(在所提出的 FST-SMC 方法下)。因此,所提出的 FST-SMC 方法可以缓解这些不期望的超调,在整个控制过程中产生令人满意的侧偏角跟踪控制效果。如图 7.8 所示,横摆角速度跟踪响应结果与侧偏角的类似。从图 7.9 可知,传统的 TSMC 控制系统有大幅振动变化,并出现巨大的误差峰值。与本章所提出的 FST-SMC 方法相比,传统的 TSMC 和 DTSMC 方法将导致不可忽略的超调。所提出的 FST-SMC 方法提供了更高的动态鲁棒性,使合成轨迹接近参考轨迹。由表 7.1 可知,所提方法相比于 TSMC 方法和 DTSMC 方法,横摆角速度跟踪控制效果分别提高了 69.22%和 49.78%。

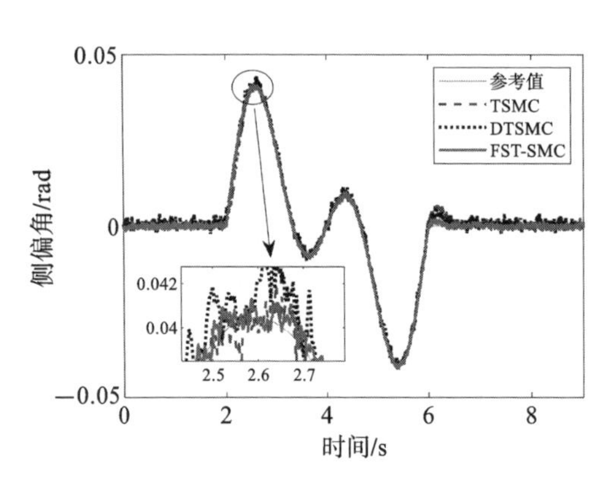

图 7.6　侧偏角跟踪响应

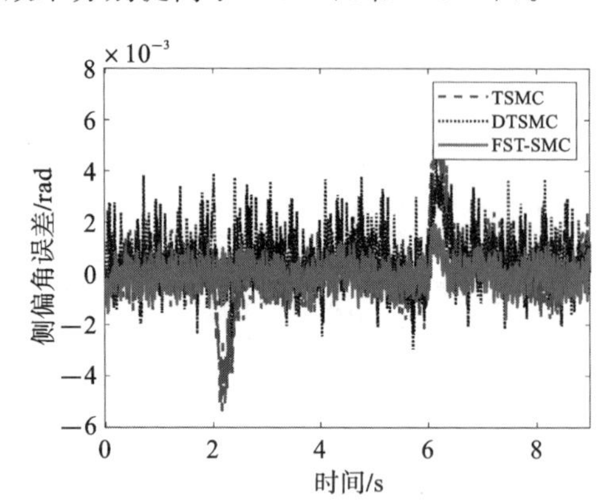

图 7.7　侧偏角跟踪响应误差

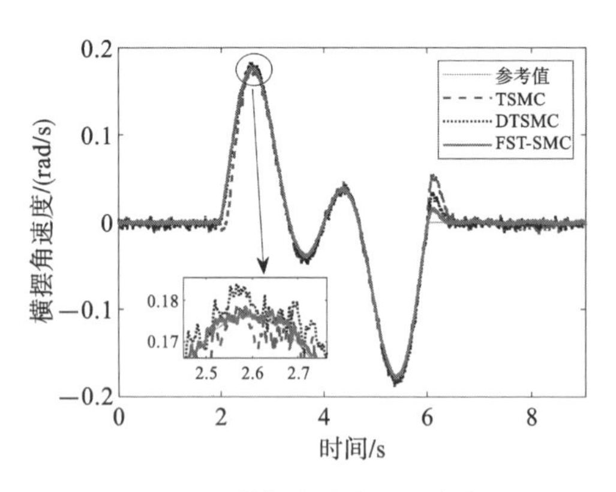

图 7.8　横摆角速度跟踪响应

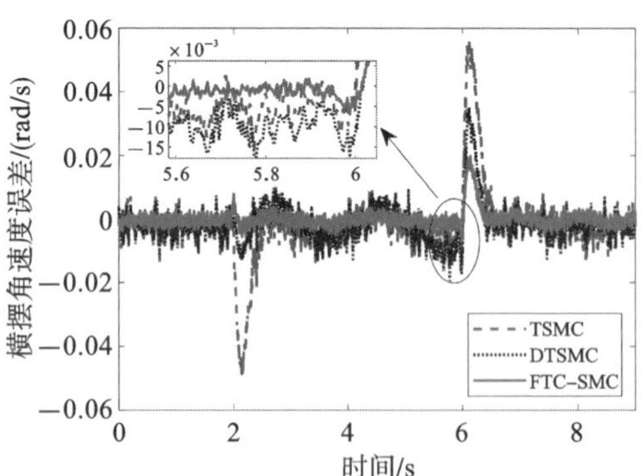

图 7.9　横摆角速度跟踪响应误差

图 7.10 和图 7.11 呈现了相关控制输入信号的变化,包括横摆力矩和转向角,而图 7.12 和图 7.13 给出了控制增益调节和扰动估计情况。自适应可变增益和抗干扰的自主补偿方案有利于有效抑制集中干扰。因此,它可以应用于自动和自适应调节控制器,以适应各种操作条件。为了定量分析,表 7.1 给出了相应性能评价标准。总的来说,本章提出的 FST-SMC 方法,可以实现更平滑和动态误差更小的控制特性,从而提高四舵轮移动机器人的横向运动稳定性能。此外,为了评估基于 MFNN 的

干扰估计的时延，执行了100次实验来比较运行的时间。以平均值为例进行分析，所提出的方法比DTSMC和TSMC方法平均多消耗大约2 ms的时间，这在工业应用场景中可以忽略。因此，MFNN估计器和分数阶调整所引起的时滞效应不会影响所提的FST-SMC方法的实时性。

表7.1 不同控制器下跟踪误差的性能

状态	所用方法	标准（$\times 10^{-6}$）				
		IAE	ISE	O_p	SCF	E_c
侧偏角	TSMC	836	1.67	6000	6.68	48.5088
	DTSMC	982	1.58	5000	4.41	33.2476
	FST-SMC	384	0.24	2000	1.12	8.6712
横摆角速度	TSMC	6300	131.55	56000	6.68	81.8709
	DTSMC	4500	42.27	35100	4.41	50.1704
	FST-SMC	1500	7.64	19800	1.12	25.1970

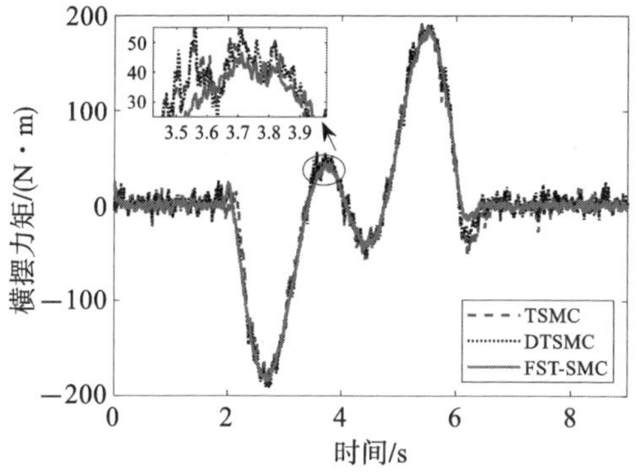

图7.10 横摆力矩控制输入

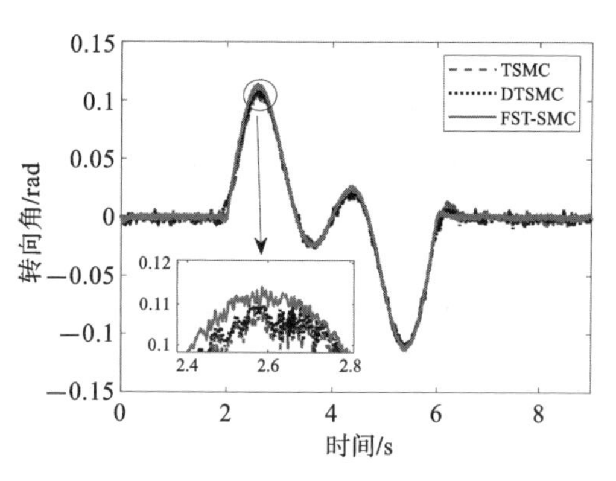

图7.11 转向角控制输入

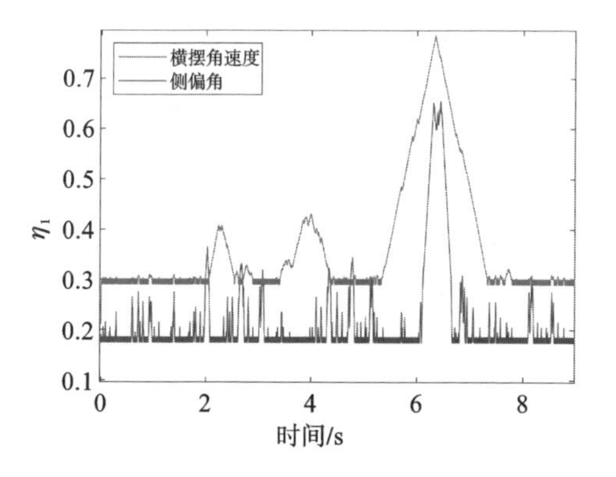

图7.12 控制增益调节

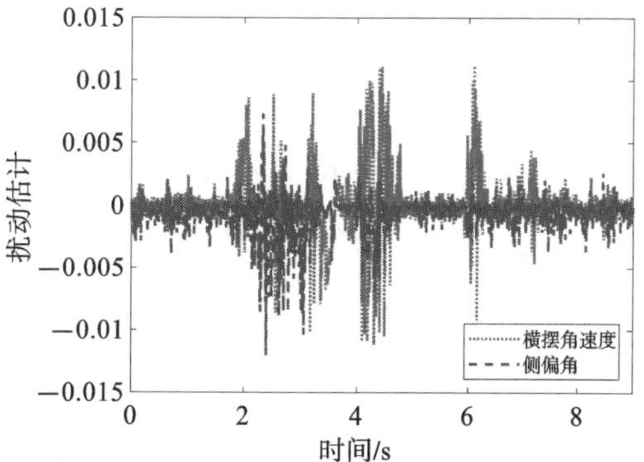

图7.13 系统扰动估计

参考文献

[1] CHEN Z, HUANG F H, SUN W C, et al. RBF-neural-network-based adaptive robust control for nonlinear bilateral teleoperation manipulators with uncertainty and time delay [J]. IEEE/ASME Transactions on Mechatronics, 2019,25(2):906-918.

[2] WANG Y Y,ZHU K W,YAN F,et al. Adaptive super-twisting nonsingular fast terminal sliding mode control for cable-driven manipulators using time-delay estimation[J]. Advances in Engineering Software,2019,128:113-124.

[3] SHI H B, XU M, HWANG K S. A fuzzy adaptive approach to decoupled visual servoing for a wheeled mobile robot[J]. IEEE Transactions on Fuzzy Systems,2020,28(12):3229-3243.

[4] MARINO R,SCALZI S. Asymptotic sideslip angle and yaw rate decoupling control in four-wheel steering vehicles[J]. Vehicle System Dynamics,2010,48(9):999-1019.

[5] JIANG L Q,WANG S T,MENG J,et al. Inverse decoupling-based direct yaw moment control of a four-wheel independent steering mobile robot[C]// Proceedings of IEEE/ASME International Conference on Advanced Intelligent Mechatronics. New York:IEEE,2020:892-897.

[6] LI M,MAO C H,ZHU Y,et al. Data-based iterative dynamic decoupling control for precision MIMO motion systems[J]. IEEE Transactions on Industrial Informatics,2020,16(3):1668-1676.

[7] ZHOU H B,DENG H,DUAN J A. Hybrid fuzzy decoupling control for a precision maglev motion system[J]. IEEE/ASME Transactions on Mechatronics,2018,23(1):389-401.

[8] FU Y,HONG C W,LI J Y. Optimal decoupling control method and its application to a ball mill coal-pulverizing system[J]. IEEE/CAA Journal of Automatica Sinica,2018,5(6):1035-1043.

[9] SHI K,YUAN X F,HUANG G M,et al. Compensation-based robust decoupling control system for the lateral and longitudinal stability of dis-tributed drive electric vehicle[J]. IEEE/ASME Transactions on Mechatronics,2019,24(6):2768-2778.

[10] WANG Y Y,JIANG S R,CHEN B,et al. A new continuous fractional-order nonsingular terminal sliding mode control for cable-driven manipulators[J]. Advances in Engineering Software,2018,119:21-29.

[11] JEONG S, CHWA D. Sliding-mode-disturbance-observer-based robust tracking

control for omnidirectional mobile robots with kinematic and dynamic uncertainties [J]. IEEE/ASME Transactions on Mechatronics,2021,26(2):741-752.

[12] FEI J T,FENG Z L. Fractional-order finite-time super-twisting sliding mode control of micro gyroscope based on double-loop fuzzy neural network[J]. IEEE Transactions on Systems, Man, and Cybernetics: Systems, 2021, 51 (12):7692-7706.

[13] JIANG L Q, WANG S T, XIE Y L, et al. Anti-disturbance direct yaw moment control of a four-wheeled autonomous mobile robot [J]. IEEE Access,2020,8:174654-174666.

[14] YONG K N, CHEN M, WU Q X. Anti-disturbance control for nonlinear systems based on interval observer [J]. IEEE Transactions on Industrial Electronics,2020,67(2):1261-1269.

[15] CHEN W H, YANG J, GUO L, et al. Disturbance observer-based control and related methods—an overview [J]. IEEE Transactions on Industrial Electronics,2016,63(2):1083-1095.

8　分布式力矩容错分配

8.1　问题描述

目前针对移动机器人的控制分配策略大多是直接分配，未考虑执行器的动力学特性和对未知干扰、不确定性的主动抑制，容易导致运动不协调。此外，全向移动机器人的执行器数量在增加，这也增大了发生故障的概率。轮毂电机等执行器的故障会导致系统操纵性能下降，甚至导致系统发生侧偏倾覆。因此，为了保证系统的跟踪性能和稳定性，具有容错能力的冗余驱动移动机器人控制分配算法值得研究和开发。为此，本章提出了基于系统稳定的动态力矩协调分配方法，首先利用模糊估计器，设计了一种改进的超螺旋滑模方法，实现对系统时变扰动和时变集中扰动的抑制，进而构建四轮独立驱动/制动力矩分配准则，使用故障因子表示执行器驱动故障建模；在此基础上，设计基于模型预测控制的力矩容错分配算法，通过在线调整模型参数，利用滚动优化和反馈校正，优化容错力矩输入序列，实现自适应容错控制；最后通过实验验证了冗余驱动移动机器人执行器故障情况下所提算法的有效性和鲁棒性。

8.2　执行器驱动故障模型

冗余驱动移动机器人在提高运动性能的同时，也增加了系统的复杂性和驱动器的数量，还增大了发生故障的概率。轮毂电机(执行器)可能因网络中断、电机过热等而发生故障。如图 8.1 所示，当左后轮的驱动系统出现故障而停止力矩输出时，只有左前轮、右前轮、右后轮的电机能够实时根据上层控制器发来的控制命令驱动电机输出力矩。在这种情况下，如果系统没有故障检测与容错机制，依然按照正常情况进行力矩分配，可能会引起机器人抖动、失稳甚至发生倾覆，严重影响机器人的控制稳定性与安全性。

为确保移动机器人持续、可靠工作，当执行器发生故障后，为保证机器人在一定时间内的运行稳定和安全，系统应能快速地检测出故障，进而采取相应的容错控制。因此，有必要针对冗余驱动移动机器人建立故障检测与容错机制，其中故障检测主要用于检测执行器驱动系统的状态。

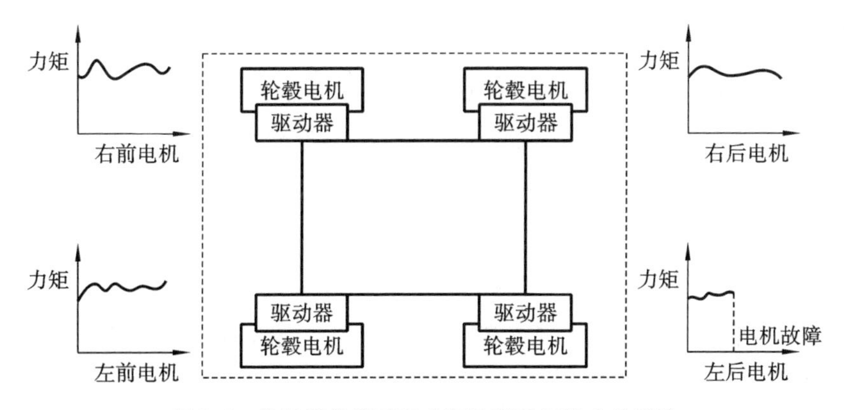

图 8.1 执行器故障对冗余驱动移动机器人的影响

由于本章主要研究四轮全向冗余驱动移动机器人出现故障时的容错控制情况，因此假设系统中各个电机的故障状态可以通过现有的故障检测技术获得。当电机 i 出现故障后，电机停止输出力矩，工作在从动轮模式，但转向功能正常。采用故障因子 ξ_i 表示第 i 个电机控制器状态，当电机正常时 ξ_i 为 1，当出现故障时 ξ_i 置为 0，即

$$\xi_i(t)=\begin{cases}0,\text{故障}\\1,\text{正常}\end{cases} \tag{8.1}$$

则整个驱动系统电机状态矩阵为

$$\boldsymbol{\xi}=\begin{bmatrix}\xi_{\mathrm{lf}} & 0 & 0 & 0\\0 & \xi_{\mathrm{rf}} & 0 & 0\\0 & 0 & \xi_{\mathrm{lr}} & 0\\0 & 0 & 0 & \xi_{\mathrm{rr}}\end{bmatrix} \tag{8.2}$$

假设通过故障检测技术，机器人系统能够识别出发生故障的电机，考虑到多个执行器同时发生故障的概率很小，不失一般性地，假设四个驱动电机在某一时刻只有一个电机发生故障。

8.3 基于模型预测控制的力矩分配

考虑到基于滚动优化的模型预测控制在多目标优化、显示处理约束方面等具有显著优势，本节将模型预测控制（MPC）技术应用于冗余驱动移动机器人的多执行器力矩分配。

结合系统状态方程得到如下系统状态空间方程：

$$\dot{x}_i=\left(-\frac{r^2}{J_r v_x}-\frac{x_i+1}{\frac{1}{4}mv_x}\right)\cdot C_{\lambda i}x_i+\frac{r}{J_r v_x}u_i \tag{8.3}$$

$$y = \frac{d}{2}(-C_{\lambda \mathrm{lf}} x_{\mathrm{lf}} + C_{\lambda \mathrm{rf}} x_{\mathrm{rf}} - C_{\lambda \mathrm{lr}} x_{\mathrm{lr}} + C_{\lambda \mathrm{rr}} x_{\mathrm{rr}}) \tag{8.4}$$

其中,状态量为四个驱动轮的滑移率 $\lambda_{lf}, \lambda_{rf}, \lambda_{lr}, \lambda_{rr}$,输入量为电机力矩命令值 T_{lf},T_{rf}, T_{lr}, T_{rr},系统输出为四个驱动轮纵向力产生的总横摆力矩,即

$$\boldsymbol{x} = \begin{bmatrix} \lambda_{\mathrm{lf}} \\ \lambda_{\mathrm{rf}} \\ \lambda_{\mathrm{lr}} \\ \lambda_{\mathrm{rr}} \end{bmatrix} = \begin{bmatrix} x_1 \\ x_2 \\ x_3 \\ x_4 \end{bmatrix}, \quad \boldsymbol{u} = \begin{bmatrix} T_{\mathrm{lf}} \\ T_{\mathrm{rf}} \\ T_{\mathrm{lr}} \\ T_{\mathrm{rr}} \end{bmatrix} = \begin{bmatrix} u_1 \\ u_2 \\ u_3 \\ u_4 \end{bmatrix}$$

使用欧拉公式对系统模型进行离散化,从而得到离散的非线性形式:

$$\boldsymbol{x}(k+1) = f^k(\boldsymbol{x}(k), \boldsymbol{u}(k)) \cdot h + \boldsymbol{x}(k) \tag{8.5}$$

$$\boldsymbol{y}(k) = \boldsymbol{C} \cdot \boldsymbol{x}(k) \tag{8.6}$$

其中,k 表示采样时刻,h 表示采样周期,f^k 表示系统在时刻 k 的梯度。系统输出矩阵为

$$\boldsymbol{C} = \frac{d}{2}[-C_{\lambda \mathrm{lf}}, C_{\lambda \mathrm{rf}}, -C_{\lambda \mathrm{lr}}, C_{\lambda \mathrm{rr}}] \tag{8.7}$$

进而推导得到

$$x_1(k+1) = \left[\left(-\frac{r^2}{J_r v_r} - \frac{x_1(k)+1}{\frac{1}{4} m v_x}\right) \cdot C_{\lambda \mathrm{lf}} h + 1\right] x_1(k) + \frac{rh}{J_r v_x} u_1(k) \tag{8.8}$$

$$x_2(k+1) = \left[\left(-\frac{r^2}{J_r v_x} - \frac{x_2(k)+1}{\frac{1}{4} m v_x}\right) \cdot C_{\lambda \mathrm{rf}} h + 1\right] x_2(k) + \frac{rh}{J_r v_x} u_2(k) \tag{8.9}$$

$$x_3(k+1) = \left[\left(-\frac{r^2}{J_r v_x} - \frac{x_3(k)+1}{\frac{1}{4} m v_x}\right) \cdot C_{\lambda \mathrm{lr}} h + 1\right] x_3(k) + \frac{rh}{J_r v_x} u_3(k) \tag{8.10}$$

$$x_4(k+1) = \left[\left(-\frac{r^2}{J_r v_x} - \frac{x_4(k)+1}{\frac{1}{4} m v_x}\right) \cdot C_{\lambda \mathrm{rr}} h + 1\right] x_4(k) + \frac{rh}{J_r v_x} u_4(k) \tag{8.11}$$

定义 N_p 为预测时域,N_m 为控制时域,设 $N_p = N_m$。在采样时刻 k,将未来控制输入序列定义为 $\boldsymbol{U}(k)$,将预测输出序列定义为 $\boldsymbol{Y}(k)$,将参考输出序列定义为 $\boldsymbol{R}(k)$,并且在每个预测时域保持不变,有

$$\boldsymbol{U}(k) = \begin{bmatrix} u(k \mid k) \\ u(k+1 \mid k) \\ \vdots \\ u(k+N_p-1 \mid k) \end{bmatrix}_{N_p \times 1}, \quad \boldsymbol{Y}(k) = \begin{bmatrix} y(k+1 \mid k) \\ y(k+2 \mid k) \\ \vdots \\ y(k+N_m \mid k) \end{bmatrix}_{N_m \times 1},$$

$$\boldsymbol{R}(k) = \begin{bmatrix} r(k) \\ r(k) \\ \vdots \\ r(k) \end{bmatrix} = \begin{bmatrix} M_z \\ M_z \\ \vdots \\ M_z \end{bmatrix}_{N_m \times 1} \tag{8.12}$$

上层稳定性横摆力矩控制器通过对期望轨迹的跟踪控制得到一个虚拟控制量，即附加横摆力矩 M_z，下层控制分配层需要控制驱动电机组产生与期望 M_z 相同的输出值。因此，主要目标函数为

$$J_1 = \| \boldsymbol{Y}(k) - \boldsymbol{R}(k) \|_{\boldsymbol{Q}_r}^2 = \sum_{i=1}^{N_p} [(y(k+i \mid k) - M_z(k))^2 \cdot \boldsymbol{Q}_r] \tag{8.13}$$

其中：来自上层控制器的横摆力矩 M_z 作为参考值，在预测周期内保持不变；$\boldsymbol{Q}_r$ 为正定加权矩阵。

滑移率直接影响轮胎纵向力，当轮胎滑移率在小范围内变化时，轮胎纵向力与滑移率呈线性关系。当滑移率超过最大滑移率 $\lambda_{\max}$ 时，滑移率将进入非线性且不稳定的区域，因此需要将其限制在稳定范围内，即

$$-\lambda_{\max} \leqslant \lambda_i \leqslant \lambda_{\max} \tag{8.14}$$

由于系统的非线性特性，为优化求解速度，使用惩罚函数，使得 λ_i 保持在稳定范围内。

$$S_i(k) = \begin{cases} \lambda_i(k) - \lambda_{\max}, & \lambda_i > \lambda_{\max} \text{ 或 } \lambda_i < -\lambda_{\max} \\ 0, & -\lambda_{\max} \leqslant \lambda_i \leqslant \lambda_{\max} \end{cases} \quad i = \mathrm{lf,rf,lr,rr} \tag{8.15}$$

进而得到关于 $S_i(k)$ 的目标函数：

$$\begin{aligned} J_2 = \| \boldsymbol{\xi S}(k) \|_{\boldsymbol{F}_r}^2 = \sum_{j=1}^{N_p} [&(\xi_{\mathrm{lf}} S_{\mathrm{lf}}(k+j \mid k)^2 + \xi_{\mathrm{rf}} S_{\mathrm{rf}}(k+j \mid k)^2 \\ &+ \xi_{\mathrm{lr}} S_{\mathrm{lr}}(k+j \mid k)^2 + \xi_{\mathrm{rr}} S_{\mathrm{rr}}(k+j \mid k)^2) \cdot \boldsymbol{F}_r] \end{aligned} \tag{8.16}$$

其中，$\boldsymbol{F}_r$ 是调节轮胎力的权重系数。

此外，从节能的角度考虑，在保持机器人稳定的情况下需使得电机力矩输出尽量小，因此定义目标函数为

$$\begin{aligned} J_3(k) = \| \boldsymbol{\xi U}(k) \|_{\boldsymbol{R}_r}^2 = \sum_{j=0}^{N_m-1} [&(\xi_{\mathrm{lf}} T_{\mathrm{lf}}(k+j \mid k)^2 + \xi_{\mathrm{rf}} T_{\mathrm{rf}}(k+j \mid k)^2 \\ &+ \xi_{\mathrm{lr}} T_{\mathrm{lr}}(k+j \mid k)^2 + \xi_{\mathrm{rr}} T_{\mathrm{rr}}(k+j \mid k)^2) \cdot \boldsymbol{R}_r] \end{aligned} \tag{8.17}$$

其中，$\boldsymbol{R}_r$ 为电机转矩加权系数。

综上所述，一个总的优化目标函数可整理为

$$\begin{aligned} \min J_{\mathrm{mpc}}(\boldsymbol{x}(k), \boldsymbol{U}(k)) &= J_1 + J_2 + J_3 \\ &= \| \boldsymbol{Y}(k) - \boldsymbol{R}(k) \|_{\boldsymbol{Q}_r}^2 + \| \boldsymbol{\xi S}(k) \|_{\boldsymbol{F}_r}^2 + \| \boldsymbol{\xi U}(k) \|_{\boldsymbol{R}_r}^2 \end{aligned} \tag{8.18}$$

需满足约束：

$$-T_{\max} \leqslant T_i(k+j \mid k) \leqslant T_{\max} \quad i = \mathrm{lf,rf,lr,rr}, j = 0,1,2,\cdots,m-1 \tag{8.19}$$

在采样时刻 k，将测量状态 $x(k)$ 作为预测过程的起始状态 $x(k \mid k)$，预测状态如下：

$$\boldsymbol{x}(k+1 \mid k) = f(\boldsymbol{x}(k \mid k), \boldsymbol{u}(k \mid k)) \cdot h + \boldsymbol{x}(k \mid k),$$

$$\boldsymbol{x}(k+2 \mid k) = f(\boldsymbol{x}(k+1 \mid k), \boldsymbol{u}(k+1 \mid k)) \cdot h + \boldsymbol{x}(k+1 \mid k),$$

$$\vdots$$

$$x(k+N_c \mid k) = f(x(k+N_p-1 \mid k), u(k+N_p-1 \mid k)) \cdot h + x(k+N_p-1 \mid k) \tag{8.20}$$

进而可得到系统预测输出：

$$\begin{aligned} y(k+1 \mid k) &= C(f^k(x(k \mid k), u(k \mid k)) \cdot h + x(k \mid k)), \\ y(k+2 \mid k) &= C(f^k(x(k+1 \mid k), u(k+1 \mid k)) \cdot h + x(k+1 \mid k)), \\ &\vdots \\ y(k+N_p \mid k) &= C(f^k(x(k+N_p-1 \mid k), u(k+N_p-1 \mid k)) \cdot h + x(k+N_p-1 \mid k)) \end{aligned} \tag{8.21}$$

采用非线性规划求解式(8.21)的优化问题，根据 MPC(模型预测控制)理论，只有输出序列 $U(k)$ 的第一个元素可以被应用到系统中，在新的采样时刻重复计算，实现滚动优化、反馈校正。因此，在当前时刻 k，控制率为

$$u(k) = [1, 0, \cdots, 0] U(k) \tag{8.22}$$

其中，$u(k)$ 为实际执行的控制输入量，即四个电机的驱动/制动力矩。在每个周期开始力矩分配前，根据故障检测结果，在线更新电机故障因子，当某个电机发生故障时，相应状态系数设置为 0，并以新的状态矩阵用于分配算法的计算。此时算法将屏蔽发生故障的电机，并在剩余的正常电机间进行力矩分配。在上层控制器以新的参数运行力矩分配算法的同时，电机 i 停止输出力矩，使得电机 i 工作在从动轮模式。

结合以上的分析，本章所提出的自适应容错控制分配框图如图 8.2 所示。

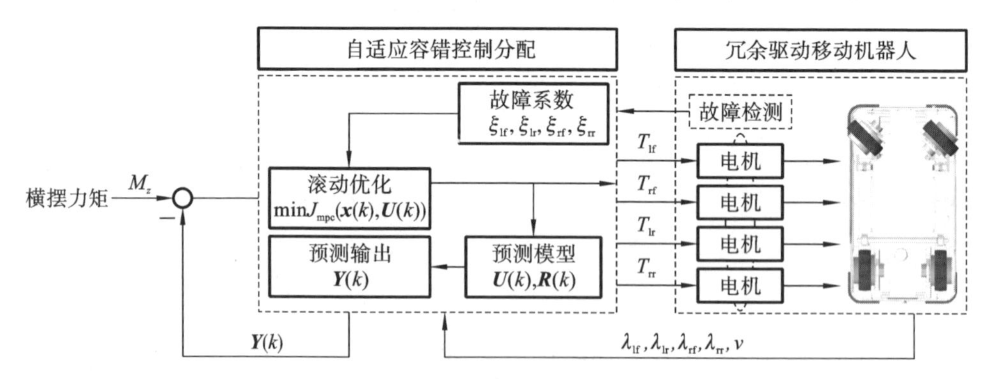

图 8.2　自适应容错控制分配框图

8.4　效果分析

8.4 节彩图
(图 8.3 至图 8.22)

进行仿真实验，根据全向移动机器人平台特点，确定相关控制器增益和参数如下：$L_f = L_r = 0.48\text{m}, d = 0.53\ \text{m}, m = 700\ \text{kg}$,

$\mu_1 = 0.2, \mu_2 = 0.7, \varpi_1 = 1, \omega_1 = 2, \varepsilon = 0.002, \rho = 1, \delta = 0.01$ 和 $\alpha = 0.7$。为了进行控制性能的对比分析，采用以下几种控制方案进行比较：(1)传统的比例-积分-微分控制器(PID)，参数选取为 $k_p = 0.3, k_i = k_d = 1.2$；(2)无模糊估计器的超螺旋滑模控制方法(SMC)；(3)本章所提的基于模糊估计器的鲁棒自适应抗扰方法(RLSC)。此外，对于基于模糊的估计器，应用以下适应度函数属性：

$$1/\exp[5\mathrm{sign}(x)(x-a_1)/b_1^2], \exp\left[-\frac{(x-a_2)^2}{b_2^2}\right], \exp\left[-\frac{(x-a_3)^2}{b_3^2}\right], \tag{8.23}$$

$$\exp\left[-\frac{(x-a_4)^2}{b_4^2}\right], \exp\left[-\frac{(x-a_5)^2}{b_5^2}\right], 1/\exp[5\mathrm{sign}(x)(x-a_6)/b_6^2]$$

本实验将考虑在传统广泛使用的阿克曼模式下所开发的运载操作一体化机器人系统的单车道变换运动性能。考虑横摆角速度和侧偏角的机动响应一般可用于评价非理想工况下的横向运动控制性能，本实验提供以下案例进行验证。

案例 1：全向移动机器人在较低的地面摩擦系数下按正弦轨迹运行。这里考虑了一个正弦轨迹。横摆角速度的横向运动跟踪响应和跟踪响应误差分别如图 8.3 和图 8.4 所示，可以看出，SMC 和 RLSC 两种方法都拥有稳定的动态跟踪误差。传统的 PID 控制器在跟踪时变曲线时，会产生较大的超调量。与传统滑模控制规则相比，RLSC 方法的横摆角速度跟踪响应的瞬态性能有了明显的改善。因此，与 PID 和 SMC 方法相比，基于模糊估计器的鲁棒自适应抗干扰控制方法的相关响应具有更低的超调和稳态误差。

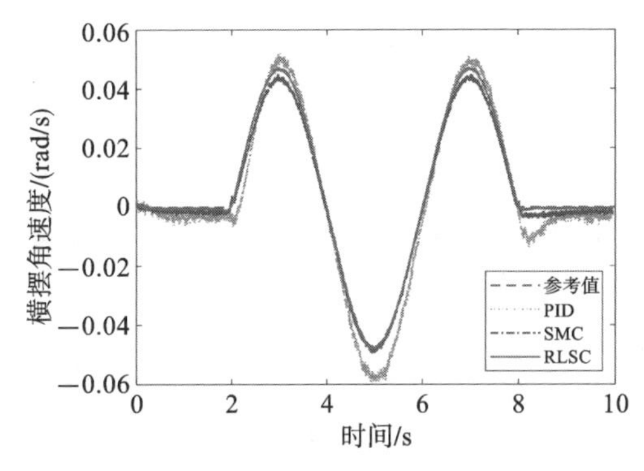

图 8.3　案例 1 的横摆角速度跟踪响应

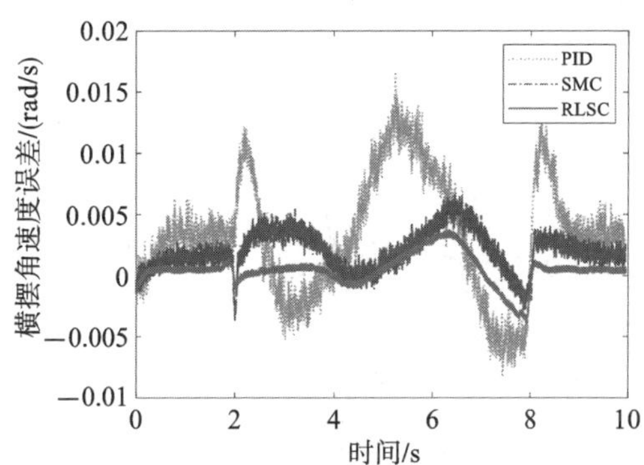

图 8.4　案例 1 的横摆角速度跟踪响应误差

图 8.5 和图 8.6 分别显示了侧偏角的跟踪响应和跟踪响应误差情况，可以看出，RLSC 和 SMC 方法都可以将跟踪误差保持在较小的范围内，但是所提出的 RLSC 方法能够提高与抑制超调和减小误差有关的瞬态性能，系统轨迹的振动趋势与参考轮廓的期望曲率一致。从横摆角速度和侧偏角跟踪响应情况可以看出，由于系统的干扰和不确定性，利用传统的 PID 和 SMC 方法时，系统都会出现波动；利用所提出的模糊估计器(RLSC 方法)，系统扰动和时变集中扰动可以有效地被调节，所获得的横向运动轨迹更加平滑和稳定。

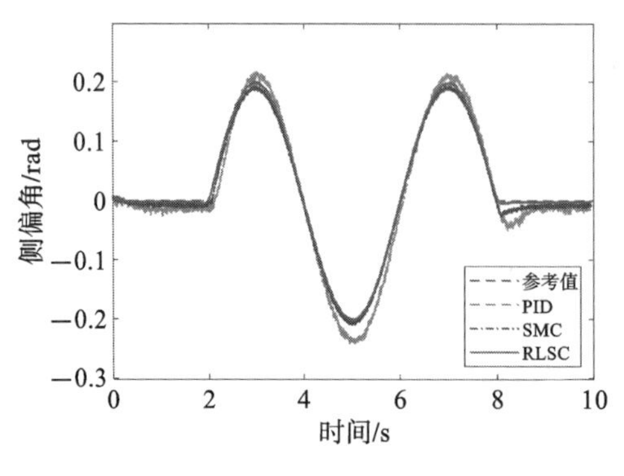

图 8.5　案例 1 的侧偏角跟踪响应

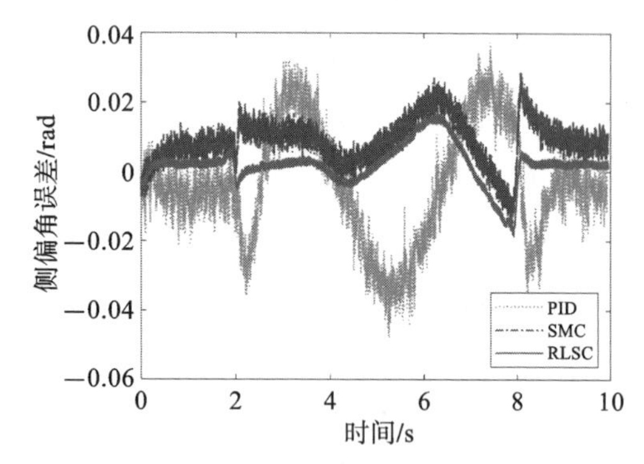

图 8.6　案例 1 的侧偏角跟踪响应误差

图 8.7 和图 8.8 分别显示了横摆力矩和前轮转向角的控制输入情况。由图可见，所提出的鲁棒自适应抗干扰控制能够减少输入超调，得到更平滑的动态跟踪响应。图 8.9 和图 8.10 分别显示了控制增益和估计的不确定性情况。如前所述，为了提高鲁棒性，使用固定控制增益的方法容易出现高估问题，由于采用了自适应律，控制增益将随着扰动的变化而动态调整，系统的横向运动控制性能得到显著提高。同时，将估计的不确定性引入控制律的制定中，可以直接消除影响，实现干扰自抑制，从而提高横向运动控制性能。此外，图 8.11 和图 8.12 给出了滑模面的相关情况，使用 SMC 方法，滑模变量位于零附近的小区域内；与传统的 SMC 方法相比，所提出的鲁棒自适应抗干扰控制方法可以获得更平滑的响应。

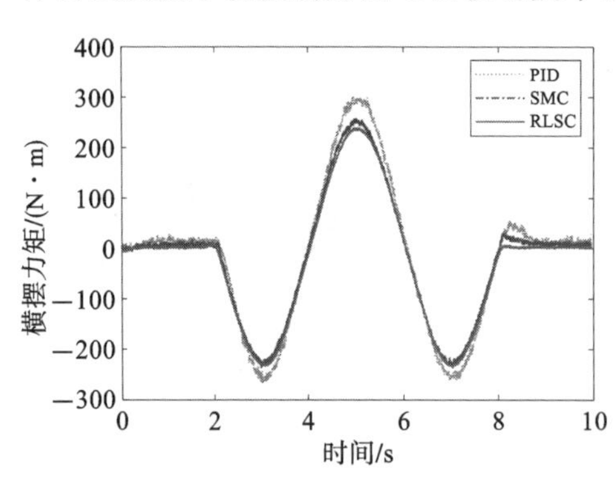

图 8.7　案例 1 的横摆力矩控制输入

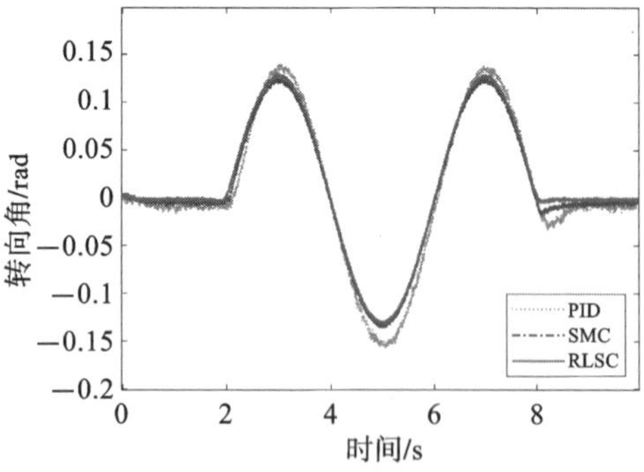

图 8.8　案例 1 的前轮转向角控制输入

由上述分析可知，所提出的 RLSC 方法能够降低跟踪超调，从而减小跟踪误差，提高路径跟踪精度；RLSC 方法保持了滑模机构的控制优势，比标准的 SMC 滑模控制方法具有更快的响应速度和更高的精度。这验证了所提出的 RLSC 方法对受扰动和时变集中扰动的被控系统具有实用性。

案例 2：为了测试运载操作一体化移动机器人系统在广泛应用的阿克曼模式下的鲁棒性，我们考虑了梯形参考曲线，环境为油污地面等复杂场景。

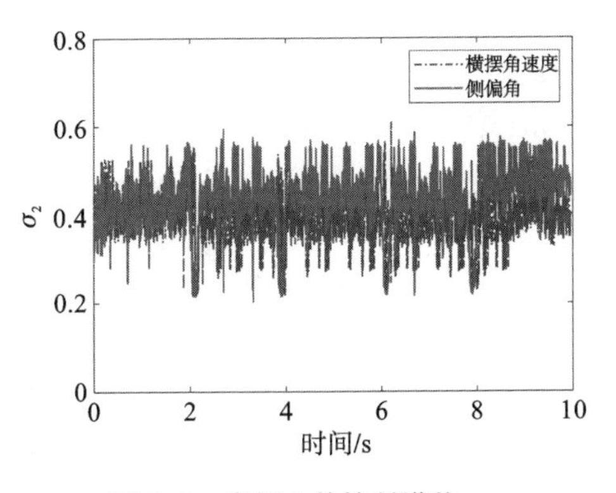

图 8.9 案例 1 的控制增益 σ_2

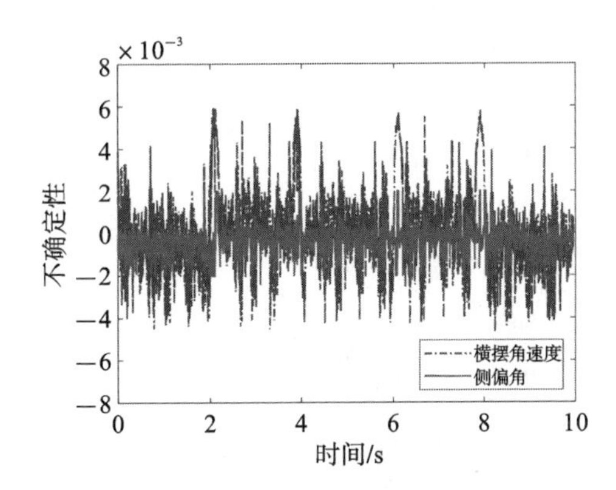

图 8.10 案例 1 估计的不确定性

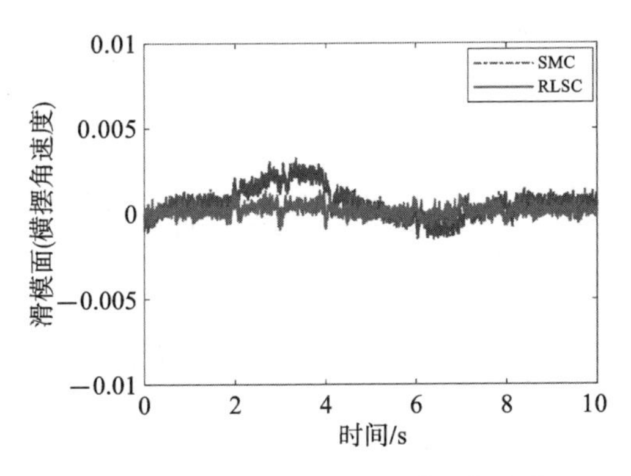

图 8.11 案例 1 的滑模面(横摆角速度)

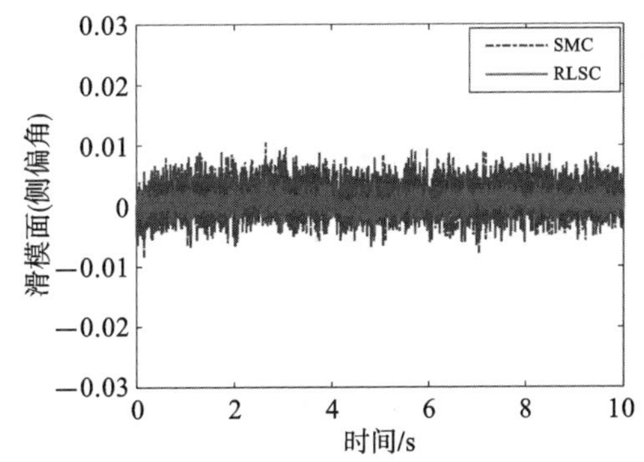

图 8.12 案例 1 的滑模面(侧偏角)

横摆角速度跟踪响应和跟踪响应误差的实验结果如图 8.13 和图 8.14 所示,横摆角速度的轨迹跟踪误差可以通过三种方法来达到稳定。应用所提出的鲁棒抗干扰自适应控制方法可以快速地驱动横向偏移进入稳定状态,这对于紧急情况下的自主移动机器人(包括运载操作一体化移动机器人)来说是非常关键的。与传统方法(PID 方法和 SMC 方法)相比,RLSC 方法能有效地抑制系统的响应超调,提高系统的动态响应性能。需要指出的是,案例 2 的横摆角速度跟踪误差比案例 1 的要小得多,原因在于案例 2 采用的参考路径曲率比案例 1 的小得多,并且在动态跟踪过程中,所提的 RLSC 方法可以减小横摆角速度的跟踪稳态误差。

同样,侧偏角的跟踪响应和跟踪响应误差分别如图 8.15 和图 8.16 所示。从这些结果可以看出,系统的状态是被迫有界的接近理想的轨迹。在 RLSC 方法下,侧偏角的跟踪误差可以限制在一个相对较小的零附近区域内,该鲁棒抗干扰自适应控制方法可以缓解波动。

图 8.17 和图 8.18 分别描述了案例 2 的横摆力矩和前轮转向角控制输入情况,可以看出,两个输入可以在合理的区域内有界,与案例 1 的结果相似。与传统方法相比,由 RLSC 方法确定的最优控制输入可以将超调限制在一个较小的零区域。为了

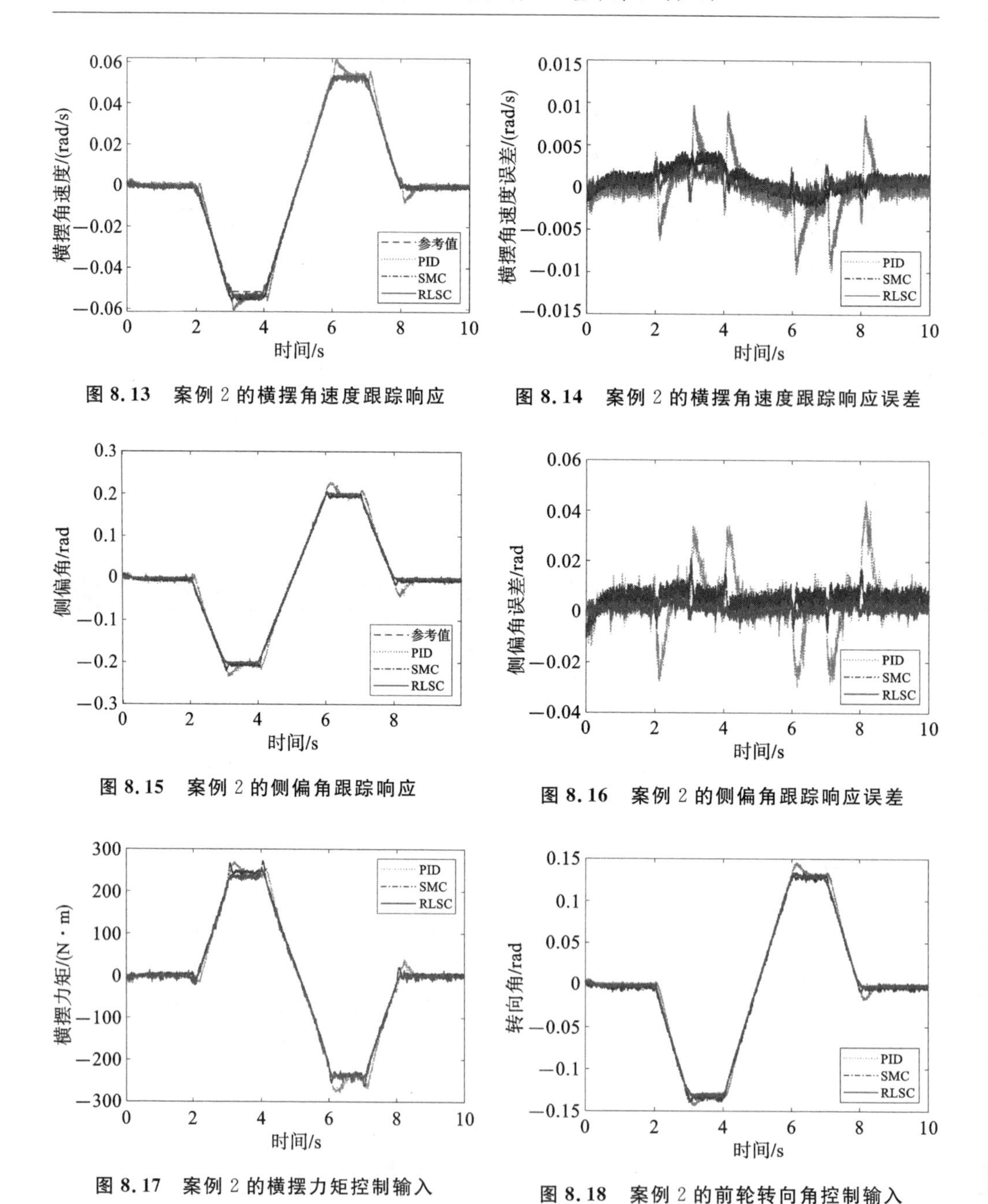

图 8.13 案例 2 的横摆角速度跟踪响应

图 8.14 案例 2 的横摆角速度跟踪响应误差

图 8.15 案例 2 的侧偏角跟踪响应

图 8.16 案例 2 的侧偏角跟踪响应误差

图 8.17 案例 2 的横摆力矩控制输入

图 8.18 案例 2 的前轮转向角控制输入

处理未知扰动，提高系统的鲁棒性，传统的滑模控制方法可能需要高估控制增益，从而导致跟踪误差有较大的抖振。图 8.19 和图 8.20 展示了案例 2 控制增益的调度趋势和估计的不确定性。由于控制增益可以自适应调节，以适应时变的工作条件，所提的鲁棒抗干扰自适应控制方法可减小横摆角速度和侧偏角的跟踪误差。图 8.21 和图 8.22 分别显示了横摆角速度和侧偏角相应的滑动模态面，可以看出，如果不调整控制增益，由于系统的不确定性和干扰，滑模面会有很大的变化范围。利用所提的鲁棒抗干扰自适应控制方法和基于模糊的估计器自适应地处理未知干扰，可以获得更小、更平滑的滑动变量，从而在收敛性和稳定性方面增强跟踪响应性能。

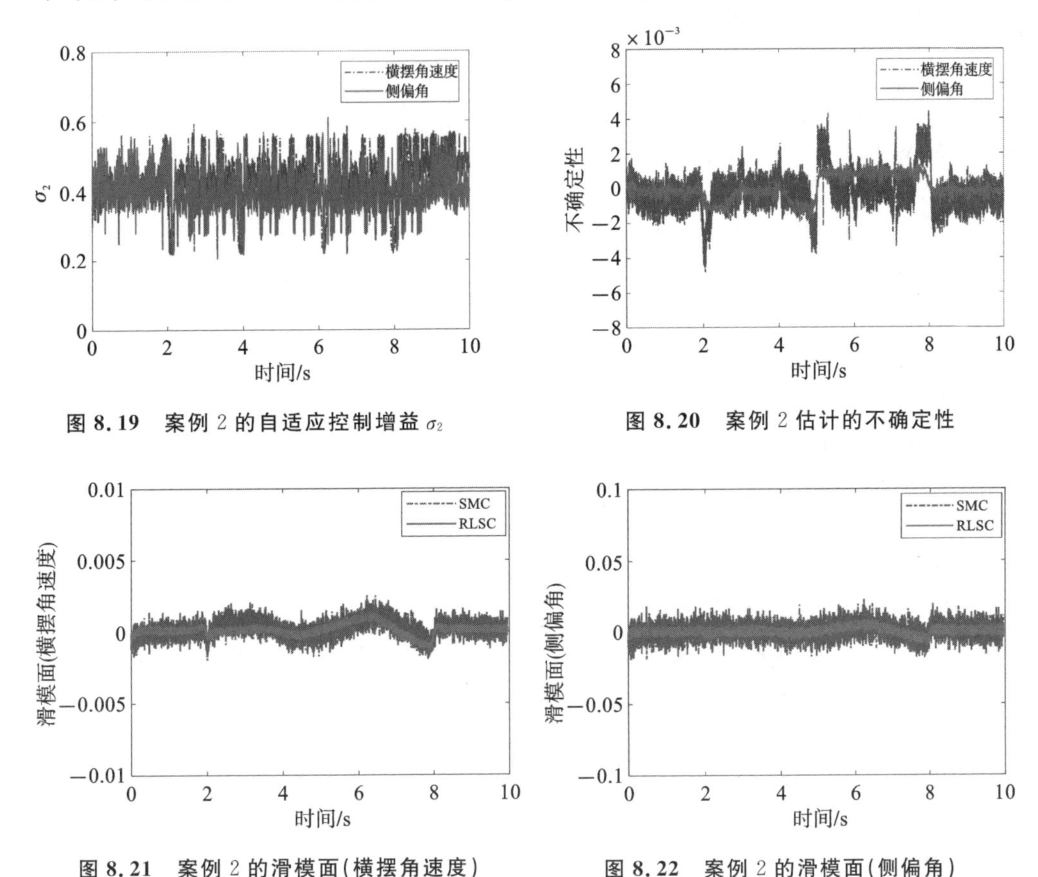

图 8.19 案例 2 的自适应控制增益 σ_2

图 8.20 案例 2 估计的不确定性

图 8.21 案例 2 的滑模面(横摆角速度)

图 8.22 案例 2 的滑模面(侧偏角)

由该案例可以得出如下结论：对于全局动态跟踪，利用 RLSC 方法所获得的轨迹的超调和振荡得到了显著的缓解。因此，应用所提出的 RLSC 方法，可以达到自干扰抑制和横向稳定控制的目的，验证了超螺旋滑模方法和模糊估计器的有效性和实用性。

参考文献

[1] REN B, CHEN H, ZHAO H Y, et al. MPC-based yaw stability control in in-wheel-motored EV via active front steering and motor torque distribution [J]. Mechatronics, 2016, 38: 103-114.

[2] ZHANG X D, GÖHLICH D. Improvement in the vehicle stability of distributed-

drive electric vehicles based on integrated model-matching control [J]. Proceedings of the Institution of Mechanical Engineers, Part D: Journal of Automobile Engineering,2017,232(3):341-356.

[3] GUO N Y, ZHANG X D, ZOU Y, et al. A fast model predictive control allocation of distributed drive electric vehicles for tire slip energy saving with stability constraints [J]. Control Engineering Practice,2020,102:104554.

[4] MA Y, CHEN J, ZHU X Y, et al. Lateral stability integrated with energy efficiency control for electric vehicles [J]. Mechanical Systems and Signal Processing,2019,127:1-15.

[5] HU C, WANG Z F, TAGHAVIFAR H, et al. MME-EKF-based path-tracking control of autonomous vehicles considering input saturation[J]. IEEE Transactions on Vehicular Technology,2019,68(6):5246-5259.

[6] LENZO B, ZANCHETTA M, SORNIOTTI A, et al. Yaw rate and sideslip angle control through single input single output direct yaw moment control [J]. IEEE Transactions on Control Systems Technology, 2021, 29 (1): 124-139.

[7] ZHAI L, SUN T M, WANG J. Electronic stability control based on motor driving and braking torque distribution for a four in-wheel motor drive electric vehicle [J]. IEEE Transactions on Vehicular Technology, 2016, 65 (6): 4726-4739.

[8] SHI T, SHI P, WANG S Y. Robust sampled-data model predictive control for networked systems with time-varying delay [J]. International Journal of Robust and Nonlinear Control,2019,29(6):1758-1768.

[9] MA Y J, COCQUEMPOT V, EL NAJJAR M E B, et al. Multidesign integration based adaptive actuator failure compensation control for two linked 2WD mobile robots[J]. IEEE/ASME Transactions on Mechatronics, 2017,22(5):2174-2185.

[10] REN X M, RAD A B, CHAN P T, et al. Online identification of continuous-time systems with unknown time delay[J]. IEEE Transactions on Automatic Control,2005,50(9):1418-1422.

[11] LÉCHAPPÉ V, ROUQUET S, GONZALEZ A, et al. Delay estimation and predictive control of uncertain systems with input delay: application to a DC motor [J]. IEEE Transactions on Industrial Electronics, 2016, 63 (9): 5849-5857.

[12] DENG Y, LÉCHAPPÉ V, ROUQUET S, et al. Super-twisting algorithm-based time-varying delay estimation with external Signal [J]. IEEE Transactions on

Industrial Electronics,2020,67(12):10663-10671.

[13] BELKOURA L, RICHARD J P. A distribution framework for the fast identification of linear systems with delays[J]. IFAC Proceedings Volumes, 2006,39(10):132-137.

[14] DRAKUNOV S V, PERRUQUETTI W, RICHARD J P, et al. Delay identification in time-delay systems using variable structure observers[J]. Annual Reviews in Control,2006,30(2):143-158.

[15] ZHENG G, POLYAKOV A,LEVANT A. Delay estimation via sliding mode for nonlinear time-delay systems[J]. Automatica,2018,89:266-273.

[16] HEEMELS W P M H, VAN DE WOUW N, GIELEN R H, et al. Comparison of overapproximation methods for stability analysis of networked control systems[C]//Proceedings of the 13th ACM International Conference on Hybrid Systems:Computation and Control. New York:ACM, 2010:181-190.

[17] HUANGFU Y, GUO L,MA R,et al. An advanced robust noise suppression control of bidirectional DC-DC converter for fuel cell electric vehicle[J]. IEEE Transactions on Transportation Electrification,2019,5(4):1268-1278.

[18] YANG C G, JU Z J,LIU X F,et al. Control design for systems operating in complex environments[J/OL]. https://doi. org/10. 1155/2019/6723153.

[19] LI J X, FANG Y M, SHI S L. Robust MPC algorithm for discrete-time systems with time-varying delay and nonlinear perturbations [C]// Proceedings of the 29th Chinese Control Conference. New York:IEEE,2010: 3128-3133.

[20] CHEN Q X,HE D F,YU L. Input-to-state stability of min-max MPC scheme for nonlinear time-varying delay systems[J]. Asian Journal of Control,2012, 14(2):489-501.

[21] 帅志斌. 四轮独立电驱动车辆网络时滞动力学建模与控制[D]. 北京:清华大学,2014.

[22] 郑兰. 基于预测控制的离散非线性系统控制方法研究[D]. 哈尔滨:哈尔滨工程大学,2016.

[23] ZHAO B, XU N,CHEN H,et al. Stability control of electric vehicles with in-wheel motors by considering tire slip energy [J]. Mechanical Systems and Signal Processing,2019,118:340-359.

[24] WANG R R, WANG J M. Passive actuator fault-tolerant control for a class of overactuated nonlinear systems and applications to electric vehicles[J]. IEEE Transactions on Vehicular Technology,2013,62(3):972-985.

9　停靠误差迭代自补偿

9.1　问题描述

大尺度、高动态场景下位姿跟踪的结果中存在系统误差是难以避免的，严重影响机器人控制精度、停靠作业精度和鲁棒性。利用移动机器人在站点间反复停靠作业的特点，本章提出一种考虑观测不确定性的误差自抗扰迭代补偿方案来解决上述问题，该方案可以实现高效的误差补偿并且鲁棒地应对由于高动态环境引起的误差波动(即具有鲁棒性)。首先，集成改进的蒙特卡罗定位(MCL)和手眼视觉技术，开发了一种精准、低成本的误差测量系统，无须外部测量设备或烦琐测量过程即可准确获取停靠误差数据。然后，在利用格拉布斯(Grubbs)检测法去除数据异常值后，实现误差数据的离线预调节，给出合适的初始值并加快补偿收敛。为了减轻高动态环境造成的定位系统误差大幅度波动对现有补偿值的干扰，基于当前 MCL 粒子分布，使用模糊逻辑规则对环境的动态程度进行有效估计并得到自抗扰迭代学习律。最后，提出一种基于自抗扰迭代学习律的鲁棒在线迭代误差补偿方法。本章所提方法实现了大尺度、动态场景下的定位误差精准测量，并且在高动态场景下也可以鲁棒地完成系统误差补偿，提升机器人位姿跟踪和停靠作业的鲁棒性与精准性。

9.2　手眼一体化位姿测量

图 9.1 展示了制造车间的典型改造。对于此类制造车间场景，搭载上装机械手的全向移动机器人必须在特定任务下在多个工作台之间导航运行。这意味着运载操作一体化移动机器人需要实现高精度自主停靠，才能保证机械手末端的高精度操作。然而，机械间隙、传感器误差和恶劣环境(如湿滑不平整的地面条件和动态障碍物)等不可避免地导致系统误差，这将会影响停靠精度。因此，随着运载操作一体化全向移动机器人的广泛应用，探索切实可行的方法来消除动态环境下的自主停靠误差，对于保证高精度、高效率的智能制造具有重要意义。

对于图 9.1 所示的典型制造场景，全向移动机器人可用于有动态障碍物下在凹凸不平和油腻地面上不同位置之间的工件转移作业。为了使整个车间实现自动化，

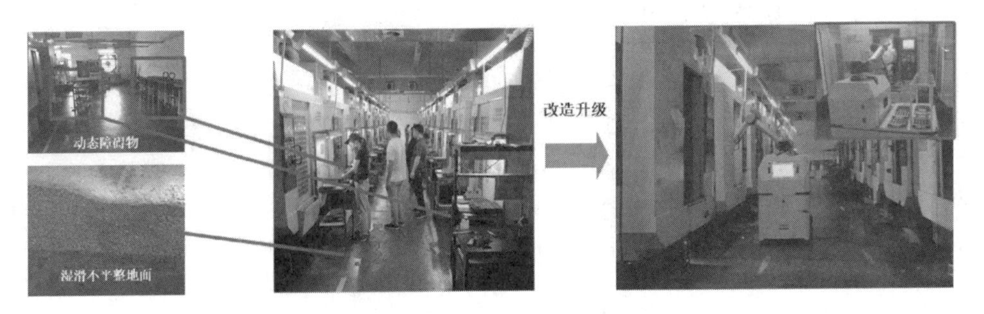

图 9.1 制造车间的典型改造

开发了系列化的全向移动机器人，如图 9.2 所示，它可以根据需要灵活配置车载操作平台（如机械手、辊道或皮带输送机、检测设备等）。此外，它还具有自动充电、多重避碰、无轨自主导航和基于视觉的工件操作等显著特点。该运载操作一体化移动机器人由轮毂电机和变速箱驱动四个主动转向轮，具有显著的机动性，可在多个地点之间进行自主停靠和操纵。基于以上优点，该机器人适用于制造车间工件的装卸和转移，大大提高了制造的灵活性和生产效率。

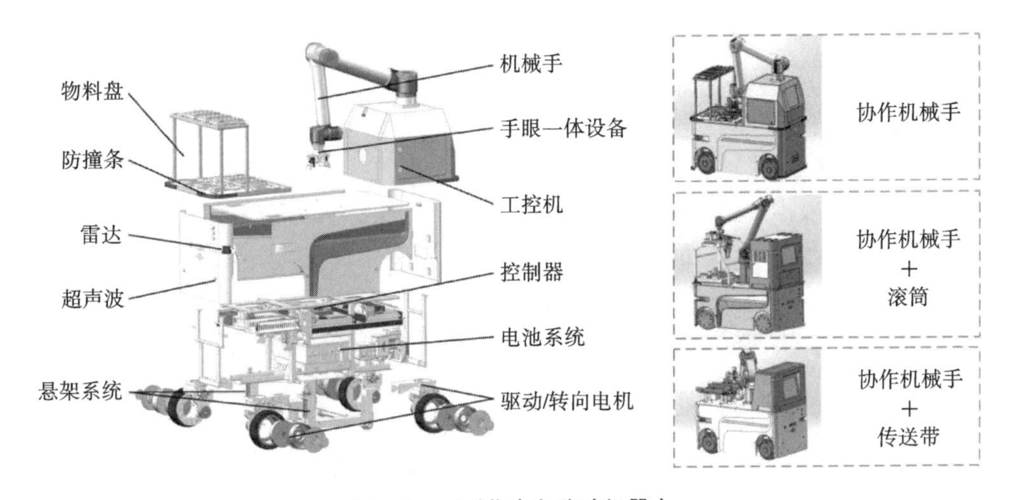

图 9.2 系列化全向移动机器人

与在良好环境下运行的传统差速移动平台相比，该系统在补偿停靠误差方面的困难在于：①搭载全向移动机械手的结构和互联方式更为复杂，而移动平台与车载机械手之间的耦合特性使得机械间隙的计算和精确控制难以实现；②对应用的传感器进行准确、统一的标定比较麻烦；③在恶劣的工业环境中，动力学模型无法构建、地面不平和系统的不确定性，使得误差模型难以建立和准确辨识。因此，需要测量位姿来构建切实可行的停靠误差补偿方法。

9.2.1 目标姿态测量

运载操作一体化移动机器人移动到现场附近的合适位置后，与工作台保持合理的距离以执行任务。在机器人领域，扫描匹配是获得高精度姿态的有效方法，但对初始值非常敏感。蒙特卡罗定位(MCL)的特点与扫描匹配相反，这两种方法具有很强的互补性。针对传统概率方法的不足，本小节设计了一种结合扫描匹配的改进 MCL 方法，以提高姿态测量精度。可以使用一组加权粒子来确定初始姿势的后验分布 $\mathrm{Bel}(\boldsymbol{x}_t)$：

$$\mathrm{Bel}(\boldsymbol{x}_t) = \sum_{i=1}^{n} \omega_t^i \delta(\boldsymbol{x}_t - \boldsymbol{x}_t^i) \quad (i = 1,2,\cdots,n) \tag{9.1}$$

其中：n 是粒子数；$\boldsymbol{x}_t$ 和 $\boldsymbol{x}_t^i$ 分别表示初始姿态和粒子 i 的姿态样本；ω_t^i 是粒子 i 的加权系数；δ 表示 Dirac-delta 函数。

然后，为了提高定位精度，提出了基于迭代最近点(ICP)的扫描匹配方法来处理初始姿态。假设存在两个点集，即模型形状 $M = \{\boldsymbol{m}_j\}_{j=1}^{N_m}$ 和数据形状 $D = \{\boldsymbol{d}_i\}_{i=1}^{N_d}$，可计算如下的误差函数 $e(T)$：

$$e(T) = \min_{j \in \{1,2,\cdots,N_m\}} \left(\sum_{i=1}^{N_d} \| \boldsymbol{m}_j - T \cdot \boldsymbol{d}_i \|^2 \right) \tag{9.2}$$

其中：N_m 和 N_d 表示所考虑的模态和数据的数目；T 表示准确反映初始姿态和真实姿态之间偏差的变换。

如图 9.3 所示，可以分别使用光线投射方法和从 LiDAR 获得的真实姿态的实际测量数据，从低噪声模拟雷达信息中导出 M 和 D。如式(9.2)所示，变换 T 可以使 D 与 M 对准。因此，可以使用 T 来修正初始姿态，从而得到更接近真实姿态的估计姿态。假设运载操作一体化移动机器人的姿态表示为 $\boldsymbol{P} \sim (x, y, \theta)$，其中 (x, y) 和 θ 分别表示位置和方向。然后，在世界坐标系中，在同一地点重复获得多个估计姿态 $\{P_e^1, P_e^2, \cdots, P_e^i\}$ $(i = 1,2,\cdots,n)$，并将平均值指定为目标姿态 $\boldsymbol{P}_t \sim (x_t, y_t, \theta_t)$，用于运动控制。值得一提的是，目标姿态的测量是在静态环境下进行的，以保证其精度。该方法简单而精确，计算效率高，可用于定位中的位姿跟踪。

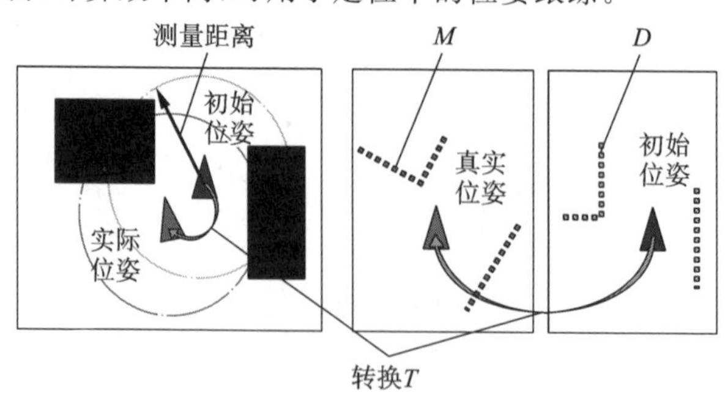

图 9.3 基于 ICP 的扫描匹配示意图

9.2.2 相对姿态计算

利用手眼视觉系统和计算机视觉技术得到目标姿态与实际姿态之间的相对姿态。如图 9.4 所示，每个工作台都有自己的二维码标志，并且这些二维码标志假定固定在世界坐标系 $O_wX_wY_w$ 中。同时，全向移动机器人坐标系 $O_rX_rY_r$ 与二维码坐标系 $O_lX_lY_l$ 之间的相对位姿随停靠位姿的变化而变化，通过坐标变换可以求解。然后，通过示教捕捉移动机械手的拍摄姿态。如图 9.4 所示，二维码将位于具有不同边缘的图像中心。最后，一旦机器人在同一地点执行停靠任务，机械手将被控制到与机械手示教一致的摄影姿势。

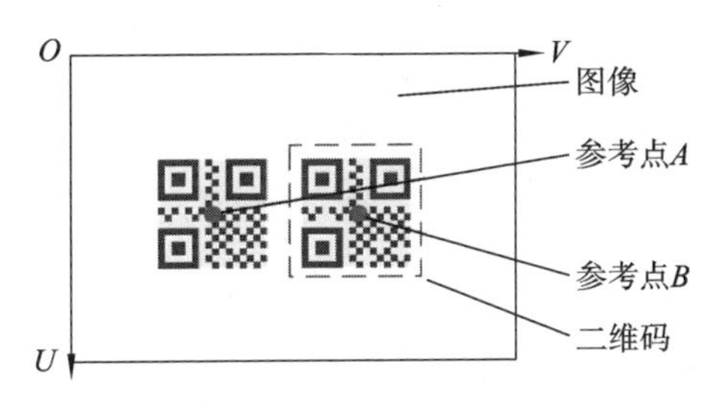

图 9.4 二维码地标图像

选择二维码的中心作为参考点，通过模板匹配得到图像坐标系 OUV 所需的点投影。由于视觉系统和安装的机械手在不同的坐标系中，可以引入欧几里得变换 ${}^cR_r$ 来实现坐标变换，即

$$[X_c,\quad Y_c,\quad 1]^T = {}^c\boldsymbol{R}_r\,[X_r,\quad Y_r,\quad 1]^T = {}^c\boldsymbol{H}_e\,{}^e\boldsymbol{N}_r\,[X_r,\quad Y_r,\quad 1]^T \tag{9.3}$$

式中：$[X_c, Y_c]^T$ 表示摄像机坐标系 $O_cX_cY_c$ 中的点；$[X_r, Y_r]^T$ 表示坐标系 $O_rX_rY_r$ 中的点；${}^c\boldsymbol{H}_e$ 表示端部效应器相对于摄像机的齐次变换矩阵（HTM），可以从精确的机器装配中获得；${}^e\boldsymbol{N}_r$ 表示机器人相对于通过机械手示教获得的端部效应器的 HTM。

建立参考点投影与机器人的线性关系：

$$[u,\quad v,\quad 1]^T = {}^i\boldsymbol{A}_c\,{}^c\boldsymbol{R}_r\,[X_r,\quad Y_r,\quad 1]^T \tag{9.4}$$

式中：(u, v) 为坐标系 OUV 中的点；${}^i\boldsymbol{A}_c$ 表示从摄像机到图像的仿射矩阵。

当机器人停在目标位姿时，将坐标系 $O_lX_lY_l$ 相对于坐标系 $O_rX_rY_r$ 的位姿表示为 ${}^t\boldsymbol{T}_l$，得到

$${}^t\boldsymbol{T}_l = \begin{bmatrix} \cos\theta_t & -\sin\theta_t & \dfrac{a_{xt}+b_{xt}}{2} \\ \sin\theta_t & \cos\theta_t & \dfrac{a_{yt}+b_{yt}}{2} \\ 0 & 0 & 1 \end{bmatrix} \tag{9.5}$$

式中：(a_{xt}, a_{yt}) 和 (b_{xt}, b_{yt}) 分别表示当机器人处于目标位姿时参考点 A 和 B 在坐标系 $O_rX_rY_r$ 中的位置；θ_t 表示由 (a_{xt}, a_{yt}) 和 (b_{xt}, b_{yt}) 计算的 ${}^t\boldsymbol{T}_l$ 的方向。

同样,在实际位姿下,可以得到坐标系 $O_l X_l Y_l$ 相对于坐标系 $O_r X_r Y_r$ 的位姿,表示为

$$
{}^{a}\boldsymbol{C}_l = \begin{bmatrix} \cos\theta_a & -\sin\theta_a & \dfrac{a_{ax}+b_{ax}}{2} \\ \sin\theta_a & \cos\theta_a & \dfrac{a_{ay}+b_{ay}}{2} \\ 0 & 0 & 1 \end{bmatrix} \tag{9.6}
$$

式中:(a_{ax}, a_{ay}) 和 (b_{ax}, b_{ay}) 分别是机器人处于实际位姿时参考点 A 和 B 在坐标系 $O_r X_r Y_r$ 中的位置;θ_a 是 ${}^{a}\boldsymbol{C}_l$ 的方向。

因此,通过坐标变换,可以得到实际位姿与目标位姿之间的相对位姿 ${}^{t}E_a$,如下所示:

$$
{}^{t}\boldsymbol{T}_l = {}^{t}\boldsymbol{E}_a {}^{a}\boldsymbol{C}_l = \begin{bmatrix} \cos\theta_e & -\sin\theta_e & x_e \\ \sin\theta_e & \cos\theta_e & y_e \\ 0 & 0 & 1 \end{bmatrix} {}^{a}\boldsymbol{C}_l \tag{9.7}
$$

9.2.3 停靠误差计算

实际位姿 $\boldsymbol{P}_a \sim (x_a, y_a, \theta_a)$ 为

$$
\begin{aligned}
\begin{bmatrix} \cos\theta_a & -\sin\theta_a & x_a \\ \sin\theta_a & \cos\theta_a & y_a \\ 0 & 0 & 1 \end{bmatrix} &= {}^{W}\boldsymbol{Q}_T \begin{bmatrix} \cos\theta_e & -\sin\theta_e & x_e \\ \sin\theta_e & \cos\theta_e & y_e \\ 0 & 0 & 1 \end{bmatrix} \\
&= \begin{bmatrix} \cos\theta_t & -\sin\theta_t & x_t \\ \sin\theta_t & \cos\theta_t & y_t \\ 0 & 0 & 1 \end{bmatrix} \begin{bmatrix} \cos\theta_e & -\sin\theta_e & x_e \\ \sin\theta_e & \cos\theta_e & y_e \\ 0 & 0 & 1 \end{bmatrix}
\end{aligned} \tag{9.8}
$$

式中,${}^{W}\boldsymbol{Q}_T$ 表示坐标系 $O_r X_r Y_r$ 相对于坐标系 $O_w X_w Y_w$ 的 HTM。

在世界坐标系下,推导了停靠误差 $\boldsymbol{e}_w$ 为

$$
\boldsymbol{e}_w = [x_{we},\quad y_{we},\quad \theta_{we}]^{\mathrm{T}} = [x_a,\quad y_a,\quad \theta_a]^{\mathrm{T}} - [x_t,\quad y_t,\quad \theta_t]^{\mathrm{T}} \tag{9.9}
$$

式中,(x_{we}, y_{we}) 和 θ_{we} 分别表示位置和方向误差。

在停靠误差计算中,机器人示教可以实现多个位置的目标位姿计算,然后利用视觉技术计算相对位姿。在静态环境中预先获取目标姿态信息,车载视觉系统缩短了摄像机与地标之间的距离,使得停靠误差测量不受环境波动的影响。从这个意义上说,它可以为后续的补偿过程提供可靠、准确的误差数据。

9.3 停靠误差离线预处理

利用移动机械手上安装的设备(如激光雷达、手眼视觉系统和工作台上的快速响

应(QR)二维码标志)来测量停靠误差。测量系统的坐标系如图 9.5 所示。停靠误差测量包括以下步骤:①获取移动机器人的绝对姿态,即目标姿态;②当机器人重复停靠时,得到目标姿态与实际姿态之间的相对姿态;③通过坐标变换计算实际姿态。基于以上步骤,可直接使用手眼一体化装置,在世界坐标系中计算全向移动机器人的停靠误差,而不需要额外昂贵的测量设备。

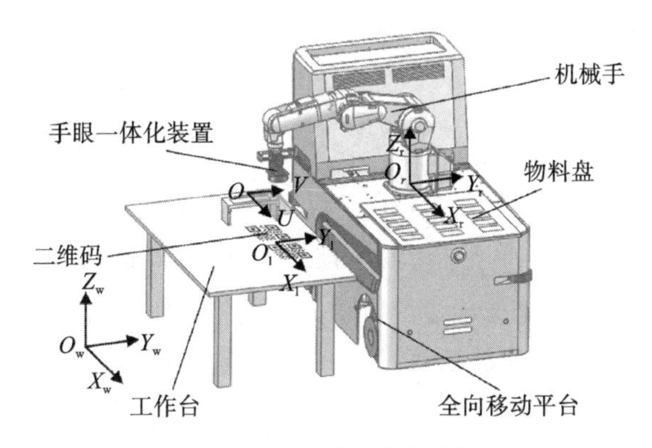

图 9.5　全向移动机器人坐标系

在全向移动机器人正常工作时,首先通过多次停靠实验构造测试误差数据集 $\{e_w^1, e_w^2, \cdots, e_w^i\}$ $(i=1,2,\cdots,n)$,然后采用少量的测试数据对初始误差进行评估。但若数据样本较少,则数据异常可能会导致较大的估计振动和偏差。为了解决这个问题,采用 Grubbs 检测法来检测错误样本的离群值,然后将偏差较大的数据剔除,从而保证所采集数据的可靠性。针对测量点集 $\{x_1, x_2, \cdots, x_i\}$ $(i=1,2,\cdots,n)$,Grubbs 检测统计量 G_i 由以下公式确定:

$$G_i = |x_i - \overline{x}| / S \tag{9.10}$$

式中,$\overline{x}$ 和 S 分别为平均值和标准差。

定义 G_i 是显著性水平 α 的异常值,即

$$G_i > G(n,\alpha) = \frac{n-1}{\sqrt{n}}\sqrt{\frac{t_{\alpha/(2n),n-2}^2}{n-2+t_{\alpha/(2n),n-2}^2}} \tag{9.11}$$

式中:$G(n,a)$ 为理论值;$t_{\alpha/(2n),n-2}^2$ 表示具有 $n-2$ 个自由度的 t 分布上的临界值。

利用 Grubbs 检测法去除 x_{we},y_{we} 和 θ_{we} 的异常值,得到系统停靠误差估计值 $\overline{\boldsymbol{e}}_w \sim (\overline{x}_{we}, \overline{x}_{we}, \overline{\theta}_{we})$。最后,将离线预调节公式定义为

$$\boldsymbol{P}_m = \boldsymbol{P}_t - \overline{\boldsymbol{e}}_w = [x_t, \quad y_t, \quad \theta_t]^{\mathrm{T}} - [\overline{x}_{we}, \quad \overline{x}_{we}, \quad \overline{\theta}_{we}]^{\mathrm{T}} \tag{9.12}$$

式中,$\boldsymbol{P}_m \sim (x_m, y_m, \theta_m)$ 为经过离线预调节的初始参考停靠位姿。

在计算预调节阶段的系统误差时,我们忽略了 x_{we},y_{we} 和 θ_{we} 之间的耦合特性,耦合误差所引起的不确定量可视为外部扰动,通过后续的在线补偿来处理。同时,离线预调节不需要复杂的误差数学建模和参数辨识,在保持误差估计精度的前提下,简化了停靠误差的补偿方式,提高了补偿效率。

9.4 基于迭代学习的误差补偿

通过前馈修改运动控制的参考停靠位姿，以及设计离线预调节，在不需要大量误差数据的前提下，获得精确的初始位姿值进行迭代学习，加快补偿收敛速度。在机器人持续运行的情况下，本节提出了一种可靠的停靠误差迭代自补偿方法，以修正环境波动引起的系统误差，从而提高停靠精度。

由于任务的需要，全向移动机器人可能会从任意方向和距离接近停靠站点，这将导致不同的系统误差。因此，很难制定一个统一的静态策略来补偿每种运行状态下的停靠误差。为此，研究构建了工作台停靠区，如图 9.6 所示，它包括两个半圆形区域，中心为场地，半径为预定义半径，以 60°的间隔将停靠区划分为 6 个子区域。在停靠前，机器人通过其中一个子区域接近所要到达的地点。在同一子区域停靠意味着相同的系统误差，因此对系统停靠误差采用相同的补偿策略。在实际工业环境中，由于生产过程或工作台的限制，移动机械手通常只能从数量有限的子区域到达操作台以进行后续操作。

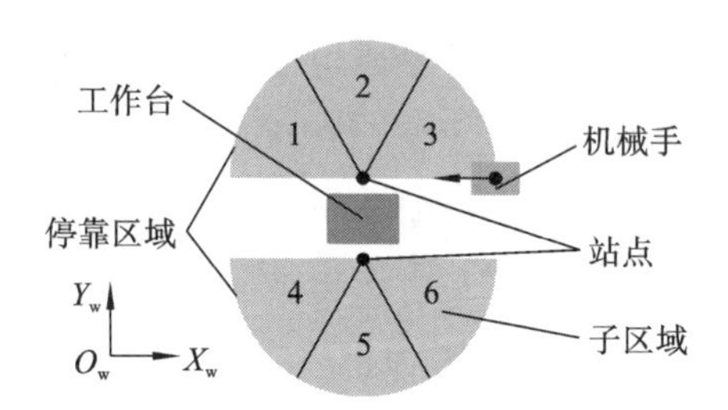

图 9.6　工作台停靠区示意图

不同的动态环境会导致不同的停靠误差，当移动机械手通过同一子区域接近同一位置时，需要迭代更新运动控制的参考停靠位姿，以进一步处理时变系统误差。本节提出了一种具有学习能力的停靠误差迭代自补偿方法，以更新参考停靠位姿 P_{gon}：

$$P_{gon}(j) = P_{gon}(j-1) - \beta \cdot \boldsymbol{f} \cdot \boldsymbol{e}_w^j \quad (P_{gon}(0) = P_m, j = 1,2,\cdots,n) \tag{9.13}$$

式中：j 表示迭代次数；β 和 $\boldsymbol{f}$ 分别表示学习率和波动因子；$P_{gon}(0) = P_m$，是初始值；$\boldsymbol{e}_w^j$ 表示第 j 次停靠误差。

如式(9.13)所示，学习律由 β 和 $\boldsymbol{f}$ 共同确定。当通过同一子区域迭代接近同一地点时，将会在线更新运动控制的参考停靠位姿。若采用一个常数 β，由于环境的波动，如不平或油性地面和动态障碍物，将会产生较大的停靠误差波动，这可能导致严重的补偿振荡甚至停靠故障。由于动态环境直接影响了激光雷达和里程表的测量数据，局部化波动被认为是影响停靠误差波动的最重要因素之一。因此，如果能够准确地确定定位波动的程度，就可以有效地评估停靠误差波动，从而实现可靠的在线误差补偿。为此，在学习律中引入了波动因子 $\boldsymbol{f}$ 来表征局部化波动。采用多个局部化结果的标准差 S_l 作为调节 $\boldsymbol{f}$ 的依据，对局部化波动进行分析评价。在静态环境中获得一组估计姿态 $\{P_e^1, P_e^2, \cdots, P_e^i\}$ 后，可计算获得标准偏差 $S_{li}(i = x, y, \theta)$，进而使用以下公式来调节波动因子 $\boldsymbol{f}$：

$$\boldsymbol{f} = \begin{bmatrix} f_x(S_{lfx}) & 0 & 0 \\ 0 & f_y(S_{lfy}) & 0 \\ 0 & 0 & f_\theta(S_{lf\theta}) \end{bmatrix}, \quad f_i(S_{lfi}) = \begin{cases} \gamma_c, & 0 \leqslant S_{lfi} < S_{li} \\ \phi_c, & S_{li} \leqslant S_{lfi} < 2S_{li} \\ 0, & S_{lfi} \geqslant 2S_{li} \end{cases} \tag{9.14}$$

其中：$S_{lfi}(i = x, y, \theta)$ 表示局部化波动，下标 i 表示 x 方向、y 方向或 θ 方向；$\gamma_c, \phi_c > 0(c = x, y, \theta)$，是用户自定义的系数。

如式(9.14)所示，波动因子 $\boldsymbol{f}$ 由 S_{lf} 来确定。在到达目标姿态时，可以通过特定的多次定位测试直接获取 S_{lf}，并计算其标准差作为当前的 S_{lf} 值。为此，需要寻找一种适用的方法来有效估计 S_{lf}。当移动机械手不断逼近参考停靠位姿时，最后一次定位结果将对停靠精度有极大的影响。然而，仅用一个定位结果来估计 S_{lf} 是一项困难的工作。如式(9.1)所示，局域结果可用一组加权粒子 $\{(\boldsymbol{x}_t^i, \omega_t^i), i = 1, 2, \cdots, n\}$ 来表示。因此，采用粒子的标准差 S_p 来反映 S_{lf}，表示为

$$S_{px} = \sqrt{\sum_{i=1}^{n} \omega_t^i \, (x_t^i - \overline{x}_t)^2}, \quad S_{py} = \sqrt{\sum_{i=1}^{n} \omega_t^i \, (y_t^i - \overline{x}_t)^2}, \quad S_{p\theta} = \sqrt{\sum_{i=1}^{n} \omega_t^i \, (\theta_t^i - \overline{\theta}_t)^2} \tag{9.15}$$

式中：$S_{pi}(i = x, y, \theta)$ 表示粒子在相应 x、y 或 θ 方向上的标准差；$\overline{x}_t, \overline{y}_t, \overline{\theta}_t$ 表示 x_t，y_t, θ_t 的平均值。

虽然基于 S_p 的定位结果可以反映 S_{lf}，但 S_p 和 S_{lf} 之间的精确关系仍然难以解析推导。现使用以下模糊逻辑规则将 S_p 和 S_{lf} 集成到模糊公式中：

$$\begin{array}{llll} \text{Rule 1: If} \quad 0 \leqslant S_{px} \leqslant S_{fx1} & \text{Then} \quad f_{x1} = f_x(S_{lfx}) & \text{s.t.} & 0 \leqslant S_{lfx} < S_{lx} \\ \text{Rule 2: If} \quad S_{fx2} \leqslant S_{px} \leqslant S_{fx3} & \text{Then} \quad f_{x2} = f_x(S_{lfx}) & \text{s.t.} & S_{lx} \leqslant S_{lfx} < 2S_{lx} \\ \text{Rule 3: If} \quad S_{px} \geqslant S_{fx4} & \text{Then} \quad f_{x3} = f_x(S_{lfx}) & \text{s.t.} & S_{lfx} \geqslant 2S_{lx} \end{array} \tag{9.16}$$

式中：$S_{fx1} \sim S_{fx4}$ 表示模糊划分边界；f_{x1}, f_{x2}, f_{x3} 为 x 方向停靠误差波动因子。

此外，可以从大量的定位结果的标准差 $S_{li}(i = x, y, \theta)$ 和它们在不同动态环境中对应的标准差 S_p 中学习边界 $S_{fx1} \sim S_{fx4}$。同样，可以建立 S_{py} 和 $S_{p\theta}$，$S_{fy1} \sim S_{fy4}$ 和 $S_{f\theta 1} \sim S_{f\theta 4}$ 的模糊公式，进而通过加权平均实现解模糊化操作。x 方向上的误差波动系数 f_{fx} 表示为

$$f_{fx} = \frac{\sum_{i=1}^{r} \chi_i f_{xi}}{\sum_{i=1}^{r} \chi_i} \tag{9.17}$$

式中：f_{fx} 表示 x 方向上的误差波动系数；r 表示模糊规则库的个数；χ_i 表示强度系数。如果 S_{px} 满足模糊规则，设置 $\chi_i = 1$；否则设置 $\chi_i = 0$。f_{fy}，$f_{f\theta}$ 分别为 y 方向和 θ 方向上的误差波动系数，f_{fy} 和 $f_{f\theta}$ 能够通过公式(9.17)计算，则公式(9.13)可以改写为

$$\begin{aligned} P_{gon}(j) &= P_{gon}(j-1) - \beta \cdot \boldsymbol{f}_f \cdot \boldsymbol{e}_w^j \\ &= P_{gon}(j-1) - \beta \cdot \begin{bmatrix} f_{fx} & 0 & 0 \\ 0 & f_{fy} & 0 \\ 0 & 0 & f_{f\theta} \end{bmatrix} \cdot \boldsymbol{e}_w^j \quad (j = 1,2,\cdots,n) \end{aligned} \tag{9.18}$$

迭代学习补偿(即自抗扰迭代误差补偿)的结构如图 9.7 所示。对于控制模块，采用前述章节所提出的容错控制方法，可以实现轮式移动机器人各种运动模型的精确轨迹跟踪。

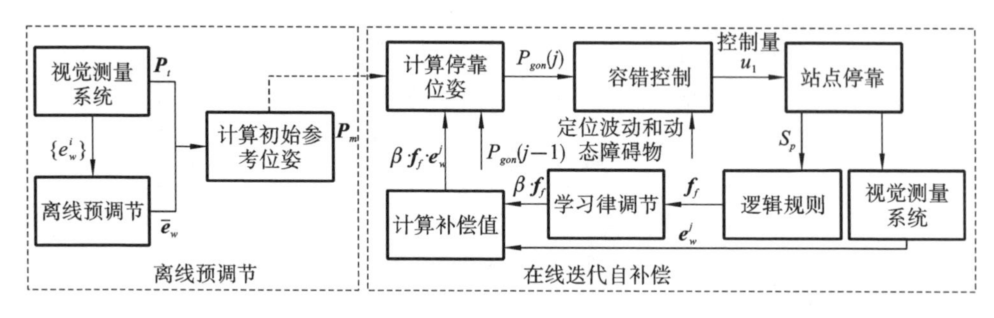

图 9.7　自抗扰迭代误差补偿结构

9.5 效果分析

9.5 节彩图
(图 9.9 及图 9.11
至图 9.15)

使用移动机械手来验证所提出方法的有效性，测试环境如图9.8所示，我们考虑在低动态(受到喷洒了机油的恶劣地面和3.5 cm 高减速带的扰动)、中等动态(受恶劣地面和多个障碍物干扰)和高动态(受恶劣地面和多个障碍物干扰)的环境下进行实验。如图 9.9(a)所示，选择三个地点进行实验，机器人将沿绿线所示的最短固定路径在这些地点之间移动。图 9.9 显示了不同环境下站点 1 激光雷达测量的数据，红色点是激光雷达测量数据，而蓝色框中的红色点表示的是障碍物造成的遮挡。随着环境动态性的提高，激光雷达测量与栅格地图的匹配区域变小，为了提高系统停靠精度和鲁棒性，必须解决

定位波动问题。在实验中,机器人的速度设定为 0.6 m/s,停靠时间规定在 4 s 以内。

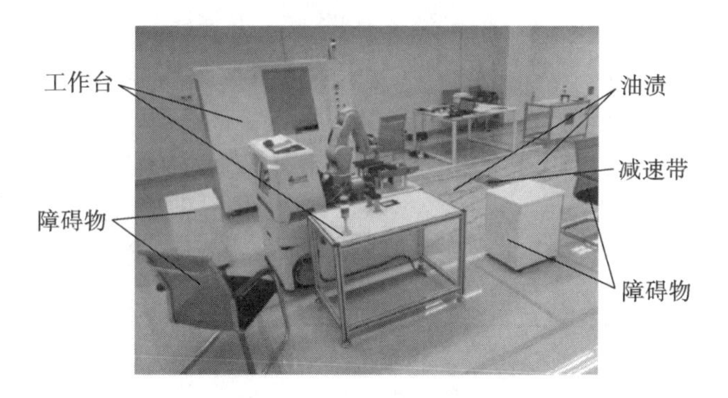

图 9.8　杂乱的测试环境

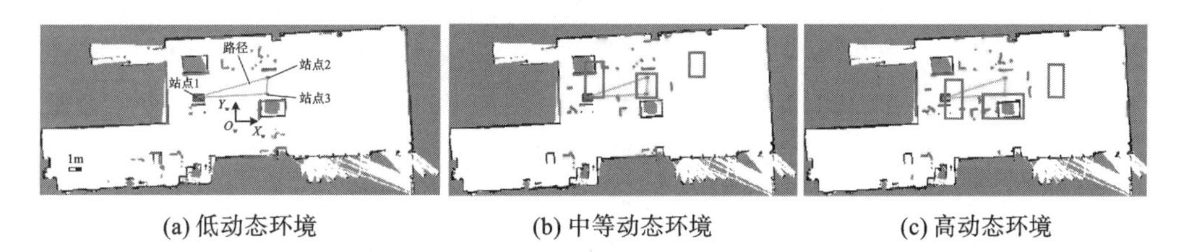

(a) 低动态环境　　(b) 中等动态环境　　(c) 高动态环境

图 9.9　不同环境下激光雷达测量数据

9.5.1　停靠误差测量

目标姿态和相对姿态的测量精度直接影响着停靠误差的测量精度,因此将验证上述两种姿态的测量精度。在静态环境中,分别在站点 1、站点 2 和站点 3 场地进行了 100 次姿态估计,并记录改进的估计姿态算法的测量结果,如表 9.1 所示。

表 9.1　在三个不同地点获得的姿态测量结果

站点	标准差			平均值		
	S_x/m	S_y/m	S_θ/(°)	x/m	y/m	θ/(°)
站点 1	0.0021	0.0018	0.0489	−2.8310	0.8206	−178.4724
站点 2	0.0028	0.0015	0.0285	1.9948	2.1566	−178.8300
站点 3	0.0026	0.0020	0.0338	1.9455	1.0660	−179.0031

根据表 9.1 中的标准差可知,每个站点的目标姿态的位置精度达到毫米级。因此,将站点 1、站点 2 和站点 3 的目标姿态确定为(−2.8310,0.8206,−178.4724)、(1.9948,2.1566,−178.8300)和(1.9455,1.0660,−179.0031)。目标姿态测量发生在离线初始化阶段,不影响实时补偿操作。当使用 500 个粒子时,改进的 MCL 的定位频率可以达到 25 Hz,实现了节省时间的姿态估计。

然后,利用视觉测量系统,通过正交调整来验证机器人的相对姿态。在本案例下，移动机械手的平移和旋转可以看作真实的相对姿态。在实验中，机械手分别在 X_r 和 Y_r 轴方向上移动和旋转，并围绕 Z_r 轴旋转±1°和±3°。每个实验重复三次，测量值上下界如表 9.2 所示，图 9.10 为目标姿态和实际位置的拍摄图像。在手眼视觉系统的相对位姿测量中，位置测量精度在±0.5 mm 以内，方位测量精度在±0.05°以内。手眼视觉系统需要大约 50 ms 才能获得相对姿态。请注意，这是精确操作所必需的，因此误差测量过程不会增加额外工作时间。利用车载视觉系统获取地标图像，然后可以使用公式(9.8)和公式(9.9)精确计算所需的停靠误差 $\boldsymbol{e}_w$。

表 9.2　相对位姿测量结果

直行/转向	真实值	测量值上下界限
$\pm X_r$	±5.00 mm	5.35 mm/−5.24 mm
	±10.00 mm	10.30 mm/−9.64 mm
$\pm Y_r$	±5.00 mm	4.56 mm/−4.81 mm
	±10.00 mm	10.30 mm/−9.64 mm
$\pm Z_r$	±1.00°	1.04°/−0.96°
	±3.00°	3.04°/−2.96°

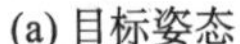

(a) 目标姿态　　(b) 实际位置

图 9.10　车载视觉系统拍摄的位置图像

9.5.2　停靠误差离线预处理测试

在静态环境下进行停靠实验，选择三条停靠路径，分别如下：从站点 1 到站点 2；从站点 2 到站点 1；从站点 3 到站点 1。运动控制的参考停靠姿态是所需站点的目标姿态，每次停靠执行 20 次。如图 9.11 所示，在自动停靠期间可以观察到显著的系统误差。特别地，从站点 1 到站点 2 的停靠误差与其他两条路径的停靠误差相比有明显差异，说明不同站点的误差补偿值不一致，直接进行统一化补偿。同时，参照图 9.6，从站点 2 到站点 1 和从站点 3 到站点 1 路径属于站点 1 的停靠分区 3，因此它们的系统误差总体上是相似的。为了去除数据异常值，将 Grubbs 检测法的临界值设置为显著性水平 0.1，Grubbs 法检测结果如表 9.3 所示，然后将用粗体标记的数据异常值被去除。

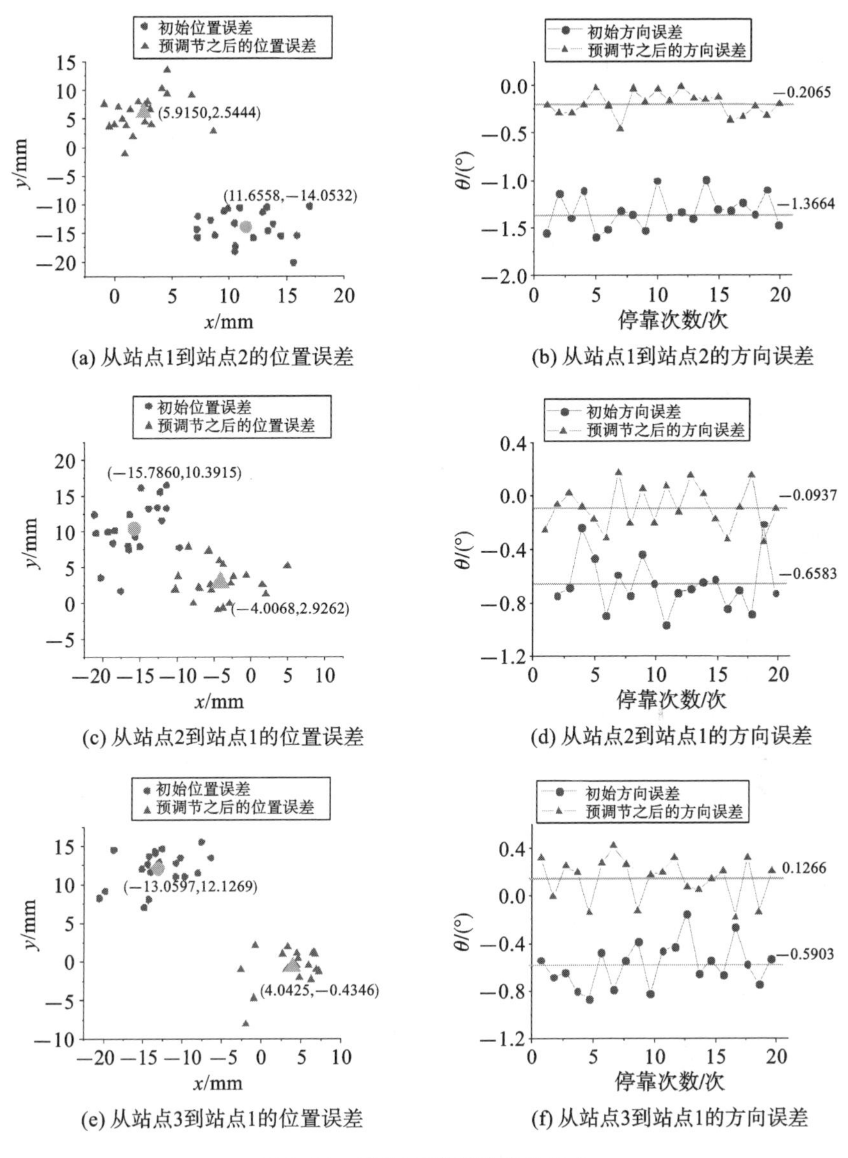

(a) 从站点1到站点2的位置误差

(b) 从站点1到站点2的方向误差

(c) 从站点2到站点1的位置误差

(d) 从站点2到站点1的方向误差

(e) 从站点3到站点1的位置误差

(f) 从站点3到站点1的方向误差

图 9.11 静态环境下的停靠误差

剔除异常值后将平均值作为停靠系统误差的估计值。利用式(9.12),可以得到离线预调节修改的初始参考停靠位姿。然后,在静态环境下,以初始参考停靠位姿进行 20 次停靠实验,结果如图 9.11 所示。从这些结果可以看出,系统误差被有效地降低了,这意味着剔除异常值后的停靠误差平均值接近实际停靠系统误差。虽然从站点 2 到站点 1 的停靠误差和从站点 3 到站点 1 的停靠误差使用相同的补偿值,但系统误差可以统一补偿,这证明了分区补偿策略的有效性。总之,离线预调节为迭代学习误差补偿提供了一个精确的初始参考停靠位姿。

表 9.3 Grubbs 法检测结果

路线	从站点 1 到站点 2			从站点 2 到站点 1		
方向	x_{we} /mm	y_{we} /mm	θ_{we} /(°)	x_{we} /mm	y_{we} /mm	θ_{we} /(°)
测量数据集	9.7084	−11.2997	−1.5550	−12.7037	13.3274	−0.5088
	15.8893	**−20.2307**	−1.3432	−15.0573	7.8798	−0.7421
	16.1845	−15.5486	−1.5117	−17.6458	**1.7311**	−0.6887
	10.7377	−17.3425	−1.3202	−11.4686	13.2252	**−0.2424**
	8.5033	−12.8433	−1.3010	−18.7122	8.3889	−0.4670
平均值	12.2046	−15.4530	−1.3607	−14.8224	8.9105	−0.5351

9.5.3 停靠误差迭代自补偿测试

1. 模糊规则制定

在不同环境中，分别记录 300 个定位结果和三个地点对应的定位结果 S_p。根据 900 个定位结果计算出 S_l($S_{lx}=0.0025$ m，$S_{ly}=0.0017$ m，$S_{l\theta}=0.0371°$)，可以将 S_{lf} 划分为不同的范围。使用图 9.12 所示的方框图，在不同的动态环境下，可以得到 S_p 在 S_{lf} 的不同范围。

由图 9.12(a)、(b)可见，定位数据中线逐渐上升，S_{px} 和 S_{py} 分别在 S_{lfx} 和 S_{lfy} 的相邻范围之间有明显的重叠。因此，可以很容易地分别为 S_{lfx} 和 S_{lfy} 选择模糊划分边界 S_{fx1}～S_{fx4} 和 S_{fy1}～S_{fy4}。如图 9.12(c)所示，$S_{p\theta}$ 在(0°，0.0371°)和(0.0371°，0.0742°)之间不重叠。为了顺利地制定模糊逻辑规则，采用 25%边界范围 0.4795°作为 $S_{f\theta1}$，采用 75%边界范围 0.4111°作为 $S_{f\theta2}$。

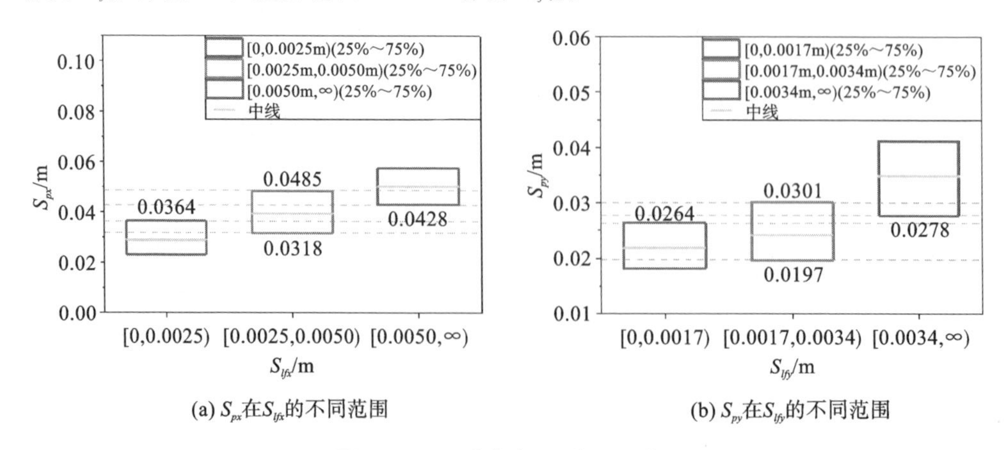

图 9.12 S_p 分布在 S_{lf} 的不同范围

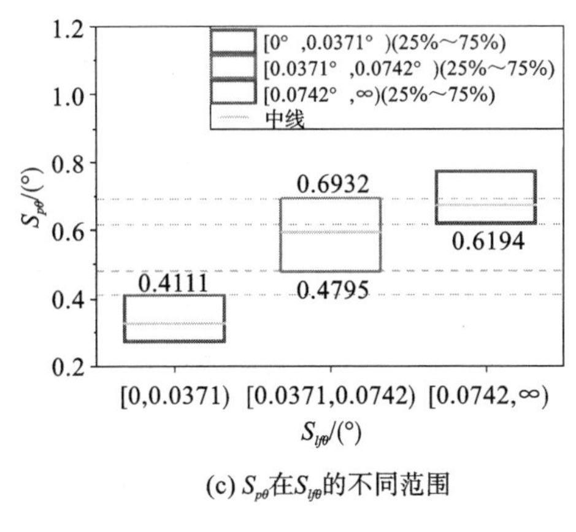

(c) $S_{p\theta}$在$S_{t\!f\theta}$的不同范围

续图 9.12

2. 在线补偿验证

首先,在低动态环境下进行了 15 次停靠实验,将实验结果作为在线累积补偿量的参考,累积补偿量越接近系统停靠误差,在线补偿方法越精确。15 次停靠实验之后,将在线补偿方法应用于停靠过程,进行了 39 次停靠实验,其中 27 次是在低动态环境下进行的,同时在运行过程中随机添加障碍物,即第 16 次和第 22 次停靠实验处于中等动态环境,第 28 次和第 34 次停靠实验处于高动态环境,造成停靠干扰。在实验过程中,将 γ_c ,ϕ_c 和β 分别设置为 0.8、0.4 和 0.6。

累积补偿量(x_c , y_c , θ_c)和误差波动因子 $\boldsymbol{f}_f$ 如图 9.13 所示。在前 15 次停靠实验中停靠误差迭代自补偿方法和固定学习律方法具有相同的趋势,并且在 5 次迭代中可以有效地补偿系统误差。停靠 15 次后,由于 $\boldsymbol{f}_f$ 在中、高动态环境中的调节,所提方法得到的累积补偿量能准确跟踪系统误差,并能自适应调节,无剧烈波动,证明了该方法的鲁棒性和实用性。同时,固定学习律对动态环境非常敏感,波动剧烈。采用固定学习律的方法在系统受到动态干扰后经常出现数值突变,如图 9.13(a)中的第 17 个停靠位(14.2093 mm)和图 9.13(f)中的第 35 个停靠位(0.7560°),这不仅影响了迭代补偿的效率,而且降低了系统的鲁棒性。

动态环境下的停靠误差在线补偿比较结果如图 9.14 所示。显然,与传统方法相比,停靠误差迭代自补偿方法可以获得更好的误差消除性能。即使在黑点所示的严重干扰的情况下,停靠误差迭代自补偿方法仍然使停靠误差无偏。例如,由停靠误差迭代自补偿方法获得的后续停靠误差在图 9.14(c)中的第 34 个停靠位 θ_{we}(-0.9965°)之后就没有出现剧烈的波动和显著的偏移。相比之下,采用传统方法得到的相应误差在动态干涉后容易产生偏差或出现急剧变化。从图 9.14 中标记的数据可以清楚地看出 $\boldsymbol{e}_w$ 的急剧变化,例如图 9.14(b)中第 29 个停靠位的 y_{we}(20.8857 mm)可能导致系统不稳定。一旦存在由补偿不足引起的剧烈的异常停靠误差波动[如图 9.14(f)中的第 35 至 39 次停靠],则随后的停靠误差可能显著偏移。

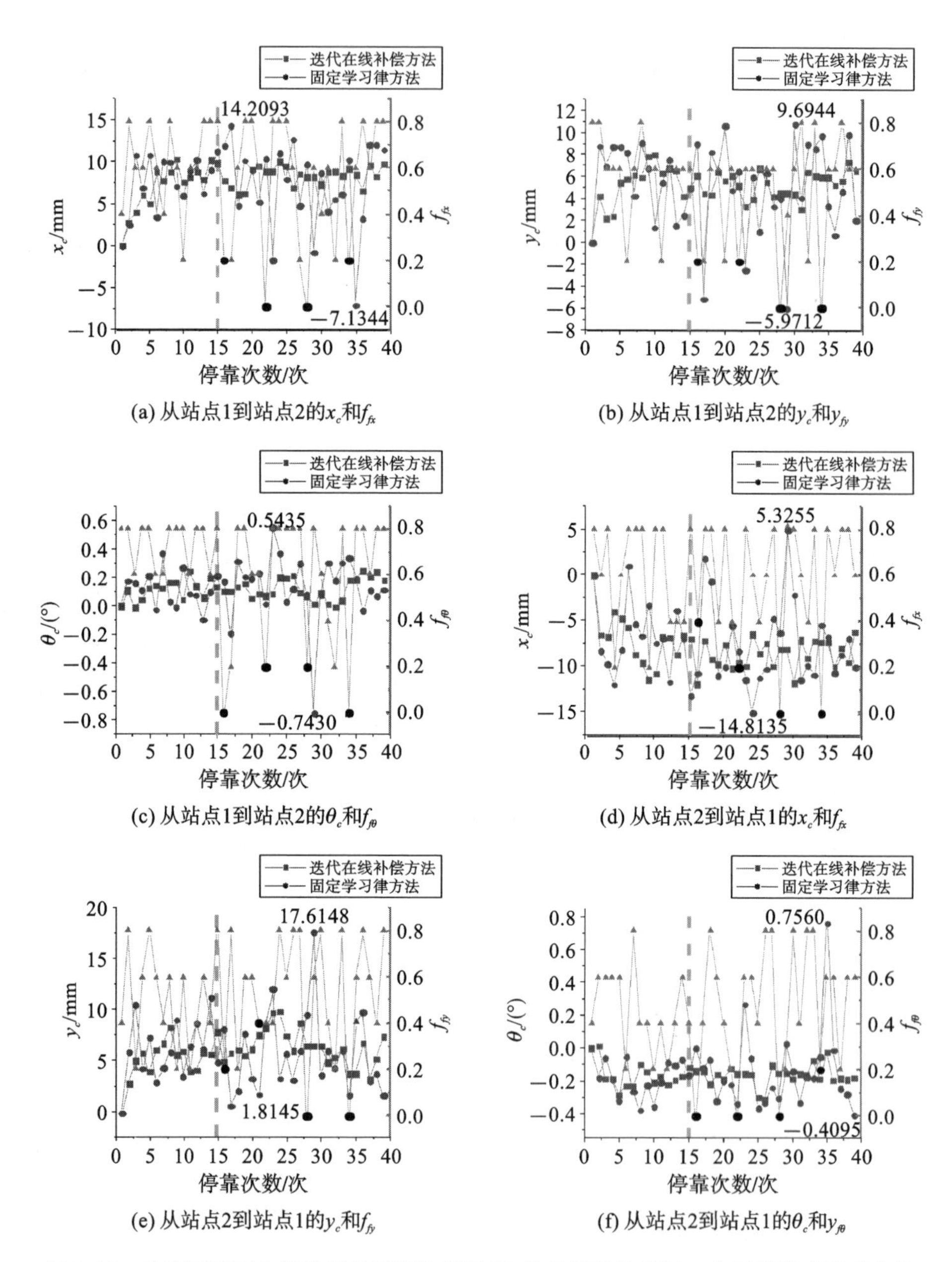

图 9.13 动态环境下在线补偿的累积补偿量(红线是累计补偿量。在环境发生剧烈变化的情况下,第 16、22、28 和 34 个停靠位的 f_f 永远不会高于 0.4 并用黑点表示)

同时,如图 9.15 所示,通过获取停靠结束时定位结果和停靠误差的一组加权粒子,生成新的参考停靠位姿,在线补偿运行时间仅为 4~7 ms,它明显小于同一站点上两个连续迭代的时间间隔。这是因为提出的模糊规则是预先指定的,不涉及高复杂性。

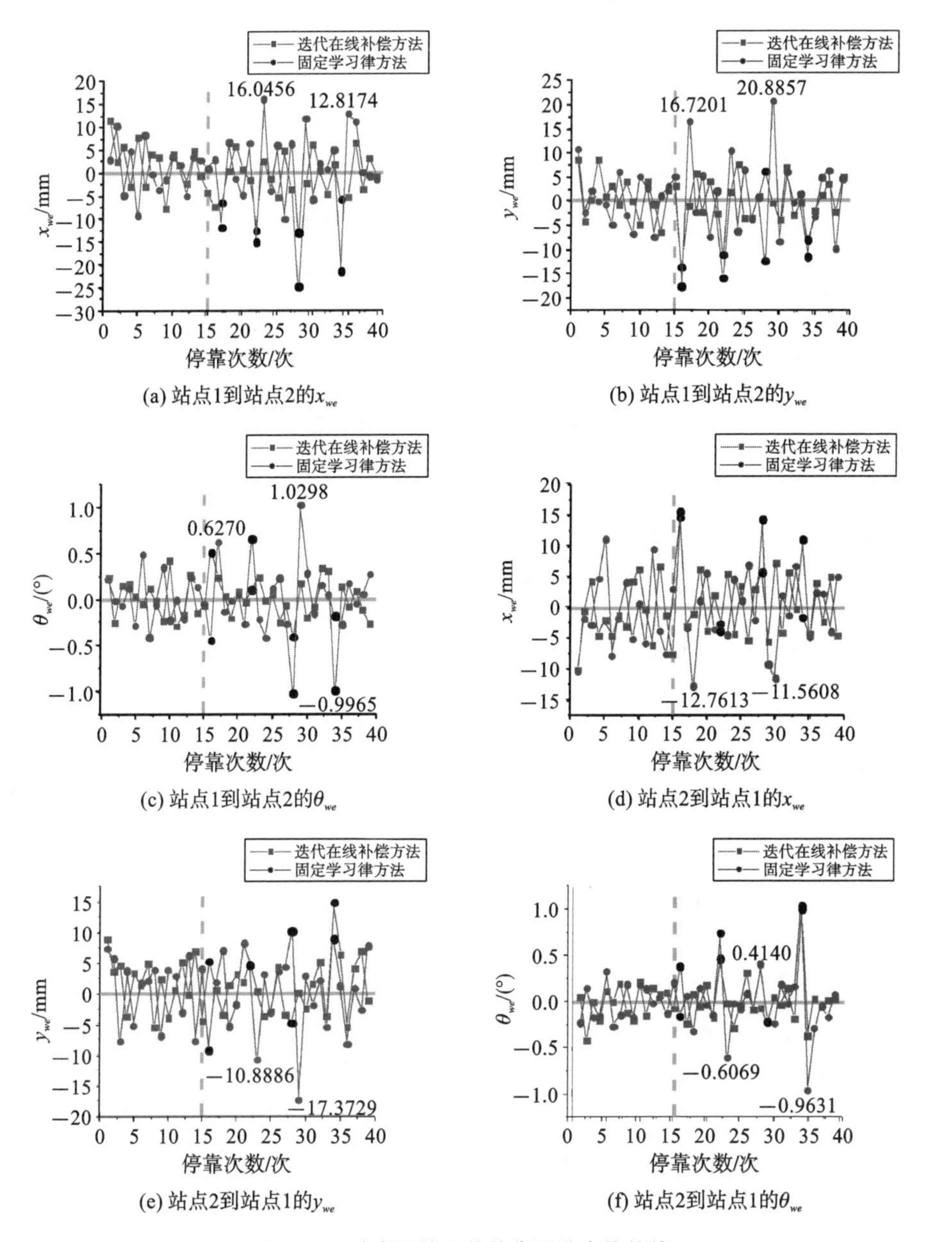

图 9.14 动态环境下的停靠误差在线补偿

总之，本章提出的在线补偿方法能够在不引起过大波动的情况下，修正由环境变化引起的系统误差，是提高停靠精度的可靠、有效方法。在模糊逻辑规则的设计过程中，只需要少量的定位数据，对特定的数据没有严格的要求。从这个意义上说，所提出的迭代学习补偿方法适用于环境波动的对象。

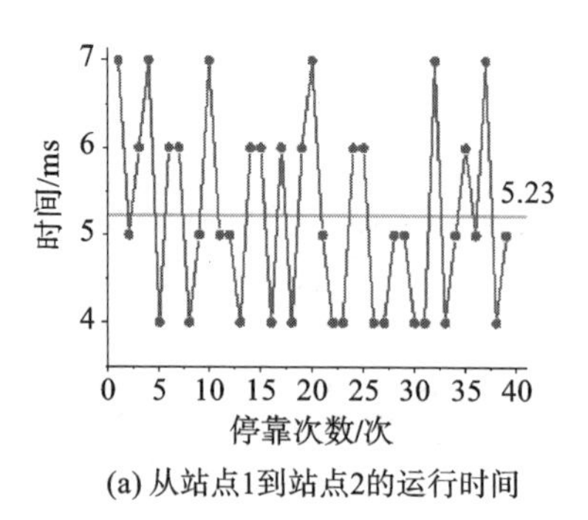

(a) 从站点1到站点2的运行时间

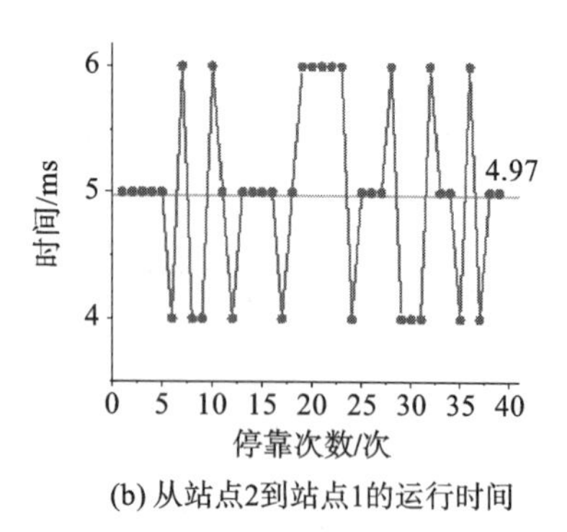

(b) 从站点2到站点1的运行时间

图 9.15 在线补偿的运行时间

参考文献

[1] MENG J, WANG S T, LI G, et al. Iterative-learning error compensation for autonomous parking of mobile manipulator in harsh industrial environment [J]. Robotics and Computer-Integrated Manufacturing, 2021, 68: 102077.

[2] CHOI S Y, LEE S G, VIET H H, et al. B-theta* : an efficient online coverage algorithm for autonomous cleaning robots [J]. Journal of Intelligent & Robotic Systems, 2017, 87: 265-290.

[3] MIRKHANI M, FORSATI R, SHAHRI A M, et al. A novel efficient algorithm for mobile robot localization [J]. Robotics and Autonomous Systems, 2013, 61(9): 920-931.

[4] EVEN J, FURRER J, MORALES Y, et al. Probabilistic 3-D mapping of sound-emitting structures based on acoustic ray casting [J]. IEEE Transactions on Robotics, 2017, 33(2): 333-345.

[5] BRADSKI G, KAEHLER A. Learning OpenCV: computer vision with the OpenCV library [M]. Sebastopol: O'Reilly Media, Inc., 2008.

[6] GRUBBS F E. Procedures for detecting outlying observations in samples [J]. Technometrics, 1969, 11(1): 1-21.

[7] QI M F, FU Z G, CHEN F. Outliers detection method of multiple measuring points of parameters in power plant units [J]. Applied Thermal Engineering, 2015, 85: 297-303.

[8] MERRIAUX P, DUPUIS Y, BOUTTEAU R, et al. Robust robot localization in a complex oil and gas industrial environment [J]. Journal of Field Robotics, 2018, 35(2): 213-230.

[9] ZHANG X L, XIE Y L, JIANG L Q, et al. Fault-tolerant dynamic control of a four-wheel redundantly-actuated mobile robot [J]. IEEE Access, 2019, 7: 157909-157921.

[10] YUAN Z Y, TIAN Y X, YIN Y F, et al. Trajectory tracking control of a four mecanum wheeled mobile platform: an extended state observer-based sliding mode approach[J]. IET Control Theory & Application, 2020, 14(3): 415-426.

[11] YU Y W, ZHAO L L, ZHOU C C. Influence of rotor-bearing coupling vibration on dynamic behavior of electric vehicle driven by in-wheel motor [J]. IEEE Access, 2019, 7: 63540-63549.

[12] XIE Y L, ZHANG X L, MENG W, et al. Coupled fractional-order sliding mode control and obstacle avoidance of a four-wheeled steerable mobile robot [J]. ISA Transactions, 2021, 108: 282-294.

[13] ZHANG D, LIU G H, ZHOU H W, et al. Adaptive sliding mode fault-tolerant coordination control for four-wheel independently driven electric vehicles[J]. IEEE Transactions on Industrial Electronics, 2018, 65(11): 9090-9100.

[14] ZHANG L, WANG Y C, WANG Z P. Robust lateral motion control for in-wheel-motor-drive electric vehicles with network induced delays[J]. IEEE Transactions on Vehicular Technology, 2019, 68(11): 10585-10593.

[15] LI Z, ZHENG L, GAO W Y, et al. Electromechanical coupling mechanism and control strategy for in-wheel-motor-driven electric vehicles[J]. IEEE Transactions on Industrial Electronics, 2019, 66(6): 4524-4533.

[16] LIANG X W, WANG H S, LIU Y H, et al. Image-based position control of mobile robots with a completely unknown fixed camera[J]. IEEE Transactions on Automatic Control, 2018, 63(9): 3016-3023.

[17] WANG Y Z, WANG D W, YANG S, et al. A practical leader-follower tracking control scheme for multiple nonholonomic mobile robots in unknown obstacle environments[J]. IEEE Transactions on Control Systems Technology, 2019, 27(4): 1685-1693.

[18] LIAO J F, CHEN Z, YAO B. Model-based coordinated control of four-wheel independently driven skid steer mobile robot with wheel-ground interaction and wheel dynamics[J]. IEEE Transactions on Industrial Informatics, 2019, 15(3): 1742-1752.

[19] WANG R R, HU C, YAN F J, et al. Composite nonlinear feedback control for path following of four-wheel independently actuated autonomous ground vehicles[J]. IEEE Transactions on Intelligent Transportation Systems, 2016,

17(7):2063-2074.

[20] NI J,HU J B,XIANG C L. Envelope control for four-wheel independently actuated autonomous ground vehicle through AFS/DYC integrated control [J]. IEEE Transactions on Vehicular Technology,2017,66(11):9712-9726.